中国畜禽种业发展报告2022

ZHONGGUO CHUQIN ZHONGYE FAZHAN BAOGAO 2022

农业农村部种业管理司
全 国 畜 牧 总 站　编

中国农业科学技术出版社

图书在版编目（CIP）数据

中国畜禽种业发展报告. 2022 / 农业农村部种业管理司，全国畜牧总站编. --北京：中国农业科学技术出版社，2022.12

ISBN 978-7-5116-5947-7

Ⅰ. ①中…　Ⅱ. ①农…②全…　Ⅲ. ①畜禽育种—研究报告—中国—2022　Ⅳ. ①S813.2

中国版本图书馆CIP数据核字（2022）第180915号

责任编辑　李冠桥
责任校对　李向荣
责任印制　姜义伟　王思文

出 版 者　中国农业科学技术出版社
　　　　　　　北京市中关村南大街 12 号　　邮编：100081
电　　话　（010）82109705（编辑室）　　（010）82109702（发行部）
　　　　　　　（010）82109709（读者服务部）
网　　址　https://castp.caas.cn
经 销 者　各地新华书店
印 刷 者　北京地大彩印有限公司
开　　本　210 mm×285 mm　1/16
印　　张　18.75
字　　数　438 千字
版　　次　2022 年 12 月第 1 版　　2022 年 12 月第 1 次印刷
定　　价　180.00 元

《中国畜禽种业发展报告 2022》

编审委员会

主　　任：张兴旺

副 主 任：王宗礼　黄路生

委　　员：孙好勤　时建忠　谢　焱　聂善明　杨海生　储玉军　张冬晓　邹　奎
　　　　　吴凯锋　王　杕　陶伟国　何庆学　杨红杰　刘丑生　于福清　孙飞舟

编写委员会

主　　编：谢　焱　聂善明

副 主 编：孙好勤　杨海生　时建忠

委　　员：张冬晓　杨红杰　周晓鹏　张利宇　陈瑶生　杨　宁　文　杰　李俊雅
　　　　　李发弟　宫桂芬　孙志华　何　洋

参编人员（按姓氏笔画排序）：

于福清	王　杕	王　然	王　斌	王　磊	王立刚	王起山	王晓峰
王维民	王雅春	文　杰	尹华东	石守定	田　蕊	田连杰	史建民
白文娟	冯海永	曲　亮	朱　波	朱　砺	朱化彬	刘　仟	刘　刚
刘　林	刘　瑶	刘小红	刘丑生	刘冉冉	刘剑锋	刘婷婷	闫青霞
孙　伟	孙　雯	孙飞舟	孙从佼	孙东晓	孙志华	李　姣	李　辉
李立望	李发弟	李建斌	李树静	李俊雅	李慧芳	杨　宁	杨红杰
肖石军	吴凯锋	邱小田	何　洋	何庆学	何珊珊	邹剑敏	宋　伟
张　莉	张　震	张　毅	张冬晓	张利宇	张细权	张桂香	陆　健
陈绍祜	陈瑶生	周晓鹏	郑麦青	孟　飞	赵玉民	赵桂苹	段忠意
昝林森	饶泉钦	宫桂芬	袁梓硕	倪俊卿	高会江	高海军	陶伟国
黄加祥	黄路生	常国斌	崔焕先	阎　萍	梁春年	隋鹤鸣	蒋　尧
蒋小松	覃广胜	舒鼎铭	谢凯舟	腰文颖	蔡更元	薛　明	

目 录

蛋鸡篇

肉鸡篇

奶牛篇

⫸⫸⫸ 肉牛篇 ⫸⫸⫸

羊 篇

肉鸭篇

综合篇

　　2021年是种业发展史上具有里程碑意义的一年。7月9日，中央全面深化改革委员会第二十次会议审议通过《种业振兴行动方案》，强调把种源安全提升到关系国家安全的战略高度，做出了"一年开好头、三年打基础、五年见成效、十年实现重大突破"的总体安排。8月27日，全国推进种业振兴电视电话会议召开，种业振兴由研究谋划转入全面实施阶段。一年来，各级种业管理部门坚持以习近平新时代中国特色社会主义思想为指导，深入贯彻中央关于打好种业翻身仗、推进种业振兴决策部署，认真落实农业农村部工作要求，从基础性、开创性、长远性工作入手，全面推进种质资源保护利用、创新攻关、企业扶优、基地提升和市场净化，如期完成了年度目标任务。

一、我国畜禽种业发展现状

2021年农业农村部发布《全国畜禽遗传改良计划（2021—2035年）》，明确了未来15年我国主要畜禽遗传改良的目标任务和技术路线。作为国家层面启动的第二轮畜禽遗传改良计划，提出了立足"十四五"、面向2035年推进畜禽种业高质量发展的主攻方向，这是确保种源自主可控的一个重要行动。新一轮畜禽遗传改良计划实施期限从2021年到2035年，主要内容是围绕生猪、奶牛、肉牛、羊、马、驴等家畜品种，蛋鸡、肉鸡、水禽等家禽品种，以及蜜蜂、蚕等，力争用10～15年的时间，建成比较完善的商业化育种体系，显著提升种畜禽生产性能和品质水平，自主培育一批具有国际竞争力的突破性品种，确保畜禽核心种源自主可控。

我国是畜牧业大国，也是畜禽种业大国。2021年我国畜禽种源供给稳定，全国种畜禽场数量达8 598个。其中，种猪场4 323个，能繁母猪存栏4 329万头；种牛场604个，存栏种牛165.9万头；种羊场1 162个，存栏种羊377.5万只；种禽场2 193个，祖代以上种禽存栏蛋鸡278.3万只、肉鸡1 207.6万只；种马场45个，存栏种马1.4万头；种兔场70个，存栏种兔202.4万只；种蜂场88个，存栏种蜂7.5万群；其他种畜禽场113个。种畜遗传评估持续开展。全国生猪遗传评估中心每周2次为核心育种场种猪进行育种值估计，计算父系指数和母系指数，每3个月发布1次全国种猪遗传评估报告。我国奶牛常规和基因组遗传评估技术平台已实现青年公牛基因组检测全覆盖，每年定期发布《中国乳用种公牛遗传评估概要》，指导全国奶牛场科学选种选配。肉牛遗传评估平台，每年开展一次全国肉用及乳肉兼用种公牛遗传评估工作，并发布《中国肉用及乳肉兼用种公牛遗传评估概要》。

二、我国畜禽遗传改良进展

（一）国家畜禽核心育种场（基地、站）规模进一步提高

2021年深入实施新一轮畜禽遗传改良计划，新遴选一批国家畜禽核心育种场（基地、站），包括11个生猪企业、6个奶牛企业、10个羊企业和9个水禽企业。现有国家畜禽核心育种场（基地、站）总数达到262个。其中，生猪核心育种场97个、种公猪站6个，建立了由约15万头母猪和1.1万头公猪组成的核心育种群；奶牛核心育种场16个，选育核心育种群规模达到7 444头；肉牛核心育种场42个，核心群1.58万余头；蛋鸡核心育种场5个，良种扩繁推广基地16个；肉鸡核心育种场17个，良种扩繁推广基地16个；肉羊核心育种场38个，已形成育种群14.7万只。

（二）品种性能持续选育提升

生猪方面：通过持续自主选育，2021年杜洛克猪、长白猪和大白猪3个品种达100千克体重日龄同比5年前分别缩短1.77天、2.34天和1.89天；背膘厚变薄，瘦肉率提高，3个品种100千克活体背膘厚同比去年分别减少0.29毫米、0.37毫米和0.02毫米；长白猪和大白猪总产仔数同比去年分别降低0.07头和0.09头。培育了辽丹黑猪、川乡黑猪、硒都黑猪等3个具有中国特色的新品种猪。

家禽方面：蛋鸡高产品系通过基因组选择技术，大幅提高了产蛋性能，80周龄产蛋数同比上一世代最高增长11.5个；主选蛋壳质量的品系，蛋壳强度提高0.29～0.41千克/厘米^2。肉鸡初生重增长1%左右、6周龄公母鸡平均体重分别增长11.40%与11.92%，公鸡全净膛率提高4.67个百分点、母鸡提高8.84个百分点，公鸡胸肌率提高4.68个百分点、母鸡提高2.93个百分点，公鸡腿肌率提高9.25个百分点、母鸡提高9.89个百分点。肉鸭胸肌率和腿肌率增长明显，达到30%左右，皮脂率低于20%，下降趋势明显；肉鸭母本品系高峰期产蛋率均达到93%以上，受精率达到93%以上。新培育蛋鸡配套系1个、肉鸡配套系8个、鸭配套系2个。

牛方面：2021年中国荷斯坦牛核心群胎次单产达到13.77吨、平均乳脂率4.08%、平均乳蛋白率为3.34%，同比下降0.6%。新培育华西牛肉牛新品种1个。

羊方面：羊出栏率达到历史最高的107.8%；平均胴体重由2020年的15.4千克提高到2021年的15.6千克，增长1.3%。羊基因组选择参考群规模持续扩大，累计达8 193只，其中地方品种湖羊2 221只，培育品种高山美利奴羊1 320只，引进品种杜泊羊和澳洲白羊混合群体3 652只。新育成2个羊新品种，绵羊和山羊各1个，分别是贵乾半细毛羊和藏西北绒山羊。

（三）联合评估持续推进

生猪方面：种公猪站持续发挥作用，优秀公猪精液的加快交流，全国核心种猪场间的遗传联系稳步提升，杜洛克、长白和大白的场间遗传联系分别提高至2021年的0.38%、0.45%和0.74%，局部联合育种深入推进。

奶牛方面：依托全国19个种公牛站、2 807个奶牛场，对1 949头荷斯坦种公牛开展了联合评估。

肉牛方面：肉用西门塔尔牛育种联合会、乳肉兼用牛培育自主创新联盟等联合育种组织，联合全国30多家种公牛站和核心育种场，实现资源、技术和育种信息互通共享。

（四）种畜登记和性能测定体系进一步完善

生猪：2021年全国种猪登记215.27万头、生长性能测定62.04万头。

奶牛：中国荷斯坦牛品种登记总量达到203.2万头，登记范围覆盖26个省（区、市）；娟姗牛品种登记总量达到了4.4万余头；全国奶牛生产性能测定工作稳步推进，1 309个奶牛场对147.9万头奶牛进行生产性能测定，测定记录达820.8万条。

肉牛：全国5万头牛参与生产性能测定，收集生长发育记录78万余条、体型外貌评分记录9 000余条、超声波测定记录1.6万余条、采精记录2.5万余条和配种产犊记录6.7万余条。

肉羊：国家肉羊核心育种场种羊性能测定数量达到7.99万只，比2020年增长6.6%。

三、国家畜禽良种联合攻关计划

2021年国家畜禽良种联合攻关围绕畜禽良种选育薄弱环节和关键技术持续开展攻关，取得新进展。优质瘦肉型猪攻关组升级基因分型技术并开展较大规模现场应用，开发并完善1套基于ICE

算法的*Bayes*基因组选择软件，搭建1个跨物种、多组学数据库。地方猪种种质自主创新联合攻关组继续围绕筹建一个联盟（猪种自主创新联盟），建立一套方法（破解群体继代选育法效果不良的成因，建立基因组设计育种法），完善三个平台（基因组检测平台、表型组测定平台、大数据育种平台），培育三个品系（吉神黑猪母系、父系和终端父本品系）开展攻关，吉神黑猪母系平均窝产活仔数达到10.2头，比计划指标高出0.2头；T系达110千克体重日龄平均197天，比计划指标减少3天。荷斯坦牛种质自主创新联合攻关组开发了基于电子耳标和条形码识别的信息化奶样采集和数据记录系统，实现采样工作的信息化；升级优化了奶牛高效快速扩繁产业化技术平台；整合已知的遗传缺陷和致死基因100余个分子标记，开发了一款奶牛遗传缺陷和致死基因的育种芯片，可一次性检测已知的93种遗传缺陷。白羽肉鸡育种联合攻关组取得重大进展，培育的圣泽901、广明2号均通过国家畜禽遗传资源委员会审定通过，我国肉鸡市场拥有了自主培育的白羽肉鸡品种。湖羊选育及其新种质创制联合攻关组制定出湖羊联合育种方案1套，湖羊性能指数基础版、升级版和基因组性能指数各1个，为3家以湖羊选育为主的国家肉羊核心育种场开展后裔测定，对1家种羊场的399只湖羊进行了基因组遗传评估。华西牛新品种培育联合攻关组取得重大进展，育成华西牛新品种并通过国家畜禽遗传资源委员会审定。编制了"华西牛数字育种平台"，组织各攻关单位开展华西牛生产性能测定工作，共完成5 130头次，并及时上报华西牛数字育种平台和国家肉牛遗传评估中心。修订《华西牛品种标准》《华西牛体型线性鉴定技术规范》等标准。

四、2021年种畜禽场及供种情况

行业统计数据显示，2021年，我国共有各类种畜禽场8 598个，比上年增加461个；种畜站856个，比上年减少78个。各类种畜禽场站具体情况如下。

（一）种猪

2021年，共有种猪场4 323个，比上年增加458。存栏3 294.9万头，同比增长22.9%，其中，能繁母猪存栏818.7万头，同比增长16.3%。年提供种猪2 027.3万头，同比减少16.7%。共有种公猪站803个，比上年减少59个。存栏种公猪25.1万头，同比增长100.6%。生产精液4 818.9万份，同比增长16.9%。

（二）种牛

2021年，共有种牛场604个，比上年增加43个。存栏种牛165.9万头，存栏能繁母牛99.6万头，年提供种牛13.4万头，生产胚胎8.5万枚，其中，种奶牛场295个，存栏种奶牛126.0万头，存栏能繁母牛76.1万头，年提供种奶牛8.3万头，生产胚胎6.5万枚；种肉牛场260个，存栏种肉牛28.5万头，存栏能繁母牛17.3万头，年提供种肉牛3.9万头，生产胚胎1.9万枚；种水牛场10个，存栏3 296头；种牦牛场39个，存栏11.0万头。共有种公牛站38个，存栏种公牛5 606头，生产精液3 406.4万份。

（三）种羊

2021年，共有种羊场1 162个，比上年减少51个。存栏种羊377.5万头，存栏能繁母羊227.9万头，年提供种羊154.6万头，生产胚胎33.3万枚，其中，种绵羊场761个，存栏种绵羊311.9万头，存栏能繁母羊192.7万头，生产胚胎25.8万枚；种山羊场401个，存栏种山羊65.5万头，存栏能繁母羊35.2万头，年提供山羊26.7万头，生产胚胎7.5万枚。共有种公羊站15个，存栏4 801头，生产精液6.1万份。

（四）种禽

2021年，共有种禽场2 193个，比上年增加49个。其中，蛋种鸡场448个（祖代及以上73个、父母代375个），存栏3 042.7万只；肉种鸡场1 306个（祖代及以上189个、父母代1 117个），存栏11 143.5万只；肉种鸭场273个，存栏1 714.4万只；肉种鹅场166个，存栏219.0万只。

（五）其他种畜禽

2021年，共有种马场45个，存栏1.4万头；种兔场70个，存栏202.4万只；种蜂场88个，存栏7.5万箱；其他种畜场113个。

五、种质资源保护利用

（一）国家畜禽遗传资源保护单位情况

截至2021年底，共确定国家畜禽遗传资源保护单位205个，其中基因库8个、保护区24个、保种场173个。为保护单位统一制作发放保护标牌，实施挂牌保护、统一规范、加强管理。与农业农村部种业管理司联合发文，督促各地省级行政主管部门、市县级地方政府与遗传资源保护单位签署三方协议，明确各方职责。组织举办全国畜禽遗传资源保护与利用培训班（线上），提升畜禽遗传资源保护管理能力和技术水平。

（二）遗传材料收集保存情况

督促完成"国家级地方猪种遗传材料采集制作项目"，确保42个国家级地方猪种遗传材料全部入库保存。组织指导各地抢救性采集舟山牛、保山猪、梅花鹿、茶花鸡等46个畜禽品种遗传材料。2021年采集制作遗传材料达到25万份，其中冷冻精液24万支，体细胞6 000份，耳组织3 000份，胚胎488枚。鸡、鸭、梅花鹿、马鹿遗传材料成为国家家畜基因库的新成员。截至2021年底，库存冷冻精液、冷冻胚胎、体细胞等遗传材料总量超120万份，跃居世界第一位。根据《第三次全国畜禽遗传资源普查实施方案（2021—2023年）》总体要求，印发省级畜禽遗传材料采集任务的通知，明确了各省（区、市）年度畜禽遗传材料采集数量。

（三）推进技术创新与信息化管理

启动"畜禽种质资源精准鉴定项目"，制定《畜禽种质资源精准鉴定项目采样方案》，组织全国20余个高等院校、科研院所专家学者40余人，在全国范围内开展此项工作。项目完成后，将会在分子水平上，明确区分我国畜禽种质资源，精准组装高质量参考基因组，精确定位特有优异性状的功能基因，为提高畜禽遗传资源保护和开发利用效率奠定坚实基础。启动畜禽遗传资源管理大数据平台建设项目，通过建设畜禽遗传资源动态监测与评估等系统，将全国畜禽遗传资源管理相关业务串联，把业务流形成数据流，让数据多跑路，让群众少跑腿，提升畜禽遗传资源管理信息化水平。

六、畜禽品种管理

（一）发布《国家畜禽遗传资源品种名录（2021年版）》

为进一步增强《国家畜禽遗传资源目录》贯彻实施的针对性、规范性和可操作性，国家畜禽遗传资源委员会组织开展了《国家畜禽遗传资源品种名录》修订工作，增加了2020年审定、鉴定通过的畜禽新品种、配套系和遗传资源，以及遗漏的畜禽品种、配套系和遗传资源，规范了品种排序、品种命名，对部分内容进行了勘误，形成《国家畜禽遗传资源品种名录（2021年版）》，收录畜禽地方品种、培育品种、引入品种及配套系948个。现予以公布并实施。2020年5月29日公布的《国家畜禽遗传资源品种名录》同时废止。

（二）审定通过一批新品种配套系

2021年，辽丹黑猪等18个畜禽新品种配套系经国家畜禽遗传资源委员会审定通过。根据《畜禽新品种配套系审定和畜禽遗传资源鉴定办法》规定，由国家畜禽遗传资源委员会颁发证书。具体品种为：辽丹黑猪、川乡黑猪、硒都黑猪、华西牛、贵乾半细毛羊、藏西北白绒山羊、皖南黄兔、金陵麻乌鸡、花山鸡、园丰麻鸡2号、沃德158肉鸡、圣泽901白羽肉鸡、益生909小型白羽肉鸡、农金1号蛋鸡、广明2号白羽肉鸡、沃德188肉鸡、农湖2号蛋鸭、京典北京鸭。其中，圣泽901白羽肉鸡、广明2号白羽肉鸡、沃德188肉鸡等3个白羽肉鸡品种成为我国首批自主培育的快大型白羽肉鸡新品种，彻底打破了白羽肉鸡种源完全依靠进口的局面。

（三）种畜禽生产经营许可管理有序推进

2021年3月，在农业农村部种业管理司指导下，全国畜牧总站在京举办了全国种畜禽生产经营许可管理系统网络培训班，对全国种畜禽生产许可管理系统操作流程进行了专门培训，并对各地使用系统过程中发现的问题进行集中解答。来自全国30个省（区、市）的1 440名省级、市级和县级种畜禽许可审批与管理人员参加了培训。目前，全国账户注册完成率为95%，完成率超过80%的30个省（区、市），其中有23个省（区、市）全部完成注册；备案完成率为89%，完成率超过80%的27个省（区、市），其中21个省（区、市）全部完成备案。

七、第三次全国畜禽遗传资源调查工作

2021年3月19日，农业农村部正式印发了《第三次全国畜禽遗传资源普查实施方案（2021—2023年）》。3月31日，农业农村部举办全国畜禽遗传资源普查培训班，正式启动第三次畜禽遗传资源普查工作。一年来，在农业农村部种业管理司领导下，各级种业管理部门、普查机构和有关专家攻坚克难、协同作战，组织开展进村入户"拉网式"大普查，启动青藏高原重点区域调查，努力发掘新遗传资源，同步实施抢救性收集保护，畜禽资源普查实现首战告捷，全国行政村普查率达99.7%，实现了区域全覆盖、应查尽查，填补了青藏高原区域调查的空白，初步摸清了我国畜禽品种分布状况，鉴定优质特色新资源18个，抢救性收集保存遗传材料5万份。

主要经验和做法有：加强顶层设计，加强组织领导，制定《全国农业种质资源普查总体方案和畜禽普查实施方案（2021—2023年）》，细化实化省级方案，确保全国普查一盘棋，步调基本一致。选优配强建队伍，部、省、市、县、乡、村六级普查人员和相关专家共计33.6万人，打造了一支能打仗、打胜仗的专业普查队伍。实行一张图作业，制定进村入户调查表和33种畜禽、6种蜂、9种蚕的性能测定表，统一技术路线，统一方法规范，统一普查行为。开展全员大培训，创新方式方法，开通视频直播和网络教学，研发手机培训程序，多层次全天候直接培训到村，线上线下累计培训300万人次。加强调度考核，建立周调度月通报机制，对各省进度大排名，各省对所辖市县大排名，层层调度通报，层层压实责任。强化支撑条件保障，开发全国畜禽资源普查信息系统，配套研发数字化品种名录，开发PC端和手机App功能，在线填报、在线审核，提高了普查效率和准确性。2021年落实中央财政专项经费6 000多万元，各地落实普查经费合计1.8亿元。全方位宣传引导，组织召开新闻发布会，遴选发布十大新发现品种，在网站媒体上开设专栏专区、开通普查热线、进行政策解读、经验分享、典型推介，营造了关爱资源、支持普查、加强保护的良好氛围。

八、市场监管

为助力种业振兴，加强种畜禽生产经营监督管理，提高种畜禽质量安全水平，促进畜牧业持续健康发展，根据《中华人民共和国畜牧法》相关规定，按照《农业农村部办公厅关于印发〈2021年全国种业监管执法年活动方案〉的通知》《关于开展2021年全国种畜禽质量安全监督检查工作的函》要求，全国畜牧总站组织全国9家部、省级检测机构共同完成了2021年种畜禽质量安全监督检验工作。

（一）种公猪生产性能测定

2021年种公猪生产性能测定任务由农业农村部种猪质量监督检验测试中心（武汉）、农业农村部种猪质量监督检验测试中心（重庆）、广西壮族自治区种猪性能测定中心3家单位承担，任务安排测定300头种公猪。实际完成了10家种公猪站的303头种公猪生产性能测定，其中249头测定成绩符合本品种标准要求，合格率为82.8%。

（二）种猪常温精液质量抽检

2021年种猪常温精液质量抽检任务由农业农村部牛冷冻精液质量监督检验测试中心（北京）、农业农村部牛冷冻精液质量监督检验测试中心（南京）、农业农村部种猪质量监督检验测试中心（武汉）、农业农村部种猪质量监督检验测试中心（重庆）、河北省种畜禽质量监测站、山东省种畜禽质量测定站、广西壮族自治区种猪性能测定中心和贵州省种畜禽种质测定中心等8家单位承担。任务安排抽检长白猪、大白猪、杜洛克猪及地方品种公猪260头的常温精液。完成了273头种猪常温精液抽检工作，其中257头符合《种猪常温精液》（GB 23238—2009）要求，合格率为94.1%。

（三）牛冷冻精液质量抽检

2021年种公牛冷冻精液质量抽检任务由农业农村部种畜品质监督检验测试中心、农业农村部牛冷冻精液质量监督检验测试中心（北京）和农业农村部牛冷冻精液质量监督检验测试中心（南京）3家单位承担。任务为安排抽检荷斯坦牛、西门塔尔牛等品种种公牛220头的冻精，包括110头进口种公牛冷冻精液和110头国产种公牛冷冻精液。共完成223头牛冷冻精液的抽检工作，有206头符合《牛冷冻精液》（GB 4143—2008）要求，合格率为92.4%。其中，抽检国产牛冷冻精液113头份，合格率为98.2%；抽检进口牛冷冻精液110头份，合格率为86.4%。

（四）种公牛个体识别检测

2021年种公牛个体识别抽检任务由农业农村部种畜品质监督检验测试中心、农业农村部牛冷冻精液质量监督检验测试中心（北京）和农业农村部牛冷冻精液质量监督检验测试中心（南京）3家单位承担。任务为安排抽检荷斯坦牛、西门塔尔牛等品种种公牛75头的冻精和血液。共完成75头种公牛冷冻精液和血液的抽检工作，其中74头牛号相符，1头牛号不符，个体识别符合率为98.7%。

种畜禽市场监管工作开展一方面为种畜禽生产经营活动行政执法提供技术支持，维护种畜禽公平竞争的市场环境，另一方面引导养殖场（户）科学选用畜禽良种，推动种畜禽质量安全水平不断提高，为实现畜禽种业高质量发展做出贡献。

九、畜禽种业发展展望

（一）持续完善畜禽种业自主创新体系

畜禽种业的根本出路在于创新。要围绕种业科技自立自强、种源自主可控，深入实施新一轮畜禽遗传改良计划，强化生产性能测定、遗传评估、分子育种技术开发应用，持续开展新品种培育和引进品种的本土化选育。要围绕产业需求，聚焦重点问题和关键技术，由优势企业牵头，联合科研院所和其他企业，深入推进畜禽育种联合攻关，建立健全商业化育种体系。

（二）强化种畜禽市场治理体系

在全国推行统一的种畜禽生产经营许可管理系统，优化许可证信息上传、备案、查询和统计功能，规范全国种畜禽生产经营许可证审核发放行为，完善全国种畜禽生产经营许可监管体系，支撑"放管服"改革发展，强化国家畜牧业主管部门履职能力，推动畜禽种业现代提升。加强种畜禽进口管理，健全进口种畜禽活体、冻精和胚胎常态化质量监测机制。加大执法检查力度，严厉打击无证生产经营、低代次充当高代次种畜禽销售等违法违规行为。

（三）加强畜禽种业政策创设

一是完善畜禽种业政策性保险。目前，仅有生猪、奶牛、牦牛等畜种已纳入政策性保险，建议进一步完善畜禽种业政策性保险，将祖代家禽、羊等纳入政策性保险，提高抵御灾害和疫病能力。

二是强化育种创新支持政策。保障种畜禽生产性能测定财政专项稳定支持，系统组织开展生产性能测定，为育种提供数据支撑。鼓励有条件的地区采取以奖代补方式，对持续开展育种创新，选育出市场占有率高、生产性能优异品种（配套系）或生产性能大幅提升本品种的企业和科研技术推广单位予以奖励。增强畜禽育种创新重大科研专项，鼓励开展基因组选择育种技术、地方品种资源挖掘等方面研究。三是做大现代种业提升工程，支持"育繁推"一体化企业建设。

附录一　畜禽遗传资源名录

1.国家畜禽遗传资源品种名录（2021年版）

传统畜禽

一、猪

（一）地方品种

1. 马身猪

2. 河套大耳猪

3. 民猪

4. 枫泾猪

5. 浦东白猪

6. 东串猪

7. 二花脸猪

8. 淮猪（淮北猪、山猪、灶猪、定远猪、皖北猪、淮南猪）

9. 姜曲海猪

10. 梅山猪

11. 米猪

12. 沙乌头猪

13. 碧湖猪

14. 岔路黑猪

15. 金华猪

16. 嘉兴黑猪

17. 兰溪花猪

18. 嵊县花猪

19. 仙居花猪

20. 安庆六白猪

21. 皖南黑猪

22. 圩猪

23. 皖浙花猪

24. 官庄花猪

25. 槐猪

26. 闽北花猪

27. 莆田猪

28. 武夷黑猪

29. 滨湖黑猪

30. 赣中南花猪

31. 杭猪

32. 乐平猪

33. 玉江猪

34. 大蒲莲猪

35. 莱芜猪

36. 南阳黑猪

37. 确山黑猪

38. 清平猪

39. 阳新猪

40. 大围子猪

41. 华中两头乌猪（沙子岭猪、监利猪、通城猪、赣西两头乌猪、东山猪）

42. 宁乡猪

43. 黔邵花猪

44. 湘西黑猪

45. 大花白猪

46. 蓝塘猪

47. 粤东黑猪

48. 巴马香猪

49. 德保猪

50. 桂中花猪

51. 两广小花猪（陆川猪、广东小耳花猪、墩头猪）

52. 隆林猪

53. 海南猪

54. 五指山猪

55. 荣昌猪

56. 成华猪

57. 湖川山地猪（恩施黑猪、盆周山地猪、合川黑猪、罗盘山猪、渠溪猪、丫杈猪）

58. 内江猪

（二）培育品种（含家猪与野猪杂交后代）

1. 新淮猪

2. 上海白猪

3. 北京黑猪

4. 伊犁白猪

59. 乌金猪（柯乐猪、大河猪、昭通猪、凉山猪）

60. 雅南猪

61. 白洗猪

62. 关岭猪

63. 江口萝卜猪

64. 黔北黑猪

65. 黔东花猪

66. 香猪

67. 保山猪

68. 高黎贡山猪

69. 明光小耳猪

70. 滇南小耳猪

71. 撒坝猪

72. 藏猪（西藏藏猪、迪庆藏猪、四川藏猪、合作猪）

73. 汉江黑猪

74. 八眉猪

75. 兰屿小耳猪

76. 桃园猪

77. 烟台黑猪

78. 五莲黑猪

79. 沂蒙黑猪

80. 里岔黑猪

81. 深县猪

82. 丽江猪

83. 枣庄黑盖猪

5. 汉中白猪

6. 山西黑猪

7. 三江白猪

8. 湖北白猪

9. 浙江中白猪

10. 苏太猪

11. 南昌白猪

12. 军牧1号白猪

13. 大河乌猪

14. 鲁莱黑猪

15. 鲁烟白猪

16. 豫南黑猪

17. 滇陆猪

18. 松辽黑猪

19. 苏淮猪

20. 湘村黑猪

21. 苏姜猪

22. 晋汾白猪

23. 吉神黑猪

24. 苏山猪

25. 宣和猪

（三）培育配套系

1. 光明猪配套系

2. 深农猪配套系

3. 冀合白猪配套系

4. 中育猪配套系

5. 华农温氏Ⅰ号猪配套系

6. 滇撒猪配套系

7. 鲁农Ⅰ号猪配套系

8. 渝荣Ⅰ号猪配套系

9. 天府肉猪

10. 龙宝1号猪

11. 川藏黑猪

12. 江泉白猪配套系

13. 温氏WS501猪配套系

14. 湘沙猪

（四）引入品种

1. 大白猪

2. 长白猪

3. 杜洛克猪

4. 汉普夏猪

5. 皮特兰猪

6. 巴克夏猪

（五）引入配套系

1. 斯格猪

2. 皮埃西猪

二、普通牛、瘤牛、水牛、牦牛、大额牛、普通牛

（一）地方品种

1. 秦川牛（早胜牛）

2. 南阳牛

3. 鲁西牛

4. 晋南牛

5. 延边牛

6. 冀南牛

7. 太行牛

8. 平陆山地牛

9. 蒙古牛

10. 复州牛

11. 徐州牛

12. 温岭高峰牛

13. 舟山牛

14. 大别山牛

15. 皖南牛

16. 闽南牛

17. 广丰牛

18. 吉安牛

19. 锦江牛

20. 渤海黑牛

21. 蒙山牛

22. 郏县红牛

23. 枣北牛

24. 巫陵牛

25. 雷琼牛

26. 隆林牛

27. 南丹牛

28. 涠洲牛

29. 巴山牛

30. 川南山地牛

31. 峨边花牛

32. 甘孜藏牛

33. 凉山牛

34. 平武牛

35. 三江牛

36. 关岭牛

37. 黎平牛

38. 威宁牛

39. 务川黑牛

40. 邓川牛

41. 迪庆牛

42. 滇中牛

43. 文山牛

44. 云南高峰牛

45. 昭通牛

46. 阿沛甲咂牛

47. 日喀则驼峰牛

48. 西藏牛

49. 樟木牛

50. 柴达木牛

51. 哈萨克牛

52. 台湾牛

53. 阿勒泰白头牛

54. 皖东牛

55. 夷陵牛

（二）培育品种

1. 中国荷斯坦牛

2. 中国西门塔尔牛

3. 三河牛

4. 新疆褐牛

5. 中国草原红牛

6. 夏南牛

7. 延黄牛

8. 辽育白牛

9. 蜀宣花牛

10. 云岭牛

（三）引入品种

1. 荷斯坦牛

2. 西门塔尔牛

3. 夏洛来牛

4. 利木赞牛

5. 安格斯牛

6. 娟姗牛

7. 德国黄牛

8. 南德文牛

9. 皮埃蒙特牛

10. 短角牛

11. 海福特牛

12. 和牛

13. 比利时蓝牛

14. 瑞士褐牛

15. 挪威红牛

瘤牛

引入品种

婆罗门牛

水牛

（一）地方品种

1. 海子水牛

2. 盱眙山区水牛

3. 温州水牛

4. 东流水牛

5. 江淮水牛

6. 福安水牛

7. 鄱阳湖水牛

8. 峡江水牛

9. 信丰山地水牛

10. 信阳水牛

11. 恩施山地水牛

12. 江汉水牛

13. 滨湖水牛

14. 富钟水牛

15. 西林水牛

16. 兴隆水牛

17. 德昌水牛

18. 涪陵水牛

19. 宜宾水牛

20. 贵州白水牛

21. 贵州水牛

22. 槟榔江水牛

23. 德宏水牛

24. 滇东南水牛

25. 盐津水牛

26. 陕南水牛

27. 上海水牛

（二）引入品种

1. 摩拉水牛

2. 尼里-拉菲水牛

3. 地中海水牛

牦牛

（一）地方品种

1. 九龙牦牛

2. 麦洼牦牛

3. 木里牦牛

4. 中甸牦牛

5. 娘亚牦牛

6. 帕里牦牛

7. 斯布牦牛

8. 西藏高山牦牛

9. 甘南牦牛

10. 天祝白牦牛

11. 青海高原牦牛

（二）培育品种

1. 大通牦牛

12. 巴州牦牛

13. 金川牦牛

14. 昌台牦牛

15. 类乌齐牦牛

16. 环湖牦牛

17. 雪多牦牛

18. 玉树牦牛

2. 阿什旦牦牛

大额牛

地方品种

独龙牛

三、绵羊、山羊

绵羊

（一）地方品种

1. 蒙古羊

2. 西藏羊

3. 哈萨克羊

4. 广灵大尾羊

5. 晋中绵羊

6. 呼伦贝尔羊

7. 苏尼特羊

8. 乌冉克羊

9. 乌珠穆沁羊

10. 湖羊

11. 鲁中山地绵羊

12. 泗水裘皮羊

13. 洼地绵羊

14. 小尾寒羊

15. 大尾寒羊

16. 太行裘皮羊

17. 豫西脂尾羊

18. 威宁绵羊

19. 迪庆绵羊

20. 兰坪乌骨绵羊

21. 宁蒗黑绵羊

22. 石屏青绵羊

23. 腾冲绵羊

24. 昭通绵羊

25. 汉中绵羊

26. 同羊

27. 兰州大尾羊

28. 岷县黑裘皮羊

29. 贵德黑裘皮羊

30. 滩羊

31. 阿勒泰羊

32. 巴尔楚克羊

33. 巴什拜羊

34. 巴音布鲁克羊

35. 策勒黑羊

36. 多浪羊

37. 和田羊

38. 柯尔克孜羊

39. 罗布羊

40. 塔什库尔干羊

41. 吐鲁番黑羊

42. 叶城羊

43. 欧拉羊

44. 扎什加羊

（二）培育品种

1. 新疆细毛羊

2. 东北细毛羊

3. 内蒙古细毛羊

4. 甘肃高山细毛羊

5. 敖汉细毛羊

6. 中国美利奴羊

7. 中国卡拉库尔羊

8. 云南半细毛羊

9. 新吉细毛羊

10. 巴美肉羊

11. 彭波半细毛羊

12. 凉山半细毛羊

13. 青海毛肉兼用细毛羊

14. 青海高原毛肉兼用半细毛羊

15. 鄂尔多斯细毛羊

16. 呼伦贝尔细毛羊

17. 科尔沁细毛羊

18. 乌兰察布细毛羊

19. 兴安毛肉兼用细毛羊

20. 内蒙古半细毛羊

21. 陕北细毛羊

22. 昭乌达肉羊

23. 察哈尔羊

24. 苏博美利奴羊

25. 高山美利奴羊

26. 象雄半细毛羊

27. 鲁西黑头羊

28. 乾华肉用美利奴羊

29. 戈壁短尾羊

30. 鲁中肉羊

31. 草原短尾羊

32. 黄淮肉羊

（三）引入品种

1. 夏洛来羊

2. 考力代羊

3. 澳洲美利奴羊

4. 德国肉用美利奴羊

5. 萨福克羊

6. 无角陶赛特羊

7. 特克赛尔羊

8. 杜泊羊

9. 白萨福克羊

10. 南非肉用美利奴羊

11. 澳洲白羊

12. 东佛里生羊

13. 南丘羊

山羊

（一）地方品种

1. 西藏山羊
2. 新疆山羊
3. 内蒙古绒山羊
4. 辽宁绒山羊
5. 承德无角山羊
6. 吕梁黑山羊
7. 太行山羊
8. 乌珠穆沁白山羊
9. 长江三角洲白山羊
10. 黄淮山羊
11. 戴云山羊
12. 福清山羊
13. 闽东山羊
14. 赣西山羊
15. 广丰山羊
16. 尧山白山羊
17. 济宁青山羊
18. 莱芜黑山羊
19. 鲁北白山羊
20. 沂蒙黑山羊
21. 伏牛白山羊
22. 麻城黑山羊
23. 马头山羊
24. 宜昌白山羊
25. 湘东黑山羊
26. 雷州山羊
27. 都安山羊
28. 隆林山羊
29. 渝东黑山羊
30. 大足黑山羊
31. 酉州乌羊
32. 白玉黑山羊
33. 板角山羊
34. 北川白山羊
35. 成都麻羊
36. 川东白山羊
37. 川南黑山羊
38. 川中黑山羊
39. 古蔺马羊
40. 建昌黑山羊
41. 美姑山羊
42. 贵州白山羊
43. 贵州黑山羊
44. 黔北麻羊
45. 凤庆无角黑山羊
46. 圭山山羊
47. 龙陵黄山羊
48. 罗平黄山羊
49. 马关无角山羊
50. 弥勒红骨山羊
51. 宁蒗黑头山羊
52. 云岭山羊
53. 昭通山羊
54. 陕南白山羊
55. 子午岭黑山羊
56. 河西绒山羊
57. 柴达木山羊
58. 中卫山羊
59. 牙山黑绒山羊
60. 威信白山羊

（二）培育品种

1. 关中奶山羊

2. 崂山奶山羊

3. 南江黄羊

4. 陕北白绒山羊

5. 文登奶山羊

6. 柴达木绒山羊

7. 雅安奶山羊

8. 罕山白绒山羊

9. 晋岚绒山羊

10. 简州大耳羊

11. 云上黑山羊

12. 疆南绒山羊

（三）引入品种

1. 萨能奶山羊

2. 安哥拉山羊

3. 波尔山羊

4. 努比亚山羊

5. 阿尔卑斯奶山羊

6. 吐根堡奶山羊

四、马

（一）地方品种

1. 阿巴嘎黑马

2. 鄂伦春马

3. 蒙古马

4. 锡尼河马

5. 晋江马

6. 利川马

7. 百色马

8. 德保矮马

9. 甘孜马

10. 建昌马

11. 贵州马

12. 大理马

13. 腾冲马

14. 文山马

15. 乌蒙马

16. 永宁马

17. 云南矮马

18. 中甸马

19. 西藏马

20. 宁强马

21. 岔口驿马

22. 大通马

23. 河曲马

24. 柴达木马

25. 玉树马

26. 巴里坤马

27. 哈萨克马

28. 柯尔克孜马

29. 焉耆马

（二）培育品种

1. 三河马

2. 金州马

3. 铁岭挽马

4. 吉林马

5. 关中马

6. 渤海马

7. 山丹马

8. 伊吾马

9. 锡林郭勒马

10. 科尔沁马

11. 张北马

12. 新丽江马

13. 伊犁马

（三）引入品种

1. 纯血马

2. 阿哈-捷金马

3. 顿河马

4. 卡巴金马

5. 奥尔洛夫快步马

6. 阿尔登马

7. 阿拉伯马

8. 新吉尔吉斯马

9. 温血马（荷斯坦马、荷兰温血马、丹麦温血马、汉诺威马、奥登堡马、塞拉-法兰西马）

10. 设特兰马

11. 夸特马

12. 法国速步马

13. 弗里斯兰马

14. 贝尔修伦马

15. 美国标准马

16. 夏尔马

五、驴

地方品种

1. 太行驴

2. 阳原驴

3. 广灵驴

4. 晋南驴

5. 临县驴

6. 库伦驴

7. 泌阳驴

8. 庆阳驴

9. 苏北毛驴

10. 淮北灰驴

11. 德州驴

12. 长垣驴

13. 川驴

14. 云南驴

15. 西藏驴

16. 关中驴

17. 佳米驴

18. 陕北毛驴

19. 凉州驴

20. 青海毛驴

21. 西吉驴

22. 和田青驴

23. 吐鲁番驴

24. 新疆驴

六、骆驼

地方品种

1. 阿拉善双峰驼

2. 苏尼特双峰驼

3. 青海骆驼

4. 新疆塔里木双峰驼

5. 新疆准噶尔双峰驼

七、兔

（一）地方品种

1. 福建黄兔

2. 闽西南黑兔

3. 万载兔

4. 九疑山兔

5. 四川白兔

6. 云南花兔

7. 福建白兔

8. 莱芜黑兔

（二）培育品种

1. 中系安哥拉兔

2. 浙系长毛兔

3. 皖系长毛兔

4. 苏系长毛兔

5. 西平长毛兔

6. 吉戎兔

7. 哈尔滨大白兔

8. 塞北兔

9. 豫丰黄兔

10. 川白獭兔

（三）培育配套系

1. 康大1号肉兔

2. 康大2号肉兔

3. 康大3号肉兔

4. 蜀兴1号肉兔

（四）引入品种

1. 德系安哥拉兔

2. 法系安哥拉兔

3. 青紫蓝兔

4. 比利时兔

5. 新西兰白兔

6. 加利福尼亚兔

7. 力克斯兔

8. 德国花巨兔

9. 日本大耳白兔

（五）引入配套系

1. 伊拉肉兔

2. 伊普吕肉兔

3. 齐卡肉兔

4. 伊高乐肉兔

八、鸡

（一）地方品种

1. 北京油鸡
2. 坝上长尾鸡
3. 边鸡
4. 大骨鸡
5. 林甸鸡
6. 浦东鸡
7. 狼山鸡
8. 溧阳鸡
9. 鹿苑鸡
10. 如皋黄鸡
11. 太湖鸡
12. 仙居鸡
13. 江山乌骨鸡
14. 灵昆鸡
15. 萧山鸡
16. 淮北麻鸡
17. 淮南麻黄鸡
18. 黄山黑鸡
19. 皖北斗鸡
20. 五华鸡
21. 皖南三黄鸡
22. 德化黑鸡
23. 金湖乌凤鸡
24. 河田鸡
25. 闽清毛脚鸡
26. 象洞鸡
27. 漳州斗鸡
28. 安义瓦灰鸡
29. 白耳黄鸡
30. 崇仁麻鸡
31. 东乡绿壳蛋鸡
32. 康乐鸡
33. 宁都黄鸡
34. 丝羽乌骨鸡
35. 余干乌骨鸡
36. 济宁百日鸡
37. 鲁西斗鸡
38. 琅琊鸡
39. 寿光鸡
40. 汶上芦花鸡
41. 固始鸡
42. 河南斗鸡
43. 卢氏鸡
44. 淅川乌骨鸡
45. 正阳三黄鸡
46. 洪山鸡
47. 江汉鸡
48. 景阳鸡
49. 双莲鸡
50. 郧阳白羽乌鸡
51. 郧阳大鸡
52. 东安鸡
53. 黄郎鸡
54. 桃源鸡
55. 雪峰乌骨鸡
56. 怀乡鸡
57. 惠阳胡须鸡
58. 清远麻鸡
59. 杏花鸡
60. 阳山鸡
61. 中山沙栏鸡
62. 广西麻鸡

63. 广西三黄鸡

64. 广西乌鸡

65. 龙胜凤鸡

66. 霞烟鸡

67. 瑶鸡

68. 文昌鸡

69. 城口山地鸡

70. 大宁河鸡

71. 峨眉黑鸡

72. 旧院黑鸡

73. 金阳丝毛鸡

74. 泸宁鸡

75. 凉山崖鹰鸡

76. 米易鸡

77. 彭县黄鸡

78. 四川山地乌骨鸡

79. 石棉草科鸡

80. 矮脚鸡

81. 长顺绿壳蛋鸡

82. 高脚鸡

83. 黔东南小香鸡

84. 乌蒙乌骨鸡

85. 威宁鸡

86. 竹乡鸡

87. 茶花鸡

88. 独龙鸡

89. 大围山微型鸡

90. 兰坪绒毛鸡

91. 尼西鸡

92. 瓢鸡

93. 腾冲雪鸡

94. 他留乌骨鸡

95. 武定鸡

96. 无量山乌骨鸡

97. 西双版纳斗鸡

98. 盐津乌骨鸡

99. 云龙矮脚鸡

100. 藏鸡

101. 略阳鸡

102. 太白鸡

103. 静原鸡

104. 海东鸡

105. 拜城油鸡

106. 和田黑鸡

107. 吐鲁番斗鸡

108. 麻城绿壳蛋鸡

109. 太行鸡

110. 广元灰鸡

111. 荆门黑羽绿壳蛋鸡

112. 富蕴黑鸡

113. 天长三黄鸡

114. 宁蒗高原鸡

115. 沂蒙鸡

（二）培育品种

1. 新狼山鸡

2. 新浦东鸡

3. 新扬州鸡

4. 京海黄鸡

5. 雪域白鸡

（三）培育配套系

1. 京白939

2. 康达尔黄鸡128配套系

3. 新杨褐壳蛋鸡配套系

4. 江村黄鸡JH-2号配套系

5. 江村黄鸡JH-3号配套系

6. 新兴黄鸡Ⅱ号配套系

7. 新兴矮脚黄鸡配套系

8. 岭南黄鸡Ⅰ号配套系

9. 岭南黄鸡Ⅱ号配套系

10. 京星黄鸡100配套系

11. 京星黄鸡102配套系

12. 农大3号小型蛋鸡配套系

13. 邵伯鸡配套系

14. 鲁禽1号麻鸡配套系

15. 鲁禽3号麻鸡配套系

16. 新兴竹丝鸡3号配套系

17. 新兴麻鸡4号配套系

18. 粤禽皇2号鸡配套系

19. 粤禽皇3号鸡配套系

20. 京红1号蛋鸡配套系

21. 京粉1号蛋鸡配套系

22. 良凤花鸡配套系

23. 墟岗黄鸡1号配套系

24. 皖南黄鸡配套系

25. 皖南青脚鸡配套系

26. 皖江黄鸡配套系

27. 皖江麻鸡配套系

28. 雪山鸡配套系

29. 苏禽黄鸡2号配套系

30. 金陵麻鸡配套系

31. 金陵黄鸡配套系

32. 岭南黄鸡3号配套系

33. 金钱麻鸡1号配套系

34. 南海黄麻鸡1号

35. 弘香鸡

36. 新广铁脚麻鸡

37. 新广黄鸡K996

38. 大恒699肉鸡配套系

39. 新杨白壳蛋鸡配套系

40. 新杨绿壳蛋鸡配套系

41. 凤翔青脚麻鸡

42. 凤翔乌鸡

43. 五星黄鸡

44. 金种麻黄鸡

45. 振宁黄鸡配套系

46. 潭牛鸡配套系

47. 三高青脚黄鸡3号

48. 京粉2号蛋鸡

49. 大午粉1号蛋鸡

50. 苏禽绿壳蛋鸡

51. 天露黄鸡

52. 天露黑鸡

53. 光大梅黄1号肉鸡

54. 粤禽皇5号蛋鸡

55. 桂凤二号黄鸡

56. 天农麻鸡配套系

57. 新杨黑羽蛋鸡配套系

58. 豫粉1号蛋鸡配套系

59. 温氏青脚麻鸡2号配套系

60. 农大5号小型蛋鸡配套系

61. 科朗麻黄鸡配套系

62. 金陵花鸡配套系

63. 大午金凤蛋鸡配套系

64. 京白1号蛋鸡配套系

65. 京星黄鸡103配套系

66. 栗园油鸡蛋鸡配套系

67. 黎村黄鸡配套系

68. 凤达1号蛋鸡配套系

69. 欣华2号蛋鸡配套系

70. 鸿光黑鸡配套系

71. 参皇鸡1号配套系

72. 鸿光麻鸡配套系

73. 天府肉鸡配套系

74. 海扬黄鸡配套系

75. 肉鸡WOD168配套系

76. 京粉6号蛋鸡配套系

77. 金陵黑凤鸡配套系

78. 大恒799肉鸡

79. 神丹6号绿壳蛋鸡

80. 大午褐蛋鸡

（四）引入品种

1. 隐性白羽鸡

2. 矮小黄鸡

3. 来航鸡

4. 洛岛红鸡

5. 贵妃鸡

6. 白洛克鸡

7. 哥伦比亚洛克鸡

8. 横斑洛克鸡

（五）引入配套系

1. 雪佛蛋鸡

2. 罗曼（罗曼褐、罗曼粉、罗曼灰、罗曼白LSL）蛋鸡

3. 艾维茵肉鸡

4. 澳洲黑鸡

5. 巴波娜蛋鸡

6. 巴布考克B380蛋鸡

7. 宝万斯蛋鸡

8. 迪卡蛋鸡

9. 海兰（海兰褐、海兰灰、海兰白W36、海兰白W80、海兰银褐）蛋鸡

10. 海赛克斯蛋鸡

11. 金慧星

12. 罗马尼亚蛋鸡

13. 罗斯蛋鸡

14. 尼克蛋鸡

15. 伊莎（伊莎褐、伊莎粉）蛋鸡

16. 爱拔益加

17. 安卡

18. 迪高肉鸡

19. 哈伯德

20. 海波罗

21. 海佩克

22. 红宝肉鸡

23. 科宝500肉鸡

24. 罗曼肉鸡

25. 罗斯（罗斯308、罗斯708）肉鸡

26. 明星肉鸡

27. 尼克肉鸡

28. 皮尔奇肉鸡

29. 皮特逊肉鸡

30. 萨索肉鸡

31. 印第安河肉鸡

32. 诺珍褐蛋鸡

九、鸭

（一）地方品种

1. 北京鸭
2. 高邮鸭
3. 绍兴鸭
4. 巢湖鸭
5. 金定鸭
6. 连城白鸭
7. 莆田黑鸭
8. 龙岩山麻鸭
9. 大余鸭
10. 吉安红毛鸭
11. 微山麻鸭
12. 文登黑鸭
13. 淮南麻鸭
14. 恩施麻鸭
15. 荆江鸭
16. 沔阳麻鸭
17. 攸县麻鸭
18. 临武鸭
19. 广西小麻鸭
20. 靖西大麻鸭
21. 龙胜翠鸭
22. 融水香鸭
23. 麻旺鸭
24. 建昌鸭
25. 四川麻鸭
26. 三穗鸭
27. 兴义鸭
28. 建水黄褐鸭
29. 云南麻鸭
30. 汉中麻鸭
31. 褐色菜鸭
32. 枞阳媒鸭
33. 缙云麻鸭
34. 马踏湖鸭
35. 娄门鸭
36. 于田麻鸭
37. 润州凤头白鸭

（二）培育配套系

1. 三水白鸭配套系
2. 仙湖肉鸭配套系
3. 南口1号北京鸭配套系
4. Z型北京鸭配套系
5. 苏邮1号蛋鸭
6. 国绍Ⅰ号蛋鸭配套系
7. 中畜草原白羽肉鸭配套系
8. 中新白羽肉鸭配套系
9. 神丹2号蛋鸭
10. 强英鸭

（三）引入品种

咔叽·康贝尔鸭

（四）引入配套系

1. 奥白星鸭
2. 狄高鸭
3. 枫叶鸭
4. 海加德鸭

5. 丽佳鸭
6. 南特鸭
7. 樱桃谷鸭

十、鹅

（一）地方品种

1. 太湖鹅
2. 籽鹅
3. 永康灰鹅
4. 浙东白鹅
5. 皖西白鹅
6. 雁鹅
7. 长乐鹅
8. 闽北白鹅
9. 兴国灰鹅
10. 丰城灰鹅
11. 广丰白翎鹅
12. 莲花白鹅
13. 百子鹅
14. 豁眼鹅
15. 道州灰鹅

16. 鄱县白鹅
17. 武冈铜鹅
18. 溆浦鹅
19. 马岗鹅
20. 狮头鹅
21. 乌鬃鹅
22. 阳江鹅
23. 右江鹅
24. 定安鹅
25. 钢鹅
26. 四川白鹅
27. 平坝灰鹅
28. 织金白鹅
29. 云南鹅
30. 伊犁鹅

（二）培育品种

扬州鹅

（三）培育配套系

1. 天府肉鹅

2. 江南白鹅配套系

（四）引入配套系

1. 莱茵鹅
2. 朗德鹅
3. 罗曼鹅

4. 匈牙利白鹅
5. 匈牙利灰鹅
6. 霍尔多巴吉鹅

十一、鸽

（一）地方品种

1. 石岐鸽

2. 塔里木鸽

3. 太湖点子鸽

（二）培育配套系

1. 天翔1号肉鸽配套系

2. 苏威1号肉鸽

（三）引入品种

1. 美国王鸽

2. 卡奴鸽

3. 银王鸽

（四）引入配套系

欧洲肉鸽

十二、鹌鹑

（一）培育配套系

神丹1号鹌鹑

（二）引入品种

1. 朝鲜鹌鹑

2. 迪法克FM系肉用鹌鹑

特种畜禽

一、梅花鹿

（一）地方品种

吉林梅花鹿

（二）培育品种

1. 四平梅花鹿

2. 敖东梅花鹿

3. 东丰梅花鹿

4. 兴凯湖梅花鹿

5. 双阳梅花鹿

6. 西丰梅花鹿

7. 东大梅花鹿

二、马鹿

（一）地方品种

东北马鹿

（二）培育品种

1. 清原马鹿

2. 塔河马鹿

3. 伊河马鹿

（三）引入品种

新西兰赤鹿

三、驯鹿

地方品种

敖鲁古雅驯鹿

四、羊驼

引入品种

羊驼

五、火鸡

（一）地方品种

闽南火鸡

（二）引入品种

1. 尼古拉斯火鸡

2. 青铜火鸡

（三）引入配套系

1. BUT火鸡

2. 贝蒂纳火鸡

六、珍珠鸡

引入品种

珍珠鸡

七、雉鸡

（一）地方品种

1. 中国山鸡

2. 天峨六画山鸡

（二）培育品种

1. 左家雉鸡

2. 申鸿七彩雉

（三）引入品种

美国七彩山鸡

八、鹧鸪

引入品种

鹧鸪

九、番鸭

（一）地方品种

中国番鸭

（二）培育配套系

温氏白羽番鸭1号

（三）引入品种

番鸭

（四）引入配套系

克里莫番鸭

十、绿头鸭

引入品种

绿头鸭

十一、鸵鸟

引入品种

1. 非洲黑鸵鸟

2. 红颈鸵鸟

3. 蓝颈鸵鸟

十二、鸸鹋

引入品种

鸸鹋

十三、水貂（非食用）

（一）培育品种

1. 吉林白水貂

2. 金州黑色十字水貂

3. 山东黑褐色标准水貂

4. 东北黑褐色标准水貂

5. 米黄色水貂

6. 金州黑色标准水貂

7. 明华黑色水貂

8. 名威银蓝水貂

（二）引入品种

1. 银蓝色水貂   2. 短毛黑色水貂

十四、银狐（非食用）

引入品种

1. 北美赤狐   2. 银黑狐

十五、北极狐（非食用）

引入品种

北极狐

十六、貉（非食用）

（一）地方品种

乌苏里貉

（二）培育品种

吉林白貉

2. 新鉴定的畜禽遗传资源和新审定的畜禽新品种、配套系

审定通过的畜禽新品种配套系名单

序号	名称	类别	培育单位	参与培育单位
1	辽丹黑猪	新品种	丹东市农业农村发展服务中心（丹东市畜禽遗传资源保存利用中心）	辽宁省现代农业生产基地建设工程中心、沈阳农业大学、河北农业大学
2	川乡黑猪	新品种	四川省畜牧科学研究院	—
3	硒都黑猪	新品种	湖北省农业科学院畜牧兽医研究所、湖北华健硒园农牧科技有限公司、湖北天之力优质猪育种有限公司	—
4	华西牛	新品种	中国农业科学院北京畜牧兽医研究所	北京联育肉牛育种科技有限公司、乌拉盖管理区农牧和科技局、内蒙古奥科斯牧业有限公司、乌拉盖管理区博昊良种肉牛繁育专业合作社、沙洋县汉江牛业发展有限公司、内蒙古科尔沁肉牛种业股份有限公司、河南省鼎元种牛育种有限公司、云南省种畜繁育推广中心、吉林省德信生物工程有限公司、敖汉旗隆丰家庭农场有限责任公司、锡林郭勒盟畜牧工作站、内蒙古自治区农牧场科学技术推广站、内蒙古农业大学、伊犁创锦犇牛牧业有限公司

（续表）

序号	名称	类别	培育单位	参与培育单位
5	贵乾半细毛羊	新品种	毕节市畜牧兽医科学研究所、贵州省畜牧兽医研究所、威宁县种羊场、毕节市牧垦场、贵州省威宁高原草地试验站、毕节市畜禽遗传资源管理站、贵州新乌蒙生态牧业发展有限公司	毕节市农业农村局、威宁县农业农村局、威宁县畜禽品种改良站、赫章县农业农村局、赫章县畜禽品种改良站、大方县农业农村局、大方县畜禽品种改良站
6	藏西北白绒山羊	新品种	西藏自治区农牧科学院畜牧兽医研究所、日土县原种场、西藏尼玛县白绒山羊原种场、中国农业科学院北京畜牧兽医研究所	西藏自治区阿里地区农牧业科研与技术推广中心、西藏阿里地区科学技术局、西藏自治区畜牧总站、西藏那曲市畜牧兽医技术推广站、新疆畜牧科学院
7	皖南黄兔	新品种	安徽省义华农牧科技有限公司、安徽省农业科学院畜牧兽医研究所、安徽省畜禽遗传资源保护中心、中国农业科学院北京畜牧兽医研究所	石台县畜牧兽医局、宿松宏锐农业综合开发有限公司、绩溪县畜牧兽医水产服务中心
8	金陵麻乌鸡	配套系	中国农业科学院北京畜牧兽医研究所、广西金陵农牧集团有限公司	广西畜牧研究所、广西大学
9	花山鸡	配套系	江苏立华牧业股份有限公司、江苏省家禽科学研究所、江苏立华育种有限公司	—
10	园丰麻鸡2号	配套系	广西园丰牧业集团股份有限公司	广西大学、广西畜牧研究所
11	沃德158肉鸡	配套系	北京市华都峪口禽业有限责任公司、中国农业大学、思玛特（北京）食品有限公司	—
12	圣泽901白羽肉鸡	配套系	福建圣泽生物科技发展有限公司、东北农业大学、福建圣农发展股份有限公司	中国农业科学院哈尔滨兽医研究所
13	益生909小型白羽肉鸡	配套系	山东益生种畜禽股份有限公司	—
14	农金1号蛋鸡	配套系	北京中农榜样蛋鸡育种有限责任公司	—
15	广明2号白羽肉鸡	配套系	中国农业科学院北京畜牧兽医研究所、佛山市高明区新广农牧有限公司	—
16	沃德188肉鸡	配套系	北京市华都峪口禽业有限责任公司、中国农业大学、思玛特（北京）食品有限公司	—
17	农湖2号蛋鸭	配套系	湖北农科智研科技发展有限公司、湖北离湖禽蛋股份有限公司、湖北省农业科学院畜牧兽医研究所	浙江省农业科学院畜牧兽医研究所、中国农业大学、武汉市农业科学院、湖北省畜牧技术推广总站、湖北省农业事业发展中心、长江大学、京山市畜牧技术推广站
18	京典北京鸭	配套系	北京南口鸭育种科技有限公司、中国农业大学、北京金星鸭业有限公司	—

鉴定通过的畜禽遗传资源名单

序号	名称	申请单位	发现单位
1	豫西黑猪	河南省农业农村厅	河南省畜牧总站、洛阳市畜牧工作站、三门峡市畜牧技术推广中心、河南农业大学、河南科技大学、栾川县农业农村局、卢氏县农业农村局、栾川县亨利养殖专业合作社、卢氏县天社生猪养殖专业合作社、卢氏县炎牧生态养殖有限公司、栾川县益生源养殖专业合作社、三门峡雏鹰农牧有限公司卢氏分公司
2	江城黄牛	云南省农业农村厅	江城哈尼族彝族自治县畜牧工作站、普洱市畜牧工作站、江城县整董镇席草塘农民专业养殖合作社、江城农丰家庭农场、江城坝伞黄牛养殖场、江城县中平村美福畜牧养殖农民专业合作社
3	帕米尔牦牛	新疆维吾尔自治区畜牧兽医局	新疆维吾尔自治区畜牧总站、中国农业科学院兰州畜牧与兽药研究所、中国农业科学院农业基因组研究所、克孜勒苏柯尔克孜自治州畜禽繁育改良站、喀什地区畜牧工作站、克孜勒苏柯尔克孜自治州畜牧兽医局、喀什地区畜牧兽医局、阿克陶县畜牧兽医局、塔什库尔干县畜牧兽医局
4	查吾拉牦牛	西藏自治区农业农村厅	西藏自治区农牧科学院畜牧兽医研究所、中国农业科学院兰州畜牧与兽药研究所、西藏自治区畜牧总站、西藏自治区那曲市农业农村局、西藏自治区那曲市聂荣县农业农村局、西藏自治区那曲市聂荣县查当乡政府、西南大学
5	燕山绒山羊	河北省农业农村厅	河北农业大学、秦皇岛市畜牧工作站、青龙满族自治县畜牧综合服务站、青龙满族自治县芳华畜牧养殖有限公司、青龙满族自治县利红绒山羊技术服务中心、青龙满族自治县福旺绒山羊养殖专业合作社、青龙满族自治县羊盛隆养殖专业合作社、青龙满族自治县乐羊养殖专业合作社、宽城立东养殖有限公司
6	南充黑山羊	四川省农业农村厅	南充市农业农村局、营山县农业农村局、南充市嘉陵区农业农村局、四川省畜牧总站、西南民族大学、四川农业大学
7	玛格绵羊	四川省农业农村厅	甘孜藏族自治州畜牧站、四川省草原科学研究院、甘孜藏族自治州得荣县农牧农村和科技局、甘孜藏族自治州乡城县农牧农村和科技局、甘孜藏族自治州巴塘县农牧农村和科技局、四川省畜牧总站、甘孜藏族自治州畜牧业科学研究所
8	阿旺绵羊	西藏自治区农业农村厅	西藏自治区农牧科学院畜牧兽医研究所、西藏自治区昌都市兽防总站、西藏昌都市觉拥种畜场、西藏昌都市贡觉县农业农村局、昌都市贡觉县兽防站、西藏自治区畜牧总站、中国农业科学院北京畜牧兽医研究所、中国农业大学
9	泽库羊	青海省农业农村厅	青海省畜牧总站、青海省种羊繁育推广服务中心、青海省黄南藏族自治州泽库县农牧水利和科技局、青海省黄南藏族自治州泽库县畜牧兽医站、青海省黄南藏族自治州动物疫病预防控制中心、青海省黄南藏族自治州泽库县高原藏羊种畜繁育推广有限公司
10	凉山黑绵羊	四川省农业农村厅	凉山州畜牧草业与水产技术推广中心、四川省畜牧科学研究院、四川农业大学、布拖县农业农村局、普格县农业农村局、盐源县农业农村局、喜德县农业农村局、四川省草原科学研究院、凉山彝族自治州农业农村局、布拖黑绵羊良种繁育场

（续表）

序号	名称	申请单位	发现单位
11	勒通绵羊	四川省农业农村厅	甘孜藏族自治州畜牧站、四川省草原科学研究院、甘孜藏族自治州理塘县农牧农村和科技局、甘孜藏族自治州雅江县农牧农村和科技局、四川省畜牧总站、甘孜藏族自治州畜牧业科学研究所
12	色瓦绵羊	西藏自治区农业农村厅	西藏自治区农牧科学院畜牧兽医研究所、西藏自治区畜牧总站、班戈县农业农村局、西藏班戈县农业农村局、西藏自治区那曲市畜牧兽医技术推广总站、四川农业大学、华中农业大学、新疆农垦科学院畜牧兽医研究所、西藏农牧学院
13	霍尔巴绵羊	西藏自治区农业农村厅	西藏自治区农牧科学院畜牧兽医研究所、西藏自治区畜牧总站、西藏自治区日喀则市仲巴县农牧综合服务中心、中国农业科学院兰州畜牧与兽药研究所、西藏自治区日喀则市仲巴县农业农村局、西藏自治区日喀则市仲巴县霍尔巴乡政府
14	多玛绵羊	西藏自治区农业农村厅	西藏自治区畜牧总站、西藏自治区农牧科学院畜牧兽医研究所、西藏自治区那曲市畜牧兽医技术推广总站、西藏自治区那曲市安多县农业农村局、那曲市安多县多玛乡农牧综合服务中心、那曲市安多县雁石坪镇农牧综合服务中心、中国农业科学院北京畜牧兽医研究所
15	苏格绵羊	西藏自治区农业农村厅	西藏自治区畜牧总站、中国农业科学院北京畜牧兽医研究所、西藏自治区农牧科学院畜牧兽医研究所、山南市畜牧兽医总站、山南市浪卡子县人民政府、山南市浪卡子县农业农村局、山南市浪卡子县农牧综合服务中心、山南市浪卡子县伦布雪乡人民政府
16	岗巴绵羊	西藏自治区农业农村厅	西藏自治区农牧科学院畜牧兽医研究所、西藏自治区日喀则市兽防总站、西藏日喀则市岗巴县农业农村局、岗巴县兽防站、西藏自治区畜牧总站、中国农业科学院北京畜牧兽医研究所
17	阿克鸡	云南省农业农村厅	云南省畜牧总站、福贡县农业农村局、怒江州畜牧技术推广站
18	奉化水鸭	浙江省农业农村厅	宁波市奉化区奥纪农业科技有限公司、浙江省农业科学院、宁波市农机畜牧中心、宁波市奉化区农机畜牧发展中心

附件二　国家级畜禽遗传资源保护名录及保护单位名单

1. 国家级畜禽遗传资源保护名录

国家级畜禽遗传资源保护名录（159个）

一、猪（42个）

八眉猪、大花白猪、马身猪、淮猪、莱芜猪、内江猪、乌金猪（大河猪）、五指山猪、二花脸猪、梅山猪、民猪、两广小花猪（陆川猪）、里岔黑猪、金华猪、荣昌猪、香猪、华中两头乌猪（沙子岭猪、通城猪、监利猪）、清平猪、滇南小耳猪、槐猪、蓝塘猪（与大花白猪一个场）、藏猪、浦东白猪、撒坝猪、湘西黑猪、大蒲莲猪、巴马香猪、玉江猪（玉山黑猪）、姜曲海猪、粤东黑猪、汉江黑猪、安庆六白猪、莆田黑猪、嵊县花猪、宁乡猪、米猪、皖南黑猪、沙乌头猪、乐平猪、海南猪（屯昌猪）、嘉兴黑猪、大围子猪。

二、牛（21个）

延边牛、复州牛、南阳牛、秦川牛、晋南牛、渤海黑牛、鲁西牛、蒙古牛、郏县红牛、巫陵牛（湘西牛）、雷琼牛、温岭高峰牛、海子水牛、温州水牛、槟榔江水牛、九龙牦牛、天祝白牦牛、青海高原牦牛、甘南牦牛、帕里牦牛、独龙牛（大额牛）。

三、绵羊（14个）

小尾寒羊、乌珠穆沁羊、同羊、西藏羊（草地型）、贵德黑裘皮羊、湖羊、滩羊、和田羊、大尾寒羊、多浪羊、兰州大尾羊、汉中绵羊、岷县黑裘皮羊、苏尼特羊。

四、山羊（13个）

辽宁绒山羊、内蒙古绒山羊（阿尔巴斯型、阿拉善型、二狼山型）、中卫山羊、长江三角洲白山羊（笔料毛型）、西藏山羊、济宁青山羊、雷州山羊、龙陵黄山羊、太行山羊、莱芜黑山羊、牙山黑绒山羊、大足黑山羊、成都麻羊。

五、马（7个）

德保矮马、蒙古马、鄂伦春马、晋江马、宁强马、岔口驿马、焉耆马。

六、驴（5个）

关中驴、德州驴、广灵驴、泌阳驴、新疆驴。

七、骆驼（1个）

阿拉善双峰驼。

八、兔（2个）

福建黄兔、四川白兔。

九、鸡（28个）

大骨鸡、白耳黄鸡、仙居鸡、北京油鸡、丝羽乌骨鸡、茶花鸡、狼山鸡、清远麻鸡、藏鸡、矮脚鸡、浦东鸡、溧阳鸡、文昌鸡、惠阳胡须鸡、河田鸡、边鸡、金阳丝毛鸡、静原鸡、瓢鸡、林甸鸡、怀乡鸡、鹿苑鸡、龙胜凤鸡、汶上芦花鸡、闽清毛脚鸡、长顺绿壳蛋鸡、拜城油鸡、双莲鸡。

十、鸭（10个）

北京鸭、攸县麻鸭、连城白鸭、建昌鸭、金定鸭、绍兴鸭、莆田黑鸭、高邮鸭、缙云麻鸭、吉安红毛鸭。

十一、鹅（11个）

四川白鹅、伊犁鹅、狮头鹅、皖西白鹅、豁眼鹅、太湖鹅、兴国灰鹅、乌鬃鹅、浙东白鹅、钢鹅、溆浦鹅。

十二、鹿（2个）

吉林梅花鹿、敖鲁古雅驯鹿。

十三、蜂（3个）

中蜂、东北黑蜂、新疆黑蜂。

2.国家级畜禽遗传资源保种场、保护区和基因库名单

国家畜禽遗传资源基因库（2021年发布）

序号	编号	名称	建设单位
1	A1101	国家家畜基因库	全国畜牧总站
2	A1108	国家蜜蜂基因库（北京）	中国农业科学院蜜蜂研究所
3	A2202	国家蜜蜂基因库（吉林）	吉林省养蜂科学研究所
4	A3203	国家地方鸡种基因库（江苏）	江苏省家禽科学研究所
5	A3204	国家水禽基因库（江苏）	江苏农牧科技职业学院
6	A3305	国家地方鸡种基因库（浙江）	浙江光大农业科技发展有限公司
7	A3506	国家水禽基因库（福建）	石狮市种业发展中心
8	A4507	国家地方鸡种基因库（广西）	广西金陵家禽育种有限公司

国家畜禽遗传资源保护区名单（2021年发布）

序号	编号	名称	建设单位
1	B1411001	广灵驴国家保护区	广灵县农业农村局
2	B1510801	内蒙古绒山羊（阿拉善型）国家保护区	阿拉善左旗家畜改良工作站
3	B1510901	蒙古马国家保护区	锡林郭勒盟畜牧工作站
4	B1511101	阿拉善双峰驼国家保护区	阿拉善左旗家畜改良工作站
5	B2230101	中蜂（长白山中蜂）国家保护区	吉林省蜜蜂遗传资源基因保护中心
6	B2330201	东北黑蜂国家保护区	黑龙江饶河东北黑蜂国家自然保护区管理局
7	B3210101	二花脸猪国家保护区	常州市舜溪畜牧科技有限公司
8	B3210701	湖羊国家保护区	苏州市吴中区东山动物防疫站
9	B3310701	湖羊国家保护区	湖州菰城湖羊合作社联合社
10	B3510901	晋江马国家保护区	晋江市畜牧业兽医站
11	B3730101	中蜂（北方型）国家保护区	临沂市畜牧技术推广站（临沂市蜂业发展技术中心）
12	B4230101	中蜂（华中中蜂）国家保护区	神农架林区农业农村局
13	B4310101	宁乡猪国家保护区	宁乡市畜牧水产事务中心
14	B4430101	中蜂（华南中蜂）国家保护区	蕉岭县畜牧兽医技术推广站
15	B5010101	荣昌猪国家保护区	重庆市荣昌区畜牧发展中心
16	B5110101	藏猪国家保护区	乡城县农牧农村和科技局

（续表）

序号	编号	名称	建设单位
17	B5310101	藏猪国家保护区	迪庆藏族自治州畜牧兽医科学研究院
18	B5410101	藏猪国家保护区	工布江达县农业农村局
19	B5410501	帕里牦牛国家保护区	亚东帕里牦牛原种场
20	B6210101	藏猪（合作猪）国家保护区	甘南藏族自治州畜牧工作站
21	B6210501	天祝白牦牛国家保护区	甘肃省天祝白牦牛育种实验场
22	B6510701	和田羊国家保护区	和田地区畜牧技术推广站
23	B6511001	新疆驴国家保护区	和田地区畜牧技术推广站
24	B6530201	新疆黑蜂国家保护区	尼勒克县畜牧兽医发展中心

国家畜禽遗传资源保种场名单（2021年发布）

序号	编号	名称	建设单位
1	C1110101	国家五指山猪保种场	中国农业科学院北京畜牧兽医研究所
2	C1111301	国家北京油鸡保种场	中国农业科学院北京畜牧兽医研究所
3	C1111401	国家北京鸭保种场	中国农业科学院北京畜牧兽医研究所
4	C1111402	国家北京鸭保种场	北京南口鸭育种科技有限公司
5	C1311001	国家德州驴保种场	海兴县绿洲生态畜禽养殖有限公司
6	C1410101	国家马身猪保种场	大同市农业种质资源保护试验中心
7	C1410201	国家晋南牛保种场	运城市国家级晋南牛遗传资源基因保护中心
8	C1410801	国家太行山羊保种场	左权县新世纪农业科技有限责任公司
9	C1411001	国家广灵驴保种场	广灵县畜牧兽医服务中心
10	C1411301	国家边鸡保种场	山西省农业科学院畜牧兽医研究所
11	C1510201	国家蒙古牛保种场	阿拉善左旗绿森种牛场
12	C1510701	国家乌珠穆沁羊保种场	东乌珠穆沁旗东兴畜牧综合开发基地乌珠穆沁羊原种场
13	C1510702	国家苏尼特羊保种场	苏尼特右旗苏尼特羊良种场
14	C1510801	国家内蒙古绒山羊（二狼山型）保种场	巴彦淖尔市同和太种畜场
15	C1510802	国家内蒙古绒山羊（阿尔巴斯型）保种场	内蒙古亿维白绒山羊有限责任公司
16	C1510803	国家内蒙古绒山羊（阿拉善型）保种场	内蒙古阿拉善白绒山羊种羊场
17	C1511101	国家阿拉善双峰驼保种场	阿拉善双峰驼种驼场
18	C2110101	国家民猪（荷包猪）保种场	凌源禾丰牧业有限责任公司
19	C2110201	国家复州牛保种场	瓦房店市种牛场
20	C2110801	国家辽宁绒山羊保种场	辽宁省辽宁绒山羊原种场有限公司
21	C2111301	国家大骨鸡保种场	庄河市大骨鸡繁育中心
22	C2111302	国家大骨鸡保种场	辽宁庄河大骨鸡原种场有限公司

序号	编号	名称	建设单位
23	C2111501	国家豁眼鹅保种场	辽宁省辽宁绒山羊原种场有限公司
24	C2130101	国家中蜂保种场	辽宁春兴畜牧兽医服务中心
25	C2210201	国家延边牛保种场	延边东盛黄牛资源保种有限公司
26	C2220101	国家吉林梅花鹿保种场	东丰县文福种鹿场
27	C2310101	国家民猪保种场	兰西县种猪场有限公司
28	C2310901	国家鄂伦春马保种场	黑河市新生刺尔滨种马场有限公司
29	C2311301	国家林甸鸡保种场	黑龙江省林甸鸡原种场有限公司
30	C2330201	国家东北黑蜂保种场	饶河东北黑蜂产业（集团）有限公司
31	C3110101	国家梅山猪保种场	上海市嘉定区动物疫病预防控制中心
32	C3110102	国家浦东白猪保种场	上海浦汇良种繁育科技有限公司
33	C3110103	国家沙乌头猪保种场	上海市崇明区种畜场
34	C3111301	国家浦东鸡保种场	上海浦汇浦东鸡繁育有限公司
35	C3210101	国家梅山猪保种场	江苏农林职业技术学院
36	C3210102	国家二花脸猪保种场	常熟市牧工商有限公司
37	C3210103	国家二花脸猪、梅山猪保种场	苏州苏太企业有限公司
38	C3210104	国家姜曲海猪保种场	江苏姜曲海种猪场
39	C3210105	国家淮猪保种场	江苏东海老淮猪产业发展有限公司
40	C3210106	国家梅山猪保种场	太仓市种猪场
41	C3210107	国家米猪保种场	常州市金坛米猪原种场
42	C3210108	国家沙乌头猪保种场	江苏兴旺农牧科技发展有限公司
43	C3210109	国家梅山猪保种场	昆山市梅山猪保种有限公司
44	C3210401	国家海子水牛保种场	射阳县种牛场
45	C3210402	国家海子水牛保种场	东台市种畜场
46	C3210701	国家湖羊保种场	苏州太湖东山湖羊产业发展有限公司
47	C3210801	国家长江三角洲白山羊（笔料毛型）保种场	南通市海门区长江三角洲白山羊保种繁殖研究所
48	C3211301	国家狼山鸡保种场	如东县狼山鸡种鸡场
49	C3211302	国家溧阳鸡保种场	溧阳市种畜场
50	C3211303	国家鹿苑鸡保种场	张家港市畜禽有限公司
51	C3211401	国家高邮鸭保种场	高邮市高邮鸭良种繁育中心
52	C3211501	国家太湖鹅保种场	苏州市乡韵太湖鹅有限公司
53	C3310101	国家金华猪保种场	浙江加华种猪有限公司
54	C3310102	国家嵊县花猪保种场	绍兴市嵊花种猪有限公司
55	C3310103	国家嘉兴黑猪保种场	嘉兴青莲黑猪原种场有限公司

（续表）

序号	编号	名称	建设单位
56	C3310401	国家温州水牛保种场	平阳县挺志温州水牛乳业有限公司
57	C3310701	国家湖羊保种场	浙江华丽牧业有限公司
58	C3311301	国家仙居鸡保种场	浙江省仙居种鸡场
59	C3311401	国家绍兴鸭保种场	绍兴咸亨绍鸭育种有限公司
60	C3311402	国家绍兴鸭保种场	浙江国伟科技有限公司
61	C3311403	国家缙云麻鸭保种场	浙江欣昌农业开发有限公司
62	C3311501	国家太湖鹅保种场	湖州卓旺太湖鹅原种场
63	C3311502	国家浙东白鹅保种场	象山县浙东白鹅研究所
64	C3410101	国家淮猪保种场	安徽省浩宇牧业有限公司
65	C3410102	国家安庆六白猪保种场	望江县现代良种养殖有限公司
66	C3410103	国家安庆六白猪保种场	安徽省花亭湖绿色食品开发有限公司
67	C3410104	国家皖南黑猪保种场	广德市三溪生态农业有限公司
68	C3411501	国家皖西白鹅保种场	安徽省皖西白鹅原种场有限公司
69	C3510101	国家莆田黑猪保种场	莆田市乡里香黑猪开发有限公司
70	C3510102	国家槐猪保种场	上杭绿琦槐猪保种场
71	C3510901	国家晋江马保种场	晋江市峻富生态林牧有限公司
72	C3511201	国家福建黄兔保种场	福建省连江玉华山自然生态农业试验场
73	C3511301	国家河田鸡保种场	福建省长汀县南墩河田鸡保种场有限公司
74	C3511401	国家连城白鸭保种场	连城县白鸭原种场
75	C3511402	国家金定鸭、莆田黑鸭保种场	泉州市诚信农牧发展有限公司
76	C3610101	国家玉江猪（玉山黑猪）保种场	江西省玉山黑猪原种场
77	C3611301	国家丝羽乌骨鸡保种场	江西省泰和县泰和鸡原种场
78	C3611302	国家白耳黄鸡保种场	上饶市广丰区白耳黄鸡原种场
79	C3611401	国家吉安红毛鸭保种场	江西省吉水八都板鸭有限公司吉安红毛鸭原种场
80	C3611501	国家兴国灰鹅保种场	江西省兴国灰鹅原种场
81	C3630101	国家中蜂（华中中蜂）保种场	江西益精蜂业有限公司
82	C3710101	国家莱芜猪保种场	济南市莱芜猪种猪繁育有限公司
83	C3710102	国家大蒲莲猪保种场	济宁东三大蒲莲猪原种场
84	C3710103	国家里岔黑猪保种场	青岛里岔黑猪繁育基地
85	C3710201	国家渤海黑牛保种场	山东无棣华兴渤海黑牛种业股份有限公司
86	C3710202	国家鲁西牛保种场	鄄城鸿翔牧业有限公司
87	C3710203	国家鲁西牛保种场	山东科龙畜牧产业有限公司
88	C3710701	国家小尾寒羊保种场	嘉祥县种羊场

（续表）

序号	编号	名称	建设单位
89	C3710702	国家大尾寒羊保种场	临清润林牧业有限公司
90	C3710801	国家济宁青山羊保种场	济宁青山羊原种场
91	C3710802	国家莱芜黑山羊保种场	山东峰祥畜牧种业科技有限公司莱芜黑山羊原种场
92	C3710803	国家牙山黑绒山羊保种场	山东广耀牧业集团有限公司
93	C3711001	国家德州驴保种场	山东省无棣良种畜禽繁育场
94	C3711002	国家德州驴保种场	山东东阿黑毛驴牧业科技有限公司
95	C3711003	国家德州驴保种场	山东俊驰驴业有限公司
96	C3711301	国家汶上芦花鸡保种场	山东金秋农牧科技股份有限公司
97	C4110101	国家淮猪保种场	河南三高农牧股份有限公司
98	C4110201	国家南阳牛保种场	南阳市黄牛良种繁育场
99	C4110202	国家郏县红牛保种场	平顶山市犇牛畜禽良种繁育有限公司
100	C4111001	国家泌阳驴保种场	泌阳县兴盛泌阳驴种业有限公司
101	C4111501	国家皖西白鹅保种场	固始县恒歌鹅业有限公司
102	C4210101	国家华中两头乌猪（通城猪）保种场	通城县国营种畜场
103	C4210102	国家清平猪保种场	当阳市清平种猪场
104	C4210103	国家华中两头乌猪（监利猪）保种场	湖北荆贡种猪有限公司
105	C4211301	国家双莲鸡保种场	湖北民大农牧发展有限公司
106	C4310101	国家湘西黑猪保种场	桃源县桃源黑猪资源场
107	C4310102	国家宁乡猪保种场	湖南省流沙河花猪生态牧业股份有限公司
108	C4310103	国家湘西黑猪保种场	湖南湘西牧业有限公司
109	C4310104	国家华中两头乌（沙子岭猪）保种场	湘潭市家畜育种站（湘潭市饲料监测站）
110	C4310105	国家大围子猪保种场	湖南天府生态农业有限公司
111	C4310201	国家巫陵牛（湘西牛）保种场	湖南德农牧业集团有限公司
112	C4311401	国家攸县麻鸭保种场	攸县麻鸭资源场
113	C4311501	国家溆浦鹅保种场	湖南鸿羽溆浦鹅业科技发展有限公司
114	C4410101	国家大花白猪、蓝塘猪保种场	新丰板岭原种猪场
115	C4410102	国家粤东黑猪保种场	蕉岭县泰农黑猪发展有限公司
116	C4410201	国家雷琼牛保种场	湛江市麻章区畜牧技术推广站
117	C4411301	国家清远麻鸡保种场	广东天农食品集团股份有限公司
118	C4411302	国家怀乡鸡保种场	广东盈富农业有限公司
119	C4411303	国家惠阳胡须鸡保种场	广东金种农牧科技股份有限公司
120	C4411501	国家狮头鹅保种场	汕头市白沙禽畜原种研究所
121	C4411502	国家乌鬃鹅保种场	清远市金羽丰鹅业有限公司

序号	编号	名称	建设单位
122	C4411503	国家狮头鹅保种场	广东立兴农业开发有限公司
123	C4510101	国家香猪（环江香猪）保种场	环江毛南族自治县环江香猪原种保种场
124	C4510102	国家巴马香猪保种场	巴马原种香猪农牧实业有限公司
125	C4510103	国家两广小花猪（陆川猪）保种场	陆川县良种猪场
126	C4510901	国家德保矮马保种场	德保矮马研究所
127	C4511301	国家龙胜凤鸡保种场	龙胜县宏胜禽业有限责任公司
128	C4610101	国家五指山猪保种场	海南省农业科学院畜牧兽医研究所
129	C4610102	国家海南猪（屯昌猪）保种场	海南龙健畜牧开发有限公司
130	C4611301	国家文昌鸡保种场	海南罗牛山文昌鸡育种有限公司
131	C5010101	国家荣昌猪保种场	重庆市种猪场
132	C5010701	国家大足黑山羊保种场	重庆腾达牧业有限公司
133	C5110101	国家内江猪保种场	内江市种猪场
134	C5110501	国家九龙牦牛保种场	四川省甘孜州九龙牦牛良种繁育场
135	C5110801	国家成都麻羊保种场	成都市西岭雪农业开发有限公司
136	C5111201	国家四川白兔保种场	四川省畜牧科学研究院
137	C5111301	国家藏鸡保种场	乡城县藏咯咯农业开发有限公司
138	C5111401	国家建昌鸭保种场	德昌县种鸭场
139	C5111501	国家四川白鹅保种场	宜宾市南溪区四川白鹅育种场
140	C5111502	国家钢鹅保种场	西昌华农禽业有限公司
141	C5130101	国家中蜂（阿坝中蜂）保种场	马尔康市农业畜牧局
142	C5210101	国家香猪（从江香猪）保种场	贵州从江粤黔香猪开发有限公司
143	C5310101	国家滇南小耳猪保种场	西双版纳小耳猪生物科技有限公司
144	C5310102	国家乌金猪（大河猪）保种场	富源县大河种猪场
145	C5310103	国家撒坝猪保种场	楚雄彝族自治州种猪种鸡场
146	C5310601	国家独龙牛保种场	贡山县独龙牛种牛场
147	C5310401	国家槟榔江水牛保种场	腾冲市巴福乐槟榔江水牛良种繁育有限公司
148	C5310801	国家龙陵黄山羊保种场	龙陵县黄山羊核心种羊有限责任公司
149	C5311301	国家瓢鸡保种场	镇沅云岭广大瓢鸡原种保种有限公司
150	C5311302	国家茶花鸡保种场	西双版纳云岭茶花鸡产业发展有限公司
151	C5410801	国家西藏山羊（白绒型）保种场	阿里地区日土县白绒山羊原种场
152	C5410802	国家西藏山羊（紫绒型）保种场	措勤县绒山羊良种扩繁殖场
153	C6110101	国家八眉猪保种场	定边县农业畜禽种业服务中心
154	C6110102	国家汉江黑猪保种场	勉县黑河猪种猪场

序号	编号	名称	建设单位
155	C6110201	国家秦川牛保种场	陕西省农牧良种场
156	C6110701	国家汉中绵羊保种场	勉县汉中绵羊保种场
157	C6110702	国家同羊保种场	白水县同羊原种场
158	C6110901	国家宁强马保种场	宁强县良种繁育中心
159	C6111001	国家关中驴保种场	陕西省农牧良种场
160	C6130101	国家中蜂保种场	榆林市畜牧兽医服务中心
161	C6210101	国家八眉猪保种场	灵台县旺富鑫八眉猪良种猪场
162	C6210501	国家甘南牦牛保种场	玛曲县阿孜畜牧科技示范园区
163	C6310101	国家八眉猪保种场	互助县八眉猪养殖技术服务中心
164	C6310501	国家青海高原牦牛保种场	青海省大通种牛场
165	C6310701	国家贵德黑裘皮羊保种场	贵南县黑羊场
166	C6410701	国家滩羊保种场	宁夏回族自治区盐池滩羊选育场
167	C6410702	国家滩羊保种场	红寺堡区天源良种羊繁育养殖有限公司
168	C6410801	国家中卫山羊保种场	宁夏回族自治区中卫山羊选育场
169	C6510701	国家多浪羊保种场	新疆五征绿色农业发展有限公司
170	C6510901	国家焉耆马保种场	和静伊克扎尔尕斯台牧业发展有限公司
171	C6511301	国家拜城油鸡保种场	新疆诺奇拜城油鸡发展有限公司
172	C6511501	国家伊犁鹅保种场	额敏县恒鑫实业有限公司
173	C6530201	国家新疆黑蜂保种场	尼勒克县种蜂繁殖场

附件三 国家畜禽核心育种场、良种扩繁基地及种公畜站名单

1. 国家畜禽核心育种场与良种扩繁基地、种公猪站名单

国家畜禽核心育种场与良种扩繁基地、种公猪站

省份	畜种	单位名称
北京	国家生猪核心育种场	北京顺鑫农业股份有限公司小店畜禽良种场
	国家生猪核心育种场	北京六马科技股份有限公司

（续表）

省份	畜种	单位名称
北京	国家生猪核心育种场	北京中育种猪有限责任公司
	国家奶牛核心育种场	北京首农畜牧发展有限公司奶牛中心良种场
	国家蛋鸡核心育种场	北京中农榜样蛋鸡育种有限责任公司
	国家蛋鸡核心育种场	北京市华都峪口家禽育种有限公司
	国家蛋鸡良种扩繁推广基地	北京市华都峪口禽业有限责任公司父母代种鸡场
天津	国家生猪核心育种场	天津市宁河原种猪场
	国家生猪核心育种场	天津市惠康种猪育种有限公司
	国家羊核心育种场	天津奥群牧业有限公司
河北	国家生猪核心育种场	河北裕丰京安养殖有限公司
	国家生猪核心育种场	安平县浩源养殖股份有限公司
	国家生猪核心育种场	河北美丹畜牧科技有限公司
	国家生猪核心育种场	中道农牧有限公司
	国家奶牛核心育种场	石家庄天泉良种奶牛有限公司
	国家肉牛核心育种场	河北天和肉牛养殖有限公司
	国家肉牛核心育种场	张北华田牧业科技有限公司
	国家蛋鸡核心育种场	河北大午农牧集团种禽有限公司
	国家蛋鸡良种扩繁推广基地	河北大午农牧集团种禽有限公司
	国家蛋鸡良种扩繁推广基地	曲周县北农大禽业有限公司
	国家肉鸡良种扩繁推广基地	河北飞龙家禽育种有限公司
	国家蛋鸡良种扩繁推广基地	华裕农业科技有限公司
	国家肉牛核心育种场	运城市国家级晋南牛遗传资源基因保护中心
内蒙古	国家生猪核心育种场	赤峰家育种猪生态科技集团有限公司
	国家奶牛核心育种场	内蒙古犇腾牧业有限公司第十二牧场
	国家肉牛核心育种场	内蒙古奥科斯牧业有限公司
	国家肉牛核心育种场	内蒙古科尔沁肉牛种业股份有限公司
	国家肉牛核心育种场	通辽市高林屯种畜场
	国家肉牛核心育种场	海拉尔农牧场管理局谢尔塔拉农牧场
	国家羊核心育种场	内蒙古赛诺种羊科技有限公司
	国家羊核心育种场	内蒙古草原金峰畜牧有限公司
	国家羊核心育种场	内蒙古富川养殖科技股份有限公司

（续表）

省份	畜种	单位名称
内蒙古	国家羊核心育种场	呼伦贝尔农垦科技发展有限责任公司
	国家羊核心育种场	苏尼特右旗苏尼特羊良种场
辽宁	国家奶牛核心育种场	大连金弘基种畜有限公司丛家牛场
	国家羊核心育种场	朝阳市朝牧种畜场有限公司
	国家蛋鸡良种扩繁推广基地	沈阳华美畜禽有限公司
吉林	国家肉牛核心育种场	延边畜牧开发集团有限公司
	国家肉牛核心育种场	延边东盛黄牛资源保种有限公司
	国家肉牛核心育种场	长春新牧科技有限公司
	国家肉牛核心育种场	吉林省德信生物工程有限公司
黑龙江	国家肉牛核心育种场	龙江元盛食品有限公司雪牛分公司
	国家羊核心育种场	黑龙江农垦大山羊业有限公司
上海	国家生猪核心育种场	上海祥欣畜禽有限公司
	国家生猪核心育种场	光明农牧科技有限公司
	国家核心种公猪站	上海祥欣种公猪站（普通合伙）
	国家奶牛核心育种场	光明牧业有限公司金山种奶牛场
江苏	国家生猪核心育种场	江苏康乐农牧有限公司
	国家生猪核心育种场	江苏省永康农牧科技有限公司
	国家羊核心育种场	江苏乾宝牧业有限公司
	国家蛋鸡核心育种场	扬州翔龙禽业发展有限公司
	国家肉鸡核心育种场	江苏省家禽科学研究所科技创新中心
	国家肉鸡核心育种场	江苏立华育种有限公司
	国家蛋鸡良种扩繁推广基地	扬州翔龙禽业发展有限公司
	国家肉鸡良种扩繁推广基地	江苏立华牧业有限公司
	国家肉鸡良种扩繁推广基地	江苏京海禽业集团有限公司
浙江	国家生猪核心育种场	杭州大观山种猪育种有限公司
	国家羊核心育种场	浙江赛诺生态农业有限公司
	国家羊核心育种场	杭州庞大农业开发有限公司
	国家羊核心育种场	长兴永盛牧业有限公司
	国家肉鸡核心育种场	浙江光大农业科技发展有限公司
安徽	国家生猪核心育种场	安徽长风农牧科技有限公司

（续表）

省份	畜种	单位名称
安徽	国家生猪核心育种场	安徽省安泰种猪育种有限公司
	国家生猪核心育种场	安徽大自然种猪股份有限公司
	国家生猪核心育种场	安徽禾丰浩翔农业发展有限公司
	国家生猪核心育种场	安徽绿健种猪有限公司
	国家生猪核心育种场	史记种猪育种（马鞍山）有限公司池州分公司
	国家肉牛核心育种场	凤阳县大明农牧科技发展有限公司
	国家肉牛核心育种场	太湖县久鸿农业综合开发有限责任公司
	国家羊核心育种场	合肥博大牧业科技开发有限责任公司
	国家蛋鸡核心育种场	安徽荣达禽业开发有限公司
	国家蛋鸡良种扩繁推广基地	黄山德青源种禽有限公司
福建	国家生猪核心育种场	福清市永诚畜牧有限公司
	国家生猪核心育种场	漳浦县赵木兰养殖有限公司
	国家生猪核心育种场	福建光华百斯特生态农牧发展有限公司
	国家生猪核心育种场	福清市丰泽农牧科技开发有限公司
	国家生猪核心育种场	宁德市南阳实业有限公司
	国家生猪核心育种场	南平市一春种猪育种有限公司
	国家生猪核心育种场	福建华天农牧生态股份有限公司
	国家肉鸡良种扩繁推广基地	福建圣农发展股份有限公司
江西	国家生猪核心育种场	江西省原种猪场有限公司吉安分公司
	国家生猪核心育种场	江西双美猪业有限公司
	国家生猪核心育种场	泰和县傲牧育种有限公司
	国家生猪核心育种场	江西加大种猪有限公司
	国家肉牛核心育种场	高安市裕丰农牧有限公司
	国家蛋鸡良种扩繁推广基地	江西华裕家禽育种有限公司
山东	国家生猪核心育种场	山东省日照原种猪场
	国家生猪核心育种场	烟台大北农种猪科技有限公司
	国家生猪核心育种场	菏泽宏兴原种猪繁育有限公司
	国家生猪核心育种场	潍坊江海原种猪场
	国家生猪核心育种场	临沂新程金锣牧业有限公司
	国家生猪核心育种场	山东益生种畜禽股份有限公司

（续表）

省份	畜种	单位名称
山东	国家生猪核心育种场	山东华特希尔育种有限公司
	国家生猪核心育种场	山东鼎泰牧业有限公司
	国家生猪核心育种场	山东中慧牧业有限公司
	国家奶牛核心育种场	东营神州澳亚现代牧场有限公司
	国家肉牛核心育种场	鄄城鸿翔牧业有限公司
	国家肉牛核心育种场	山东无棣华兴渤海黑牛种业股份有限公司
	国家羊核心育种场	嘉祥县种羊场
	国家羊核心育种场	临清润林牧业有限公司
	国家蛋鸡良种扩繁推广基地	山东峪口禽业有限公司
	国家肉鸡良种扩繁推广基地	山东益生种畜禽股份有限公司
河南	国家生猪核心育种场	河南省新大牧业股份有限公司
	国家生猪核心育种场	河南省诸美种猪育种集团有限公司
	国家生猪核心育种场	牧原食品股份有限公司
	国家生猪核心育种场	河南省黄泛区鑫欣牧业股份有限公司
	国家生猪核心育种场	河南省谊发牧业有限责任公司
	国家生猪核心育种场	河南太平种猪繁育有限公司
	国家核心种公猪站	河南精旺猪种改良有限公司
	国家奶牛核心育种场	河南花花牛畜牧科技有限公司
	国家肉牛核心育种场	河南省鼎元种牛育种有限公司
	国家肉牛核心育种场	泌阳县夏南牛科技开发有限公司
	国家肉牛核心育种场	南阳市黄牛良种繁育场
	国家肉牛核心育种场	平顶山市犇牛畜禽良种繁育有限公司
	国家羊核心育种场	河南三阳畜牧股份有限公司
	国家羊核心育种场	河南中鹤牧业有限公司
	国家肉鸡核心育种场	河南三高农牧股份有限公司
	国家蛋鸡良种扩繁推广基地	河南省惠民禽业有限公司
湖北	国家生猪核心育种场	武汉天种畜牧有限责任公司
	国家生猪核心育种场	湖北金林原种畜牧有限公司杨湖猪场
	国家生猪核心育种场	湖北三湖畜牧有限公司
	国家生猪核心育种场	湖北省正嘉原种猪场有限公司桑梓湖种猪场

（续表）

省份	畜种	单位名称
湖北	国家生猪核心育种场	武汉市江夏区金龙畜禽有限责任公司
	国家生猪核心育种场	湖北龙王畜牧有限公司
	国家生猪核心育种场	浠水长流牧业有限公司
	国家生猪核心育种场	湖北金旭爵士种畜有限公司
	国家肉牛核心育种场	沙洋县汉江牛业发展有限公司
	国家肉牛核心育种场	荆门华中农业开发有限公司
	国家蛋鸡良种扩繁推广基地	湖北峪口禽业有限公司
湖南	国家生猪核心育种场	湖南新五丰股份有限公司湘潭分公司
	国家生猪核心育种场	湖南美神育种有限公司
	国家生猪核心育种场	湖南天心种业有限公司
	国家生猪核心育种场	佳和农牧股份有限公司汨罗分公司
	国家肉牛核心育种场	湖南天华实业有限公司
	国家肉鸡良种扩繁推广基地	湖南湘佳牧业股份有限公司
广东	国家生猪核心育种场	广东广三保养猪有限公司
	国家生猪核心育种场	广东温氏食品集团股份有限公司清远育种公司
	国家生猪核心育种场	深圳市农牧实业有限公司
	国家生猪核心育种场	中山市白石猪场有限公司
	国家生猪核心育种场	广东德兴食品股份有限公司雷岭绿都原种猪场
	国家生猪核心育种场	广东王将种猪有限公司
	国家生猪核心育种场	惠州市广丰农牧有限公司
	国家生猪核心育种场	肇庆市益信原种猪场有限公司
	国家生猪核心育种场	东瑞食品集团股份有限公司
	国家生猪核心育种场	湛江广垦沃而多原种猪场
	国家肉鸡核心育种场	广东温氏南方家禽育种有限公司
	国家肉鸡核心育种场	广东天农食品集团股份有限公司
	国家肉鸡核心育种场	广东金种农牧科技股份有限公司
	国家肉鸡核心育种场	广州市江丰实业股份有限公司福和种鸡场
	国家肉鸡核心育种场	佛山市高明区新广农牧有限公司
	国家肉鸡核心育种场	佛山市南海种禽有限公司
	国家肉鸡核心育种场	广东墟岗黄家禽种业集团有限公司

（续表）

省份	畜种	单位名称
广东	国家肉鸡核心育种场	台山市科朗现代农业有限公司
	国家肉鸡良种扩繁推广基地	广东温氏南方家禽育种有限公司
	国家肉鸡良种扩繁推广基地	广东天农食品集团股份有限公司
	国家肉鸡良种扩繁推广基地	广州市江丰实业股份有限公司
	国家肉鸡良种扩繁推广基地	佛山市南海种禽有限公司
	国家肉鸡良种扩繁推广基地	广东墟岗黄家禽种业集团有限公司
	国家肉鸡良种扩繁推广基地	江门科朗农业科技有限公司
广西	国家生猪核心育种场	广西柯新源原种猪有限责任公司
	国家生猪核心育种场	广西农垦永新畜牧集团有限公司良圻原种猪场
	国家生猪核心育种场	广西里建桂宁种猪有限公司
	国家生猪核心育种场	广西扬翔农牧有限责任公司
	国家生猪核心育种场	广西一遍天原种猪有限责任公司
	国家核心种公猪站	广西秀博科技股份有限公司
	国家核心种公猪站	广西农垦永新畜牧集团有限公司良圻原种猪场
	国家肉牛核心育种场	广西水牛研究所水牛种畜场
	国家肉鸡核心育种场	广西金陵农牧集团有限公司
	国家肉鸡核心育种场	广西鸿光农牧有限公司
	国家肉鸡良种扩繁推广基地	隆安凤鸣农牧有限公司
	国家肉鸡良种扩繁推广基地	广西鸿光农牧有限公司
海南	国家生猪核心育种场	海南罗牛山新昌种猪有限公司
	国家肉鸡核心育种场	海南罗牛山文昌鸡育种有限公司
	国家肉鸡良种扩繁推广基地	海南罗牛山文昌鸡育种有限公司
重庆	国家生猪核心育种场	重庆南方金山谷农牧有限公司
	国家生猪核心育种场	重庆市六九原种猪场有限公司
四川	国家生猪核心育种场	四川省乐山牧源种畜科技有限公司
	国家生猪核心育种场	四川御咖牧业有限公司
	国家生猪核心育种场	四川天兆猪业股份有限公司
	国家生猪核心育种场	江油新希望海波尔种猪育种有限公司
	国家生猪核心育种场	犍为巨星农牧科技有限公司
	国家生猪核心育种场	绵阳明兴农业科技开发有限公司

（续表）

省份	畜种	单位名称
四川	国家生猪核心育种场	自贡德康畜牧有限公司
	国家肉牛核心育种场	四川省龙日种畜场
	国家肉牛核心育种场	四川省阳平种牛场
	国家羊核心育种场	四川南江黄羊原种场
	国家羊核心育种场	成都蜀新黑山羊产业发展有限责任公司
	国家肉鸡核心育种场	四川大恒家禽育种有限公司
	国家肉鸡核心育种场	眉山温氏家禽育种有限公司
	国家蛋鸡良种扩繁推广基地	四川省正鑫农业科技有限公司
	国家蛋鸡良种扩繁推广基地	四川圣迪乐村生态食品股份有限公司
云南	国家生猪核心育种场	云南福悦发畜禽养殖有限公司
	国家生猪核心育种场	云南西南天佑牧业科技有限责任公司
	国家肉牛核心育种场	云南省草地动物科学研究院
	国家肉牛核心育种场	云南省种畜繁育推广中心
	国家肉牛核心育种场	云南谷多农牧业有限公司
	国家肉牛核心育种场	云南省种羊繁育推广中心
	国家肉牛核心育种场	腾冲市巴福乐槟榔江水牛良种繁育有限公司
	国家羊核心育种场	云南立新羊业有限公司
	国家羊核心育种场	龙陵县黄山羊核心种羊有限责任公司
	国家蛋鸡良种扩繁推广基地	云南云岭广大峪口禽业有限公司
	国家肉鸡良种扩繁推广基地	玉溪新广家禽有限公司
陕西	国家生猪核心育种场	陕西省安康市秦阳晨原种猪场
	国家肉牛核心育种场	陕西省秦川肉牛良种繁育中心
	国家肉牛核心育种场	杨凌秦宝牛业有限公司
	国家羊核心育种场	陕西黑萨牧业有限公司
甘肃	国家生猪核心育种场	兰州正大食品有限公司
	国家肉牛核心育种场	临泽县富进养殖专业合作社
	国家肉牛核心育种场	甘肃共裕高新农牧科技开发有限公司
	国家肉牛核心育种场	甘肃农垦饮马牧业有限责任公司
	国家羊核心育种场	金昌中天羊业有限公司
	国家羊核心育种场	甘肃中盛华美羊产业发展有限公司

（续表）

省份	畜种	单位名称
甘肃	国家羊核心育种场	武威普康养殖有限公司
青海	国家肉牛核心育种场	青海省大通种牛场
宁夏	国家奶牛核心育种场	贺兰中地生态牧场有限公司
	国家羊核心育种场	宁夏中牧亿林畜产股份有限公司
	国家羊核心育种场	红寺堡区天源良种羊繁育养殖有限公司
	国家蛋鸡良种扩繁推广基地	宁夏九三零生态农牧有限公司
	国家蛋鸡良种扩繁推广基地	宁夏晓鸣农牧股份有限公司
新疆	国家生猪核心育种场	新疆天康畜牧科技有限公司加美育种分公司
	国家奶牛核心育种场	塔城地区种牛场
	国家奶牛核心育种场	新疆天山畜牧生物工程股份有限公司良种繁育场
	国家肉牛核心育种场	新疆呼图壁种牛场有限公司
	国家肉牛核心育种场	伊犁新褐种牛场
	国家肉牛核心育种场	新疆汗庭牧元养殖科技有限责任公司
	国家肉牛核心育种场	中澳德润牧业有限责任公司
	国家羊核心育种场	拜城县种羊场

2. 种公牛站名单

种公牛站单位名称	经营品种
北京首农畜牧发展有限公司奶牛中心	奶牛、肉牛
天津天食牛种业有限公司	奶牛、肉牛
河北品元生物科技有限公司	奶牛、肉牛
秦皇岛农瑞秦牛畜牧有限公司	肉牛
亚达艾格威（唐山）畜牧有限公司	奶牛、肉牛
山西省畜牧遗传育种中心	肉牛、奶牛
通辽京缘种牛繁育有限责任公司	肉牛
海拉尔农牧场管理局家畜繁育指导站	肉牛
赤峰赛奥牧业技术服务有限公司	肉牛
内蒙古赛科星繁育生物技术（集团）股份有限公司	奶牛、肉牛
内蒙古中农兴安种牛科技有限公司	肉牛
辽宁省牧经种牛繁育中心有限公司	肉牛
大连金弘基种畜有限公司	肉牛、奶牛

（续表）

种公牛站单位名称	经营品种
长春新牧科技有限公司	肉牛
吉林省德信生物工程有限公司	肉牛
延边东兴种牛科技有限公司	肉牛
四平市兴牛牧业服务有限公司	肉牛
龙江和牛生物科技有限公司	肉牛
上海奶牛育种中心有限公司	奶牛
安徽苏家湖良种肉牛科技发展有限公司	肉牛
江西省天添畜禽育种有限公司	肉牛、奶牛
山东省种公牛站有限责任公司	肉牛
山东奥克斯畜牧种业有限公司	奶牛、肉牛
河南省鼎元种牛育种有限公司	肉牛、奶牛
许昌市夏昌种畜禽有限公司	肉牛
南阳昌盛牛业有限公司	肉牛
洛阳市洛瑞牧业有限公司	肉牛
武汉兴牧生物科技有限公司	肉牛、奶牛
湖南光大牧业科技有限公司	肉牛
广西壮族自治区畜禽品种改良站	肉牛
成都汇丰动物育种有限公司	肉牛、奶牛
云南省种畜繁育推广中心	肉牛
大理白族自治州家畜繁育指导站	肉牛、奶牛
西藏拉萨市当雄县牦牛冻精站	肉牛
西安市奶牛育种中心	奶牛、肉牛
甘肃佳源畜牧生物科技有限责任公司	肉牛
新疆天山畜牧生物育种有限公司	肉牛、奶牛

生猪篇

第一章 主要发展概况

一、生猪种业概况

（一）发展概况

1. 生猪种业发展概况

2021年末全国能繁母猪存栏量为4 329万头，同比增长4.0%，年末存栏量相当于正常保有量4 100万头的105.6%，处于生猪监测预警黄色区域（图1-1）。

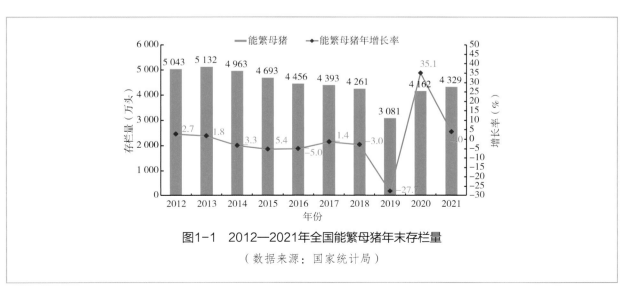

图1-1　2012—2021年全国能繁母猪年末存栏量

（数据来源：国家统计局）

2021年，我国持有种畜禽生产经营许可证的种猪场4 323家，比上年增加11.8%，占全国持证种畜禽场总数的50.3%，比上年提高2.8个百分点。持证种猪场能繁母猪存栏量为818.7万头，比上年增长16.3%；销售种猪仔猪2 027.3万头，比上年减少16.7%。种公猪站803家，比上年减少6.8%，销售精液4 819万份，比上年增长16.9%。

2. 生猪产业发展概况

2021年，由于前期生猪产能的快速恢复，生猪出栏量二季度开始保持增加态势，猪肉市场供应明显改善。在猪肉供给量逐步大幅增长情况下，猪肉价格下跌，生猪养殖业下半年开始陷入亏损，生猪生产进入去产能阶段。2021年末生猪存栏为44 922万头，同比增长10.5%；全年生猪出栏6.7亿头，同比增加1.4亿头，增长27.4%；猪肉产量5 296.0万吨，同比增加1 183.0万吨，增幅达到28.8%，已接近正常年份水平。

生猪产值及占比恢复增长。2020年畜牧业产值达4.03万亿，生猪产值为1.97万亿，比上年增长49.0%，占畜牧业产值48.9%，占比增长约9个百分点。2021年，生猪出栏量为6.71亿头，按加权生猪单头价值2 726元计算，2021年养猪产值为1.8万亿元，比上年下降7.0%。从畜牧业产值及养猪业产值看（图1-2），2011年前两者增长趋势较为一致。2012年后畜牧业产值整体保持增长趋势，2019年和2020年增幅较大，但是养猪业产值除了2016年和2020年值较高，其他年份变化幅度不大。养猪业产值占畜牧业产值比重2008—2019年整体呈下降趋势，2020年占比增幅较大。

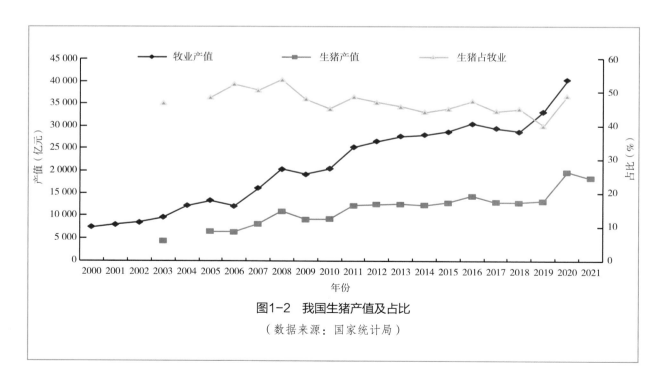

图1-2 我国生猪产值及占比

（数据来源：国家统计局）

全国生猪总存栏量恢复到正常年份水平。全国生猪存栏量2012—2019年基本呈下跌趋势（图

1-3），2019年受多种因素影响下跌幅度较大，创10年来新低，减至3.1亿头，2021年末全国生猪存栏量为4.49亿头，恢复至正常年份水平。

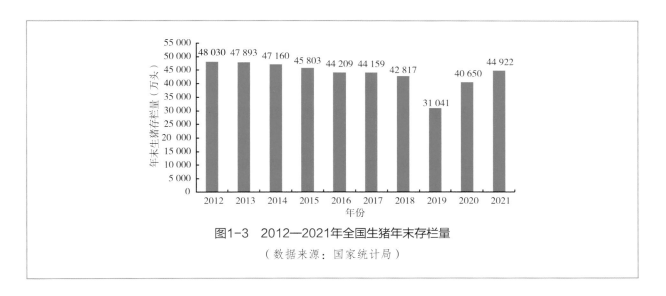

图1-3　2012—2021年全国生猪年末存栏量

（数据来源：国家统计局）

全国生猪出栏量在经历大幅下跌后恢复增长，基本恢复到正常年份水平。2012—2018年，全国生猪出栏量基本维持在7亿头以上（图1-4），受非洲猪瘟疫病和环保等因素影响，2019年和2020年生猪出栏量下降幅度较大，分别为5.4亿头和5.3亿头。2021年全国生猪出栏6.7亿头，同比增长27.4%，占2017年出栏量的95.6%。

图1-4　2012—2021年全国生猪出栏量变化

（数据来源：国家统计局）

猪肉产量大幅增长，接近正常年份水平。2012年以来，除了2019年和2020年外，其他年份中国猪肉产量维持在5 200万吨以上（图1-5）。2020年猪肉产量最低，下降到4 113万吨，是正常年份2017年5 452万吨的75.4%。2021年，猪肉产量恢复至5 296万吨，同比增长28.8%，是正常年份2017年的97.1%。在肉类产量结构方面，2012—2014年，猪肉占全国肉类总产量不断提高，至2016年达到最高66%，之后持续下降，至2020年猪肉占全国肉类总产量最低为53.1%，2021年恢复至59.6%。

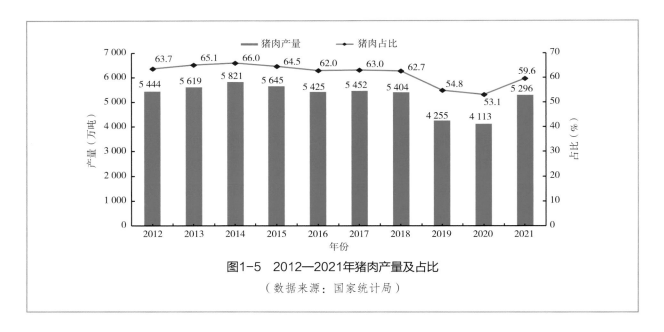

图1-5 2012—2021年猪肉产量及占比

（数据来源：国家统计局）

全国人均猪肉占有量恢复至接近正常年份水平。2012—2014年全国人均猪肉占有量维持在40~43千克。2014年以来，全国人均猪肉占有量基本呈下降趋势，2019年和2020年下降较多。2015—2020年全国人均猪肉占有量分别为41.1千克、39.2千克、39.2千克、38.7千克、30.39千克和29.13千克（图1-6）。2021年，全国人均猪肉占有量为37.49千克，同比增长28.70%。

图1-6 2012—2021年人均猪肉占有量及增幅

（数据来源：国家统计局）

生猪相关产品价格波动幅度较大。2020年仔猪、生猪、白条猪肉、猪肉、二元母猪同比分别上涨102.1%、61.6%、58.3%、55.4%、67.8%，2021年分别下降39.8%、39.8%、37.1%、36.2%和29.5%（表1-1）。从各类产品年均价看，2019年和2020年上涨幅度较大，超过前面猪周期2016年的涨幅；2021年各类产品年度价格下跌幅度最大，尤其是活猪价格下跌幅度远远超过前面猪周期2014年和2018年的跌幅；其次，仔猪和活猪价格波动幅度较大，白条猪肉和猪肉波动幅度相比小一些。

表1-1 2012—2021年中国生猪市场价格及环比

年份	仔猪		生猪		白条猪肉		猪肉		二元母猪	
	价格（元/千克）	环比（%）	价格（元/千克）	环比（%）	价格（元/千克）	环比（%）	价格（元/千克）	环比（%）	价格（元/千克）	环比（%）
2012	29.7	—	15.2	—	20.6	—	24.4	—	32.9	—
2013	27.3	-7.9	15.1	-0.8	20.4	-1.3	24.3	-0.4	31.8	-3.6
2014	23	-15.9	13.5	-10.6	18.7	-8.4	22.5	-7.6	29.4	-7.6
2015	27.3	18.9	15.3	13.5	20.6	10.4	24.7	9.8	29.9	2
2016	43.5	59.2	18.6	21.6	24.3	18	29.4	18.9	37.2	24.3
2017	37.1	-14.7	15.3	-17.6	20.4	-15.9	25.7	-12.5	35.5	-4.5
2018	25.7	-30.7	13	-15.3	18.1	-11.3	22.5	-12.5	30.9	-13
2019	46.1	79.3	21.1	62.2	27.9	54.1	33.6	49.4	43.1	39.5
2020	93.2	102.1	34	61.6	44.2	58.3	52.1	55.4	72.4	67.8
2021	56.1	-39.8	20.5	-39.8	27.8	-37.1	33.3	-36.2	51	-29.5

数据来源：农业农村部、国家发展和改革委员会。

养猪场（户）数量大幅度减少，大规模企业数量明显增长，规模化比重大幅提升。2020年，全国养猪场总数为2 077.7万个，比上年减少8.6%，5年降幅超过50个百分点。年出栏500头以上的养猪场（户）16.2万个，占全国养猪场总数约0.78%，比2017年减少5.3万个，出栏生猪约占总量的57.1%，比2017年提升10.2个百分点；年出栏1万头以上的规模养猪场4 275个，比2017年减少266个，占全国养猪场总数约0.02%，出栏生猪约占总量的18.1%，比2017年提升了5个百分点；年出栏5万头以上的规模养猪场554个，约占总量的0.003%，出栏生猪约占总量的7.1%，比2017年提升了2.8个百分点（图1-7和图1-8）。2012年以来，年出栏500头以上的养猪场（户）出栏生猪比重一直呈增长趋势，2018年之后加速上行，2020年达到57.1%，占比比2017年提升将近10个百分点，比2012年提升18.6个百分点，预计2021年超过60%。

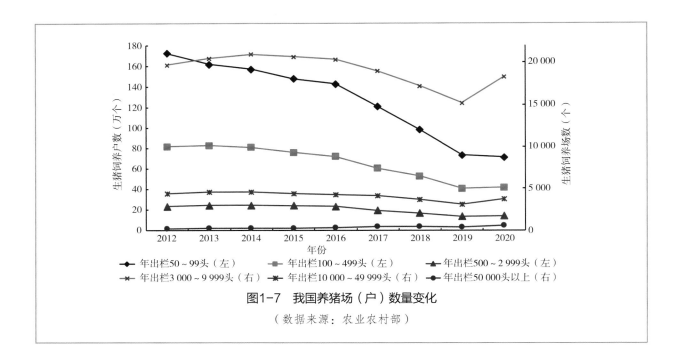

图1-7　我国养猪场（户）数量变化

（数据来源：农业农村部）

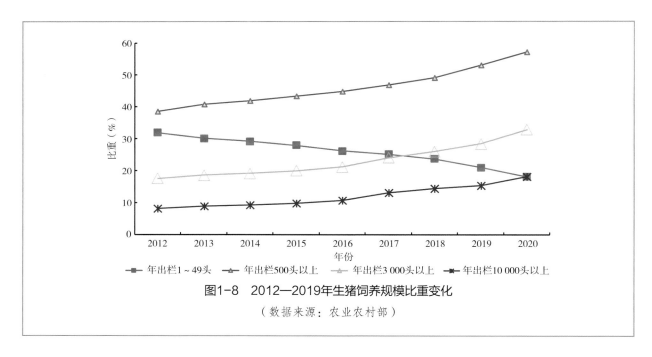

图1-8　2012—2019年生猪饲养规模比重变化

（数据来源：农业农村部）

（二）供种能力

1. 原种

原种能繁母猪供种能力大幅增长，产能利用率大幅下降，年末恢复到正常年份水平。规模种猪场核心群存栏量2012年以来有三个高峰，分别2014年、2018年和2021年1月左右（图1-9）。非洲猪瘟疫情等原因导致原种母猪大幅度下降，在2019年7月左右创新低，从2019年8月以来持续增长，至2021年7月累计增长44.1%。截至2021年12月，核心群能繁母猪存栏量为13.7万头，较2017年末增长17.5%。2021年规模种猪场的原种母猪理论上可提供祖代后备母猪数量为73.8万头，比上年同期增长52.3%；实际利用纯种后备母猪（外销加自用）70.1万头，同比增长6.4%；利用率为94.9%，同比下降56个百分点。从历史数据看，2020年1月至2021年6月祖代后备母猪利用率维持在高位，超过100%，如果严格按照非洲猪瘟发生前种猪场的母猪选种比例，原种母猪提供的祖代后备母猪量满足不了需求。随着原种母猪产能释放，2021年7月之后祖代后备母猪利用率回到100%以下，至2021年12月，利用率下降至64.6%。表明原种母猪产能开始过剩，生产的祖代后备母猪利用率回到正常年份水平（图1-10）。

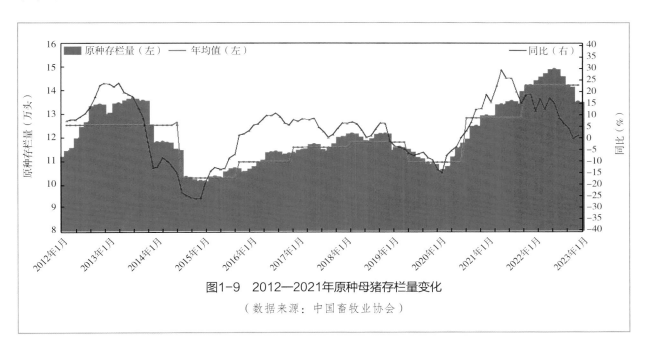

图1-9　2012—2021年原种母猪存栏量变化

（数据来源：中国畜牧业协会）

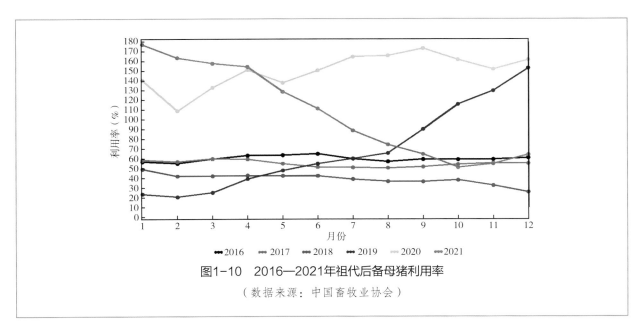

图1-10　2016—2021年祖代后备母猪利用率

（数据来源：中国畜牧业协会）

2. 祖代

祖代母猪存栏量高于正常年份水平，供种能力大幅增长，父母代后备母猪供应由过度紧缺到供应过剩，利用率大幅下降。

如图1-11所示，2019年7月之前祖代母猪存栏量呈下降态势，并于2019年7月见底，之后2019年8月至2021年7月连续增长24个月，累计增长了73.5%。2021年，规模种猪场的祖代母猪平均存栏量为22.5万头，比上年增长20.1%。

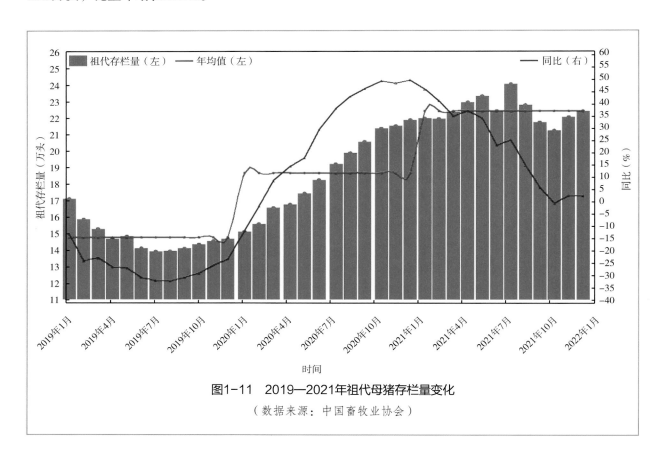

图1-11 2019—2021年祖代母猪存栏量变化

（数据来源：中国畜牧业协会）

2021年规模种猪场的祖代母猪理论上可提供父母代后备母猪数量为116.0万头，同比增长72.1%；实际利用父母代后备母猪81.9万头，同比下降35.6%；利用率为70.6%，同比下降118个百分点。如图1-12所示，2019年10月至2021年5月父母代后备母猪利用率处于2016年以来历史高位，父母代后备母猪利用率超过100%，在价格和销量较好的2020年3—9月，利用率几乎都超过了200%。表明2021年父母代后备母猪缺口极大，当月新增供应量满足不了需求，销售的后备母猪中含有不少三元后备母猪或回交的种猪。2020年5月之后，利用率逐步下降，2021年4月之后快速下降，2021年8月后回落到正常年份水平，至2021年12月，利用率下降至60.8%，低于2017年同期水平。

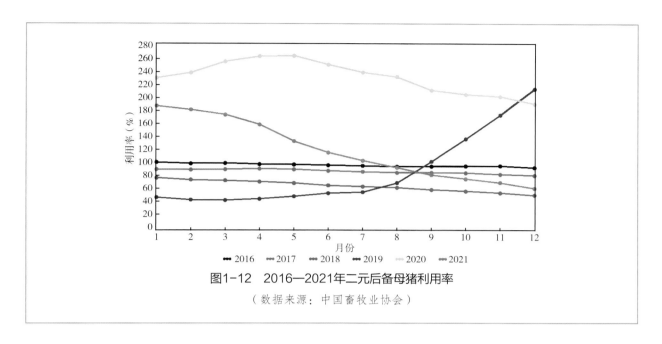

图1-12 2016—2021年二元后备母猪利用率

（数据来源：中国畜牧业协会）

3. 父母代母猪

规模种猪场父母代母猪月均存栏量在2021年一季度创新高后明显回落，但仍远高于正常年份水平。2021年，规模种猪场父母代母猪月均存栏量为101.9万头，同比增长20.8%；2021年末，规模种猪场的父母代母猪存栏量189.2万头，比上年下降17.7%，是2017年末的156%。如图1-13所示，规模种猪场父母代母猪存栏量于2019年8月见底，而后连续增长了17个月，至2021年1月达到最高109.1万头，累计增长115.7%；2021年2月至2021年12月基本呈下降趋势，累计下降18.2%。

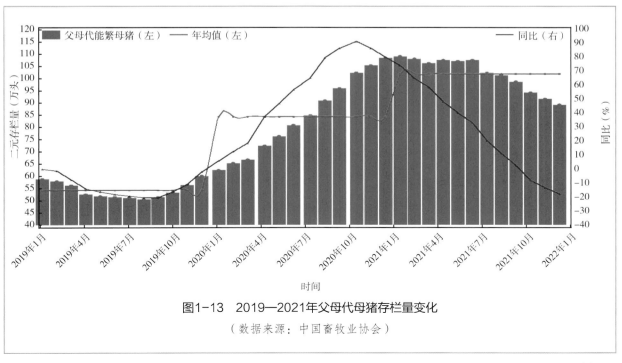

图1-13 2019—2021年父母代母猪存栏量变化

（数据来源：中国畜牧业协会）

2021年，规模种猪场的父母代母猪理论上可提供仔猪数量为2 998.2万头，比上年同期增长23.2%；实际外销仔猪1 909.6万头，外销率为63.7%，比上年提高3.1个百分点。2016—2020年仔猪外销比例分别为49.3%、51.1%、50.4%、41.2%和60.6%。从数据看出，规模种猪场扩张力度较大，2021年仔猪供应能力大幅增长，自有育肥场不足以支持产能释放，因此在仔猪价格大幅下跌情况下外销仔猪比例仍保持明显增长。

（三）生猪种业发展特点与存在问题

生猪良种繁育体系初步形成。 2009年《全国生猪遗传改良计划（2009—2020年）》的颁布实施，为加快建设现代生猪种业指明了发展方向。目前国家生猪核心育种场核心群种猪存栏达15.7万头，恢复到非洲猪瘟疫病发生前的正常水平。以地方猪品种为素材，成功培育了龙宝猪1号配套系等24个优良品种（配套系）。目前，以核心育种场、资源场为基础，扩繁场、改良站为支撑，质量检测中心为保障的生猪良种繁育体系初步形成。

地方猪遗传资源保护取得显著成效。 在地方猪培育及保种方面，我国共有猪品种资源90个，其中国家级保护品种42个，省级保护品种32个，其他品种16个。同时，建立了60个国家级猪遗传资源保种场或保护区（其中保种场54个、保护区6个）以及基因库（家畜）1个。实施冻精、体细胞、组织、DNA等多种遗传材料保护，丰富了地方猪资源保护手段。

种猪场数量明显减少，种猪集中度逐步提升。 2021年我国共有持证种猪场4 323个，较2010年的7 619个减少近一半。2021年种猪场能繁母猪平均存栏达到1 894头，比2010年增长367.76%。2021年全国能繁母猪存栏4 329万头，养猪企业前30强能繁母猪存栏998.9万头，占比22.7%，种猪集中度呈逐步提高趋势。2020年全国种猪市值近467亿元，前30企业销售额达202亿元，占全国种企种猪销售市值的43%。

"育繁推"一体化企业发展迅速，正逐步成为未来主流的生产模式。 我国种猪企业包括独立育种场、"育繁推"一体化和专业化育种公司三种形式。受规模化、产业化等因素影响，独立育种场呈下降趋势，但目前仍是中小规模养殖场的主要种猪供应者；"育繁推"一体化企业发展迅速，正逐步成为未来主流的生产模式。

优质核心种猪仍然较缺乏，最近两年进口量较大。 2012—2018年非洲猪瘟疫病发生之前，我国进口种猪平均在1万头左右，2019年由于疫情原因进口量最少，只有900头左右。2020年和2021年进口量大增，分别为29 042头和24 462头，合计超过了5万头（图1-14）。

疾病循环持续冲击种业发展。 自2018年8月我国出现首例非洲猪瘟疫情以来，不到1年时间，传遍全国，生猪种业受到严重影响，供种能力显著下降四成以上，能繁母猪存栏量断崖式下跌。随着疫情的加速蔓延，2019年能繁母猪存栏量继续下降。2019年新增后备母猪中，有近三成来自商品代母猪，各大中型养殖企业较大范围地采用轮回杂交方式生产父母代母猪，预计这一趋势会持续较长时间。当前，纯种猪、二元杂母猪价格均创历史高峰。

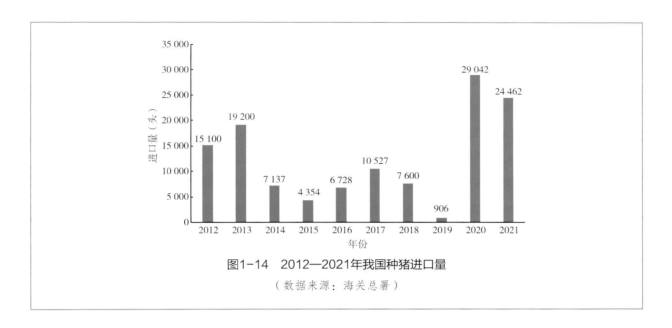

图1-14　2012—2021年我国种猪进口量

（数据来源：海关总署）

集团化、专业化种业公司仍处于起步阶段。受生猪种业法制保护不足、品种权保护力度不够、种猪的市场价格没有真正反映培育成本等因素的影响，导致专业化种业公司积极性受到挫伤。目前，我国生猪企业多数采用通过商品猪价值的实现来反哺种业的生存策略。由于企业间信任度不够，缺乏共同的利益点，合作的潜在动力不足。优秀资源共享模式也无法确立，无法最大限度地发挥作用，直接影响到社会化整体性能的提升。

种质资源丰富，利用率低。我国拥有83个国家地方猪种质资源，有76个地方品种分布在老少边穷的地方，受引进品种的冲击，有近1/3的猪种面临濒危危险，真正开发利用的地方品种资源非常少，目前应用地方猪资源开发的前十大品牌年市场规模不足150万头。

二、生猪遗传改良计划

为更好地贯彻落实《全国生猪遗传改良计划（2021—2035年）》，切实推进全国种猪性能测定和遗传评估工作，加快核心群遗传改良的进展，提高我国种猪的整体质量，在农业农村部和全国畜牧总站牵头组织下，整合科研院所、政府技术服务部门、育种企业等各方力量，持续推进我国生猪遗传改良工作，成效显著，主要体现在以下方面。

（一）完善国家核心场管理体系

国家生猪核心育种场（以下简称"核心场"）是构建核心育种群的基础，2021年末，全国共有核心场89家，其中大白种猪核心场86家，长白种猪核心场72家，杜洛克种猪核心场61家。同时对24家企业进行了核心育种场核验，共23家通过核验。

（二）维持并扩大国家育种核心群

良种繁育体系的核心种猪核心育种群。通过实施国家生猪遗传改良计划，成功组建了10万头大白、3万头长白、2万头杜洛克母猪组成的核心育种群，辐射60万头母猪的扩繁群及3亿头以上商品猪生产体系（图1-15）。核心群主要分布在我国23个省（区、市），代表了我国猪育种的最高水平。黑龙江、山西、辽宁、吉林、贵州等9个省（区）无国家核心场（港澳台除外）。

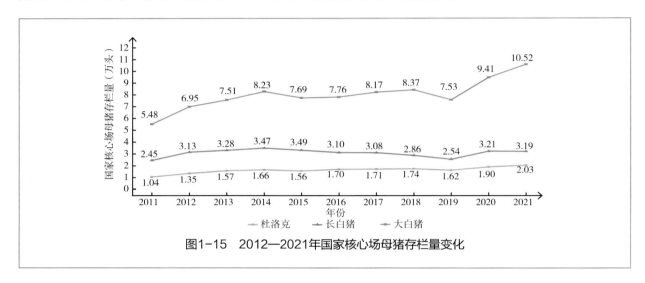

图1-15　2012—2021年国家核心场母猪存栏量变化

（三）完善规范的种猪登记和性能测定体系

种猪登记和性能测定是现代猪育种的基石，也是改良计划的重要内容。改良计划制订了种猪个体登记与数据采集规则、主要育种目标性状测定技术规范等。在全国范围内建立了场内测定为主、中心测定为辅的种猪生产性能测定体系。目前多数核心场均能按照要求进行规范的种猪登记和性能测定，并将数据上传至全国种猪遗传评估中心。2021年全国种猪登记2 152 700头，同比下降1.86%；种猪生长性能成绩620 377条，同比上升54.44%；母猪繁殖性能记录244 923条，同比上升5.95%（图1-16）。

图1-16　2012—2021年国家核心场数据登记情况

（四）构建常规化数据统计分析

核心场数据的统计分析可直观反映核心场的育种水平和性能提高过程，同时能够整合获得全国种猪核心群的整体概况和不同核心场之间的横向对比，快速、准确的统计分析报告可促进种猪性能测定和遗传评估工作的高效进行，加快核心群遗传改良的进展，提高我国种猪的整体质量。2021年度全国种猪遗传评估中心根据核心场上报到全国种猪遗传评估信息网的有关数据，整理、分析、撰写了全国月度统计分析报告、季度遗传评估报告等。

月度报告主要对表型数据的统计分析和数据挖掘，用分析图直观描述数据的变化；通过育种指标的水平对比、场内月度间对比，展示核心场的生产规模和波动；通过展示全国本月度最优秀的核心场，激发了核心场的育种工作热情。

季度报告主要进行遗传评估和进展分析。主要进行了表型进展分析，反映全国核心场种猪性能的变化；通过测定率、留种率和平均月龄等9个关键性育种措施成效指标分析，直观展示了核心场的育种工作开展情况；提取杜长大4个具有高场间关联度的局部关联群进行了联合遗传评估分析，展示联合评估中的优秀公母猪，指导了核心场的场间遗传交流；进行了国家核心场的性能成绩排序，并将所有核心场的性能水平和种猪测定量等进行公示，展示了育种场育种工作的实际效果。

（五）建成国家种猪遗传评估系统基因组选择平台

以基因组选择为核心的分子育种技术大大推动畜禽育种的发展。遗传改良计划于2017年启动了国家猪基因组选择平台建设项目，制订了全国猪基因组选择平台项目实施方案，初步构建了杜洛克、长白和大白3个品种的基因组选择参考群体，成立了技术小组攻克基因组遗传评估相关算法，依托全国种猪遗传评估中心建立了全国猪基因组遗传评估技术平台，2021年成功完成了国家种猪遗传评估系统基因组选择平台的建设工作且正式运行。基因组选择平台接受企业自行上传基因组数据，自行发起计算任务，实现简单、便捷的基因组评估。建立国家基因组数据库，通过芯片数据自动化互相填充，将全国不同芯片的基因组数据整合填充为复合芯片数据，为跨群体的联合基因组评估奠定了技术基础。

（六）生产、繁殖性能获得显著提升

生产性能方面，近5年（2017—2021年），大白猪、长白猪和杜洛克猪的达100千克体重日龄分别缩短了2.34天、1.89天和1.77天，100千克校正背膘厚分别下降了0.09毫米、0.12毫米和0.17毫米（表1-2）。

表1-2　核心场不同品种生长性能成绩（2017—2021年）

年度	大白		长白		杜洛克	
	100千克体重日龄（天）	100千克校正背膘厚（毫米）	100千克体重日龄（天）	100千克校正背膘厚（毫米）	100千克体重日龄（天）	100千克校正背膘厚（毫米）
2017	166.71	11.02	164.42	10.92	163.86	10.50
2018	167.46	10.93	165.80	11.00	164.76	10.51
2019	167.65	10.74	166.52	10.94	164.64	10.54

（续表）

年度	大白		长白		杜洛克	
	100千克体重日龄（天）	100千克校正背膘厚（毫米）	100千克体重日龄（天）	100千克校正背膘厚（毫米）	100千克体重日龄（天）	100千克校正背膘厚（毫米）
2020	163.12	10.95	163.29	11.17	161.17	10.62
2021	164.37	10.93	162.53	10.80	162.09	10.33

繁殖性能方面，2017—2021年核心场共记录1 054 581条繁殖性能记录，2021年度大白猪的总产仔数最高，达到了13.19头；长白猪次之，达到12.65头；杜洛克猪最低，为9.64头。大白猪和长白猪的总产仔数稳定提升，分别提高了0.72头和0.45头，而杜洛克的总产仔数有轻微浮动（表1-3）。

表1-3　核心场不同品种繁殖性能成绩（2017—2021年）

年度	大白		长白		杜洛克	
	分娩记录（窝）	总产仔数（头）	分娩记录（窝）	总产仔数（头）	分娩记录（窝）	总产仔数（头）
2017	128 692	12.47	47 317	12.20	27 794	9.72
2018	128 989	12.77	42 274	12.37	27 289	9.72
2019	114 486	13.09	36 838	12.64	24 818	9.76
2020	151 852	13.28	49 527	12.72	29 782	9.66
2021	164 994	13.19	48 526	12.65	31 403	9.64

（七）国家优秀生猪核心场表型成绩年度分析

由于不同核心场间种群性能存在差异，群体均值无法直观反映我国种猪育种的最高水平。根据2021年度平均表型成绩，全国种猪遗传评估中心分析了每品种每性状年度最优秀核心场（全国排名前10%和30%）的年度表型。

2021年度达100千克体重日龄的全国前10%核心场中，大白猪147.83天，较全国缩短16.73天；长白猪146.74天，较全国缩短15.98天；杜洛克猪147.06天，较全国缩短15.17天。全国前30%核心场中，大白猪153.49天，较全国缩短11.07天；长白猪152.79天，较全国缩短9.93天；杜洛克猪150.34天，较全国缩短11.89天（图1-17）。

2021年度达100千克体重背膘厚的全国前10%核心场中，大白猪8.94毫米，较全国缩短1.97毫米；长白猪8.58毫米，较全国缩短2.20毫米；杜洛克猪7.93毫米，较全国缩短2.38毫米。全国前30%核心场中，大白猪9.58毫米，较全国缩短1.33毫米；长白猪9.26毫米，较全国缩短1.52毫米；杜洛克猪8.72毫米，较全国缩短1.59毫米（图1-18）。

总产仔数的全国前10%核心场中，大白猪15.56头，较全国增多2.45头；长白猪14.73头，较全国增多2.17头。全国前30%核心场中，大白猪14.49头，较全国增多1.38头；长白猪14.05头，较全国增多1.49头（图1-19）。

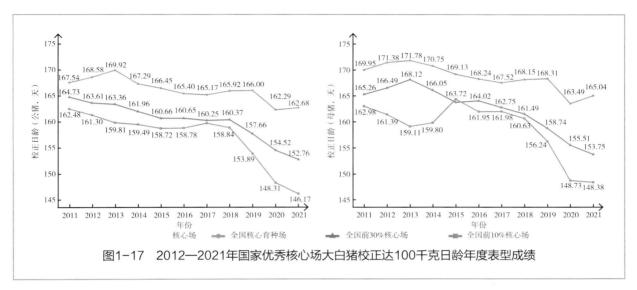

图1-17　2012—2021年国家优秀核心场大白猪校正达100千克日龄年度表型成绩

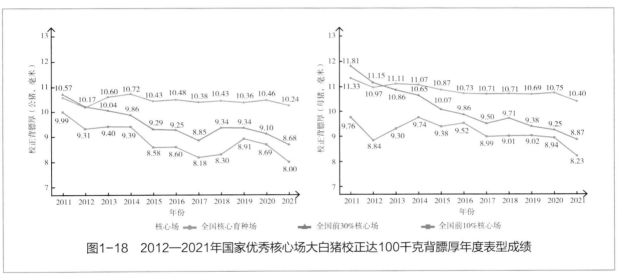

图1-18　2012—2021年国家优秀核心场大白猪校正达100千克背膘厚年度表型成绩

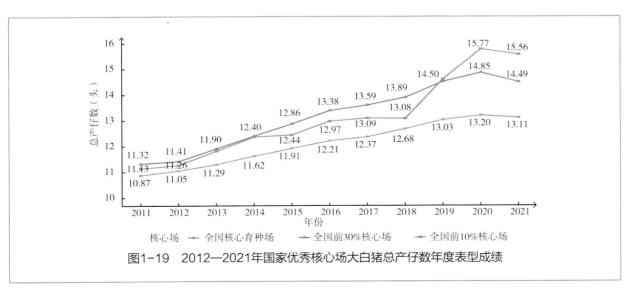

图1-19　2012—2021年国家优秀核心场大白猪总产仔数年度表型成绩

近10年的表型进展，全国最优秀的核心育种场呈现出了更迅速的选育提高速度。2019—2021年受复杂因素影响，多个性状的全国平均表型水平出现了程度不等的波动，但全国最优秀的核心场呈现出稳定的选育进展，表现良好的育种方案和管理体系的抗风险能力。

（八）主要目标经济性状遗传改良明显

通过庞大育种群、高质量性能测定体系和科学遗传评估体系的建立，有效提高了育种值估计准确性。分析了2012—2021年国家核心育种场数据，计算了杜洛克、长白和大白猪3个品种3个目标经济性状平均年度遗传进展。结果表明，经过10年遗传改良，大白、长白和杜洛克猪达100千克体重日龄估计育种值（EBV）累计减少2.48天、2.17天和4.00天；达100千克活体背膘厚估计育种值在杜洛克猪上呈现明显的下降趋势，估计育种值累计下降了0.22毫米，但长白、大白猪的遗传进展不明显，这与我国当前大白猪、长白猪以总产仔数和日龄为重点、杜洛克猪以日龄和背膘厚为重点的育种方案相吻合；大白猪和长白猪总产仔数估计育种值累计分别增加0.39头和0.26头；综合选择指数杜长大三个品种均呈现迅速上升趋势，表明育种选育方案执行良好，种质水平逐步提高（图1-20）。

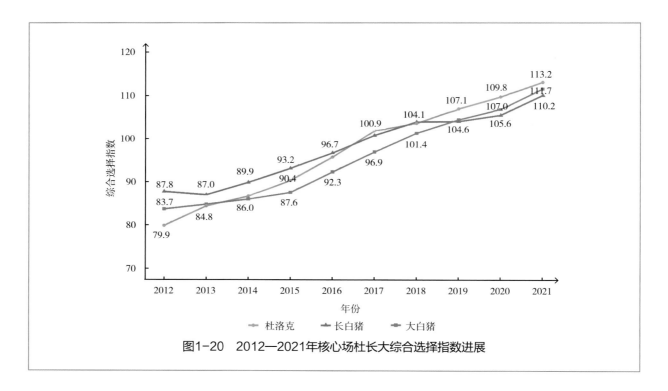

图1-20　2012—2021年核心场杜长大综合选择指数进展

同时，遗传改良计划改变了育种人员育种理念，推广了现代育种理论和技术，提高了各场公母猪选择强度，母猪留种率平均达到18%～23%，公猪留种率7%～9%。育种群种猪胎次结构不断优化，全国核心群母猪4胎以下比例和2岁以下种公猪比例不断提高，分别从2012年的平均78.06%和71.84%上升到了2021年的82.86%和77.65%。核心群母猪平均分娩胎龄从2012年的平均3.08胎次下降到2021年的2.80胎次。

（九）场间遗传联系稳步提升

实现全国性联合育种进而加快核心群改良速度，是改良计划的重要目标之一。联合育种的核心是跨场联合遗传评估，而进行跨场联合遗传评估的前提是场间有足够的遗传联系。建立场间遗传联系的主要措施是通过种公猪站将优秀公猪精液扩散到多个种猪场，其次是通过育种场间的遗传物质交流。目前，改良计划已遴选了4家国家生猪遗传改良计划种公猪站，对核心场开展遗传交流提出明确要求。近10年，核心场间的遗传联系稳步提升，大白、长白和杜洛克猪核心群的场间遗传联系由2012年的0.09%、0.06%和0.05%分别提高至2021年的0.74%、0.45%和0.38%，分别增长8.2倍、7.5倍和7.6倍。2018年受非洲猪瘟疫情的影响，场间关联度提升明显减缓。2018—2021年杜洛克猪场间关联度基本稳定，提升较小；大白和长白猪虽有小幅度提升，但提高程度同2014—2018年相比仍有一定差距。整体上，我国杜长大三个品种的核心场间的场间关联度依然偏低，绝大部分场之间没有任何遗传关联，尚不具备开展全国性联合遗传评估的条件（图1-21）。

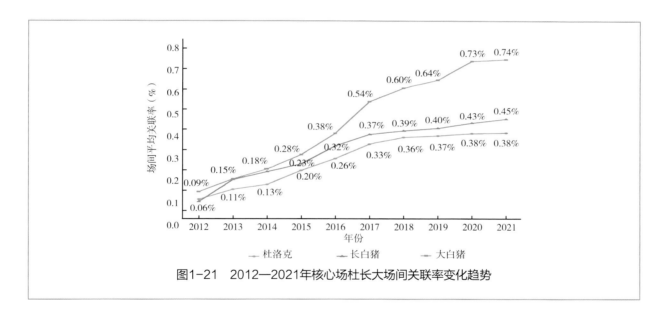

图1-21　2012—2021年核心场杜长大场间关联率变化趋势

（十）公猪站纽带作用渐显，场间遗传联系继续加强

从2017年起，改良计划共遴选了4家国家生猪遗传改良计划种公猪站（核心种公猪站），旨在促进场间遗传交流，提高遗传联系，推动联合育种。截至2021年底，4家核心种公猪站累计登记种公猪7 441头，累计应用于母猪受精2 446次，覆盖国家核心育种场40家。核心种公猪站提供的安全、优质、稳定的精液，促进了核心场间遗传交流，扩大了场间遗传联系。以上海祥欣核心种公猪站为例，和其具有一定场间关联度的国家核心育种场大白、长白和杜洛克猪分别为78家、24家和34家。由此可见，公猪站在加强不同场场间关联上发挥着关键纽带作用。但是，目前核心种公猪站供精能力较小，覆盖面偏低，且公猪站的种公猪主要来源于依托的核心育种场，较少从其他核心育种场引进种公猪，造成局部性场间遗传联系增加，而对增加全国范围的场间遗传联系作用有限。因此应尽

快增加核心种公猪站数量，科学布局种公猪站，同时拓宽公猪站的种公猪来源，进一步规范种公猪站的管理，通过核心种公猪站的建设，快速提升核心育种场间的遗传联系。

三、联合攻关和科研进展

（一）联合攻关进展

1.优质瘦肉型猪育种关键技术研究

（1）瘦肉型猪智能测定技术研究

开展了肉质表型的快速检测技术研究，构建了猪背最长肌图像采集系统，采用自适应阈值法对肌肉图像进行背景分割，能快速准确地将肌肉从图像中分离。通过自适应中值滤波对图像进行降噪、采用灰度变换来增加灰度图像中肌肉与脂肪的对比度。最终采用图像分块自适应阈值法，将肌肉与脂肪区域完整分离。

开发了手持PDA数据采集器，实现了育种数据的无纸化采集。开发了种猪电子耳牌及读写软件，实现了种猪个体智能电子识别。开发了基于三维重构的种猪体型体况评定系统，实现了种猪体型体况的非接触式智能评定。

（2）瘦肉型猪大数据遗传评估技术研究

开发了猪基因组育种新算法HIBLUP，对程序进行了高性能计算优化，计算速度获得显著提升。以HIPBLUP算法为核心，整合了团队研发的多个算法及程序，开发了基因组选择育种平台，实现完全不依赖第三方软件进行基因组育种值估计。平台智能化程度高，可快速处理多种基因组数据，且能够与当前流行的猪场数据管理软件流畅对接。研发了性能优越、评估准确性高的基因组选择评估软件"Pi-BLUP"，提高预测准确性和计算效率，节约运行时间。

（3）猪重要经济性状功能基因挖掘

针对料肉比性状，构建了1.7万头杜洛克种猪饲料利用效率及采食行为表型数据库，包含原始采食表型数据1 700万余条；采用分位数识别法和有限混合模型聚类，识别体重异常或分层数据，并进行精细化校正，共获得8 044头S21、S22杜洛克高质量采食数据。对校正后的结果进行全基因组关联分析（GWAS），显示在1号、2号、7号和17号染色体共检测到3 133个单核苷酸多态性（SNP）和In/Del以及12个数量性状基因座（QTL）与饲料利用效率性状显著相关，其中，最显著的位点位于SSC1上一个错义突变（P=8.54E-13），与日采食量（DFI）显著相关，该位点能解释5.62%的DFI表型变异。

针对经济切块性状，采集16项胴体表型数据，包括胴体重、屠宰率、胴体直长、胴体斜长、皮厚、多点膘厚、眼肌面积等及20项精细切块性状，包括前段（8个）、中段（6个）和后段（6个）。研究结果显示，分割肉占比性状呈中等偏高遗传力，且大部分分割肉之间的遗传相关较低，分割肉与胴体性状和肉质性状之间的遗传相关均较低，且中段产品与背膘的遗传相关较高。

针对肌内脂肪含量和胸腰椎转换基因调控，通过对高低肌内脂肪含量个体全转录组分析，发现*IRlnc*可以通过与*NR4A3*的互作抑制儿茶酚胺分泌，促进脂滴分解。同时发现*MSTRG.1611.1*，*MSTRG.35593.1*，*MSTRG.77761.1*，*ssc-miR-208b*和*ssc-miR-190b*等一些调控RNA可能与肌内脂肪相关。通过显微操作获取受精后27天家猪胚胎胸腰椎连接处的脊椎和肋骨原基单细胞，并对其进行单细胞测序，发现胸腰椎发育和肋骨形成主要有成骨作用和血管生成两个过程。

（4）种猪基因组选择和选配等技术研发与应用

在'中芯1号'及'温氏55K'的基础上，开发了基于国产测序平台的低密度重测序技术和猪80K功能位点基因芯片技术，降低了基因组分型成本，提高了技术应用的准确性。同时，基因组选择技术在专门化品系选育应用效果良好。

分析比较了商业芯片、简化基因组测序方法、自制芯片及低密度重测序的分型方法对基因组选择准确性的影响，结果显示低密度重测序分型方法比常规方法提升40%左右的准确性。开发出基于国产测序仪的育种专用测序分析一体机系统，可以实现从DNA提取到测序上机的全自动一体化解决方案，同时完成DNA提取、文库构建、上机测序等实验。整合了一套从"采样"到"选种"全流程监控的信息化管理软件，样品采集后即被追踪，每一个环节都有记录，育种场、实验室无缝对接。

建立5万余头的基因组选择参考群体，涵盖了优质瘦肉型猪主要品种（系），在基因组选择技术及应用规模扩大的基础上，品系选育进展明显。另外，对基因组选配技术也进行持续研究，开发完成了相关算法及配套软件，已在扬翔、温氏等企业推广应用。

2. 优质瘦肉型猪新品种选育和杂交配套系筛选

（1）优质、黑毛瘦肉型猪第一母本选育

利用大白猪和里岔猪为育种素材，通过正反杂交，构建"大×里"和"里×大"F_1代育种核心群，并对F_1代公母猪进行筛选。通过横交固定手段，继代选育，最终可选育出黑毛、高产的优质猪。完成了F_1代的分娩和测定、G_0代的选留及配种、G_1代生长性能测定。针对品种培育过程中遇到的黑毛难以纯化的问题，开展了大面积采样，成功鉴定出黑毛产生的基因组合，加速了黑毛基因的纯化。

（2）优质、黑毛瘦肉型猪终端父本选育

以"巴克夏×里岔黑猪"杂交组合为基础，培育出具有"体型大、长速快、肉质好、饲料转化率高、毛色黑"等特点的山下黑猪父本品种。比较了巴里黑猪、巴里黑猪×鲁莱黑猪（正反交）的生长性能及屠宰效果。屠宰测定结果显示，以山下黑猪为父本、鲁莱黑猪为母本的"巴里♂×鲁莱♀"组合，在生长、繁殖、胴体和肉质性状的综合表现中优于其他组合。

以松辽黑猪为育种素材的黑猪第一父本的培育，也获得较好的进展。开展了高瘦肉率新品系与巴克夏猪、巴克夏与民猪杂交一代，以及新吉林黑猪的杂交试验，通过系统的性能测定，筛选最优杂交组合。肉质测定对比结果显示松辽黑猪有较强的配套优势。

（3）高产瘦肉型猪第一母本和第一父本选育

以高产仔、大体型等为选育方向，开展了母本长白、大白猪专门化品系选育。共建成了核心育种场23个，开展了长白和大白猪资源群体组建、优化及持续选育，核心群存栏种猪达到27 506头，其中长白母猪4 204头、大白母猪23 302头。年测定种猪达到10万余头，各专门化品系年遗传进展达到0.5%～2.0%。

（4）瘦肉型猪终端父本选育

组建杜洛克育种核心群基础母猪达4 930头，重点对生长速度、饲料转化率进行选育。以上海祥欣公司为主体单位培育的终端父本杜洛克品系，2021年收集性能测定记录3 360条。以广东温氏种猪科技有限公司为主体单位培育的终端父本杜洛克品系，种母猪存栏849头，其中核心群303头，全年共开展生长性能测定2 753头。

3. 地方猪种种质自主创新联合攻关

2021年，吉林精气神有机农业股份有限公司、浙江大学、吉林大学和上海交通大学组成的地方猪种种质自主创新联合攻关组项目组继续围绕"筹建一个联盟（猪种自主创新联盟），建立一套方法（破解群体继代选育法效果不良的成因，建立基因组设计育种法），完善三个平台（基因组检测平台、表型组测定平台、大数据育种平台），培育三个品系（吉神黑猪母系、父系和终端父本品系），推动产业发展"的总体目标，在生长性能、繁殖性能、胴体、肉质性状等生产性能测定和基因组、简化基因组测序、功能位点挖掘的基础上，应用基因组辅助杂交育种（GCB）和基因组选择（GS）理论和方法，持续进行吉神黑猪三个品系的培育工作，主要进展如下。

（1）基因组辅助杂交育种方法的研究及应用

基因组序列分析验证吉神黑猪群体和鲁莱黑猪传统杂交育种的成效。为从基因组角度评价及分析以群体继代选育法为代表的传统杂交育种方法在杂交猪种上的育种效果，对通过群体继代选育法培育而成的吉神黑猪和鲁莱黑猪群体，以及其育种素材北京黑猪、莱芜猪和大白猪群体，经过基因组测序，SNP检测和基因型数据填补，开展了群体结构分析、选择信号分析和基因渗入分析三种方法来对两个培育品种的育种效果进行检视，通过分析结果进一步验证传统杂交育种方法的有效性。

新品系选育过程中杂交后代的基因组序列分析辅助选育。以同样方法将杂交后代大吉猪、大吉吉猪为试验对象，分析吉神黑猪杂交后代与其祖代大白猪及北京黑猪的基因组遗传方向与程度，从而进一步指导吉神黑猪品种的升级换代二次选育进程。

基因组杂交育种框架构建和应用。基于上述选择信号分析和基因渗入分析结果，结合KEGG和GO基因富集分析和QTL映射分析结果，共同初步构建了一个新的基因组杂交育种方法框架、KI（致密核细胞指数）指数选择法，并对杂交后代大吉吉猪进行了选择，选择结果层次分明且有明确梯度，具有较高的可靠性。

（2）吉神黑猪三个品系的培育工作

吉神黑猪母系（Gd）：吉神黑猪母系持续以提高繁殖性能为主要育种目标的选育提高，截至2021年12月核心群母猪2 500多头。同时根据育种方案，导入新大白猪血统，根据分子设计育种预测和最佳线性无偏预测（BLUP）育种值结合进行的遗传评估结果，对F_2代种猪进行了排名，选留F_2代8头公猪和30头母猪，进行了横交配种。F_3代已出生并完成生产性能测定和基因组测定，并进行了选种和配种，扩大优良目标基因在群体中的影响。

吉神黑猪父系（Gs）：第一批导入的两头长白猪公猪精液的F_1代于2020年5月出生，第二批导入的两头长白猪F_1代于2020年7—8月出生，包括长吉和长鲁两种组合。2021年在对F_1代进行生产性能测定、基因组序列测定分析、部分个体的胴体和肉质测定的基础上，选留优秀后备母猪，并再次导入长白猪公猪精液配种，F_2代已于2021年5月后陆续出生，目前正在陆续进行生产性能测定、基因组测定和后备猪选留工作。

终端父本（Gt）：2021年按照以高肌内脂肪杜洛克为父本，以吉神黑猪、鲁莱黑猪、莱芜猪为母本进行级进杂交育种方案继续进行F_2代的选留和横交固定工作。

（3）表型组测定与基因组选择参考群构建

对吉神黑猪核心群以及各新品系培育过程中的杂交后代进行繁殖性能、生长性能、胴体和肉质性能的测定。2021年完成4 251窝繁殖性能测定，包括总产仔数、产活仔数、出生窝重、断奶窝重、母猪发情间隔；完成5 439头后备种猪的90日龄、210日龄体重、210日龄活体背膘厚测定；完成302个个体的胴体和肉质性状测定。

（4）调控猪生长和肉质相关性状的基因组功能位点挖掘及其在吉神黑猪选育中的应用

猪骨骼肌调控区遗传变异的挖掘及其在吉神黑猪基因组选择中的应用。应用chip-seq测序数据，分析鉴定猪骨骼肌调控序列，并利用公用数据库中众多中西方猪种的基因组序列数据、本研究测得的大白猪、北京黑猪、莱芜猪、鲁莱黑猪及杂交后代的基因组序列数据，筛选在调控序列上的显著遗传差异。并将这些候选位点在具有生长和肉质性状表型的吉神黑猪及其杂交后代群体中进行验证。将筛选到的关键位点应用于吉神黑猪的选育工作中。技术路线如图1-22所示。

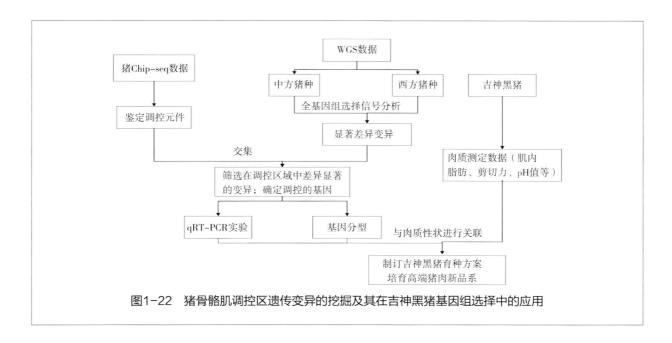

图1-22　猪骨骼肌调控区遗传变异的挖掘及其在吉神黑猪基因组选择中的应用

猪生长与肉质性状遗传相关的分子基础解析及其在吉神黑猪基因组选择中的应用。利用已有的大量与猪生长和肉质相关的QTL数据信息，将生长性状和肉质性状的相关QTL的相互映射分析，筛选二者重叠区域与非重叠区域，将这些QTL区域分为三类：仅与生长性状相关、仅与肉质性状相关、与二者同时相关。利用公用数据库中众多中西方猪种的基因组序列数据、本研究测得的大白猪、北京黑猪、莱芜猪、鲁莱黑猪及杂交后代的基因组序列数据，进行这些筛选到的QTL区域的遗传变异位点的差异比较，筛选关键位点。将筛选到的关键位点在有生长和肉质性状测定表型的吉神黑猪群体中进行验证。结果用于指导吉神黑猪的基因组选择。技术路线如图1-23所示。

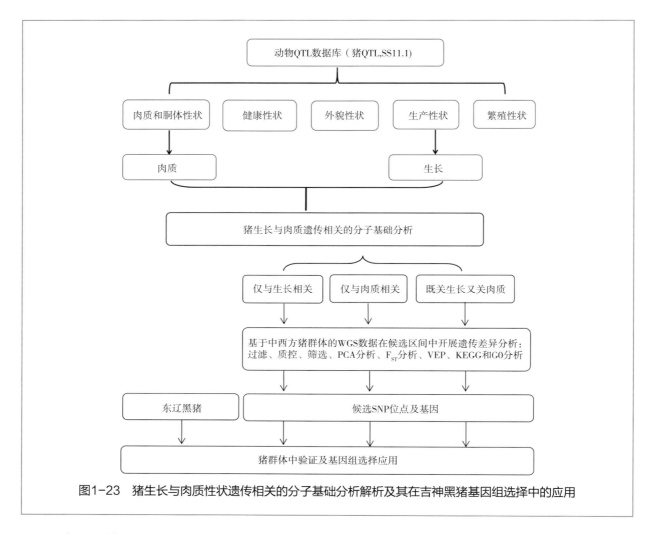

图1-23　猪生长与肉质性状遗传相关的分子基础分析解析及其在吉神黑猪基因组选择中的应用

　　已知的主效基因在吉神黑猪群体中的基因型分布检测及应用。对影响应激敏感的*RYR1*基因、影响黑毛色分离的*MC1R*基因、影响肋骨数的*AR6A1*和*VNTR*基因、影响肌内脂肪（IMF）含量的*MYH4*基因等主效基因在共322头吉神黑猪群体中进行了基因型检测，所得的结果用于对后代的辅助选择。

　　（5）大数据遗传评估和管理平台建设

　　完成新华种猪自主创新系统与Alpha Index（V2.0）育种平台数据库和网络平台的模型构建、算法开发和程序编写工作（http://alphaindex.zju.edu.cn）。并完成与原有数据系统的衔接工作，开始用于吉神黑猪三个品系基于基因组育种值选择指数的计算。

（二）科研进展

1. 猪复杂性状的遗传解析

生长、繁殖、疾病、免疫和肉质性状是影响生猪生产的几类重要经济性状，并且这些性状大部分是复杂性状，对这些性状遗传基础的研究有助于生猪的遗传改良和遗传资源有效利用。国内多个科研单位紧跟学科发展前沿，对猪的这些重要经济性状进行遗传解析，取得了一系列进展。表1-4列出了2021年猪复杂性状遗传解析方面的部分代表性成果。

表1-4　猪复杂性状遗传解析方面部分代表性成果

性状	科研单位	主要发现及意义	主要成果发表刊物
生长性状	江西农业大学	通过猪大规模基因组、转录组、肠道微生物组的系统研究，发现ABO血型基因通过调节N-乙酰半乳糖胺浓度显著影响猪肠道中丹毒丝菌科相关细菌的丰度。该发现对于培育节粮型和快长型新品种具有重要参考意义	*Nature*
	四川农业大学	从单根肌纤维分辨率的水平揭示了不同肌纤维亚型在能量代谢、收缩能力等不同生理特性下的转录组差异，完整构建了猪全身不同部位骨骼肌的精细转录调控图谱，并明确了其分子调控差异。为农业动物产肉性状提供重要指导	*Nature Communications*
生长性状	中山大学	从猪的$E35$到$E80$，骨骼肌有11.43%的基因组区域发生了compartment A/B的转变，由A转变为B的基因与早期胚胎发育或是神经肌肉接头发育相关，由B转变为A的基因与肌肉发育和代谢相关。为研究从初级肌纤维到次级肌纤维的基因表达远程控制提供了重要参考	*DNA Research*
	中国农业科学院	比较大白猪和民猪三个胚龄时期差异ACRs（染色质开放区域），利用WGCNA分析发现影响大白猪和民猪骨骼肌发育差异的候选基因	*Journal of Animal Science and Biotechnology*
	中国农业科学院	基于大白猪与东北民猪杂交群体，绘制了F_2代个体通过F_1代继承F_0代基因组序列的溯祖图谱。通过基因互作分析发现大白猪与民猪之间的生殖隔离作用，部分常染色体座位上发生的基因互作不兼容导致了杂种雄性不存活	*Molecular Biology and Evolution*
繁殖性状	中国农业大学	以具有不同精子活力的公猪精液为研究对象，基于全转录组和蛋白质组数据进行全面系统的分析，获得了不同精液品质表型的精浆胞外囊泡的多层次生物信息数据。利用WGCNA等分析方法，挖掘和鉴定了一批重要的影响公猪精液品质性状的功能基因和调控分子	*Frontiers in Cell and Developmental Biology*、*Journal of Animal Science and Biotechnology*
	华南农业大学	针对母猪初情启动机制，利用转录组、表观基因组等多组学数据，鉴定了母猪初情启动过程中下丘脑、垂体、卵巢中参与调控母猪初情启动的circRNAs、mRNA可变剪接	*Cell Death Disease*
	四川农业大学	通过转录组测序对4个阶段妊娠母猪的血液进行分析鉴定关键基因，发现它们主要集中在免疫和炎症调节上发挥作用	*Genome*

（续表）

性状	科研单位	主要发现及意义	主要成果发表刊物
繁殖性状	中国农业大学	对42头梅山猪开展高通量测序，利用多种检测方法鉴定梅山猪基因组上共计20 770个结构变异，并定位到的与繁殖性状相关的候选基因	*GigaScience*
	西北农林科技大学	通过对三个候选基因进行分析，验证了m^{6}A在猪的精子发生过程中发挥的调控作用，发现miR-184通过靶向NR1D1上调雌二醇合成关键基因*Star*、*Cyp11a1*、*Cyp19a1* mRNA水平和蛋白水平，促进颗粒细胞的雌二醇合成	*Journal of Animal Science and Biotechnology*
抗病性状	江西农业大学	对嵌合家系F$_6$代猪只的肺叶病变程度性状开展基因功能注释和差异基因表达分析，发现2个影响肺部病变易感性和5个影响肺部病变程度的候选基因	*Science China Life Sciences*
	江西农业大学	对猪的T淋巴细胞以及单核细胞共32个免疫细胞表型进行遗传关联分析，发现36个影响免疫细胞表型的独立位点，并发现这些免疫性状与64个经济性状有关	*Journal of Genetic and Genomics*
肉质性状	四川农业大学	对青裕猪、凉山猪、长白猪、大白猪以及杜洛克猪开展GWAS分析，发现一系列重要SNP位点，注释发现的候选基因主要与细胞生长、分化以及分子信号等细胞过程相关。进一步研究揭示了表型性状潜在的遗传和表观遗传机制，挖掘了地方猪和商业猪肉质性状相关的遗传资源	*BMC Genomic Data*、*Journal of Integrative Agriculture*
肉质性状	江西农业大学	利用白色杜洛克×二花脸资源家系（1 092个F$_2$个体），将其肌肉转录组、GWAS位点数据和22个肉质性状的表型数据整合分析，鉴定了影响猪肉质性状的多个潜在候选基因及其关键变异位点	*Frontiers in Veterinary Science*

2. 基因组选择技术推广应用

基因组选择是经过检验的能有效转化畜禽遗传研究成果到畜禽育种实践的有效方法。国内多个科研单位在《全国生猪遗传改良计划（2021—2035年）》指导下，紧跟学科发展前沿创新基因组选择方法和育种技术，积极向生猪育种企业推广基因组选择方法，为基因组选择在我国生猪育种中的应用奠定了坚实的基础。表1-5列出了基因组选择研发和推广方面取得的部分代表性成果。

表1-5　部分科研单位在基因组选择研发和推广方面取得的成果

科研单位	主要成果	推广对象
华南农业大学	推动企业构建8 840头基因组选择参考群，开展基因组选择技术培训和宣传，推动广东省基因组选择联合育种项目实施；通过优化基因组选择模型，有效利用全基因组序列数据和多群体信息，提高选种准确性，发表一系列应用研究论文，并推动相关企业实施基因组选择育种	广西农垦集团、福建永诚农牧科技集团、广东德兴食品股份有限公司等多家国家生猪核心育种场
江西农业大学	对核心场的育种流程进行规范化和标准化，通过长期持续地大规模生产性能测定，对育种数据进行实时、高效、准确的个体遗传性能评定，建立高质量的基因组选择参考群。持续推广猪全基因组育种新技术——'中芯一号'，累计完成15万余头核心育种群的基因检测	广东、广西、北京、河南、江苏、江西、福建、山东、湖北、陕西等10余省（区、市）

（续表）

科研单位	主要成果	推广对象
中山大学	完成东瑞食品集团股份有限公司、佳和农牧股份有限公司与广西扬翔股份有限公司3家公司的大白猪和广东壹号的两广小耳花猪两个品种核心群种猪耳组织的采集，提取DNA和完成了2 491个样本的SNP分型，用于各育种场基因组选择的参考群构建。组织了3期参加广东省基因组选择技术专项的11家核心场的技术人员进行现场培训，并以场为单位起草了基因组选择技术方案等	广东、湖南、广西等省（区）
中国农业大学	开发了国内第一款基于靶向捕获测序技术的猪50K SNP芯片（液相芯片），构建基因组选择参考群体约1 500头，探索了大规模基因组选择的实施策略，推动基因组应用。提出了"先低后高，先多后少"的新策略，早期利用低密度芯片加大早期选择力度，后期用少量高密度芯片做终选，不仅提高了遗传进展，而且降低了基因组选择成本	北京大北农科技集团股份有限公司、北京养猪育种中心、北京顺鑫农业小店畜禽良种场、河北·裕丰京安国家种猪核心育种场、张家口大好河山新农业开发有限公司等种猪企业
东北农业大学	建立了具有3 800头种猪的基因组选择核心群，建立生猪养殖集成配套技术体系和规范化管理体系，推动生猪产业提质增效，针对其养殖生产需求进行育种、养殖、屠宰关键技术的联合攻关，在配套系培育、种公猪利用率提升、母猪年生产力提升等方面帮助企业提质增效	巴彦大东北有限责任公司、巴彦康宇养殖有限责任公司等企业
中国农业大学	建立了标准化的基因组育种采样分析流程，制定基因组指数的高效选育应用技术方案，差异化权重系数制定父系、母系的基因组综合指数，大幅度提升选种、选配的精确度。累计完成大白猪的芯片检测5 232头，有效加速遗传改良	深圳市金新农科技股份有限公司
华中农业大学	利用机器学习方法提升靶向位点的捕获效率并降低成本，设计出80K功能位点芯片，结合自主研发的低成本高通量基因分型技术为核心育种场服务。承办了全国种猪生产性能测定员培训班、华中地区基因组与猪联合育种技术培训班、种猪拍卖会暨全国种猪大赛，对生猪龙头企业进行了基因组育种技术培训	广西扬翔股份有限公司、中粮集团有限公司、湖北金旭农业发展股份有限公司、唐人神集团等生猪龙头企业
中国农业科学院	通过设定个性化父系、母系育种目标及对基因组选择方法的融合，构建基因组选择平台，采集芯片个体样本16 113个，进行常规测定36 306头，有效推动基因组育种技术应用，技术推广覆盖商品猪500万头，育种成效显著	河南、上海等地区5个企业

3. 猪整合组学数据库的构建

江西农业大学猪遗传改良与养殖技术国家重点实验室利用H3K27ac ChIP-seq和RNA-seq等多组学技术系统地研究了来自不同发育胚层的多种组织（脑、肝、心脏、肌肉和小肠）、不同发育阶段（胚胎期75日龄和成年期150日龄）、不同品种（中国猪种巴马香和商业猪种大白）、不同性别（雌性和雄性）活性增强子和启动子及其靶基因的功能及时空分布，揭示了动态活性调控元件在机体内发挥重要的生物学功能。该研究共鉴定出101 290个H3K27ac顺式调控元件，包括18 521个启动子和82 769个增强子，极大地丰富了国际猪基因组非编码区调控元件数据库。该成果已发表于*Science China Life Sciences*。同时，团队对猪肠道微生物组进行了宏观调查，通过深度宏基因组测序跨越了广泛的样本来源，形成了名为猪整合基因目录（PIGC）的扩展基因目录，其中包含来自787个肠道元基因组的17 237 052个完整基因，它们以90%的蛋白质同一性聚类，其中28%是未知蛋白质。该成果发表于*Nature Communications*。

中山大学联合四川农业大学通过整合Hi-C、H3K27ac ChIP-seq和RNA-seq等数据，探索了猪骨骼肌从初级肌纤维（受精后第35天）到次级肌纤维（受精后第80天）的发育过程。结果发现有11.43%的基因组区域发生了compartment A/B的转变，由A转变为B的基因与早期胚胎发育或是神经肌肉接头发育相关，由B转变为A的基因与肌肉发育和代谢相关。另外有14.53%的拓扑结合域改变了域内相互作用，2 730个基因具有不同的启动子–增强子相互作用和增强子活性。发现基因组结构的改变与在神经肌肉连接、胚胎形态发生、骨骼肌发育或代谢中起重要作用的基因的表达相关，通常是*NEFL*、*MuSK*、*SLN*、*Mef2D*和*GCK*。值得注意的是，*Sox6*和*MATN2*在初级到次级肌纤维的形成过程中发挥重要作用。揭示了从*E35*到*E80*的基因组重构，并构建了全基因组高分辨率相互作用图，为研究从*E35*到*E80*的基因表达的远程控制提供了资源。该成果发表在*DNA Research*上。

华中农业大学研究团队2020年发布了国际上首个猪整合组学知识库ISwine，创建了一个基于卷积神经网络模型和多组学信息的候选基因评分推荐系统，打通了从GWAS结果的显著标记到候选基因推荐的"最后一公里"。团队收集了公共数据库中近乎所有的猪基因组数据、转录组数据以及性状相关的文献组数据。通过清洗、分析以及结构化等过程，将这些数据以基因组变异数据库、基因表达数据库以及QTX数据库的形式收录到ISwine中，其中基因表达数据库是第一个基于转录组数据的猪表达谱数据库，基因变异数据库是最大的猪变异信息数据库，ISwine将为猪遗传育种研究人员提供丰富的基因组变异信息和完备的单倍型信息。团队在猪调控元件鉴定方面取得新进展，围绕ChIP-seq（染色质免疫沉淀测序）、ATAC-seq（基于转座酶和高通量测序的染色质分析技术）、RNA-seq（RNA测序）和Hi-C（高通量染色质构象捕获）等多种组学研究技术自主搭建了猪组织表观调控研究技术体系，以瘦肉型大白猪、杜洛克猪，以及脂肪型恩施黑猪和梅山猪4个品种为研究对象，获得了包含12种组织的199组表观遗传调控数据，鉴定出超过22万个猪基因组调控元件，为应用功能SNP位点提升猪基因组育种效率奠定了基础，研究成果发表于*Nature Communications*。

4. 猪新品种培育

2021年辽丹黑猪、川乡黑猪和硒都黑猪3个新品种育成并通过国家审定，多个单位进行猪新品种培育和申报。

（1）辽丹黑猪

由丹东市农业农村发展服务中心（丹东市畜禽遗传资源保存利用中心）协同辽宁省现代农业生产基地建设工程中心、沈阳农业大学、河北农业大学等单位，以辽宁省地方保护品种辽宁黑猪为母本，引进品种杜洛克猪为父本，经过杂交创新、横交固定、持续选育和产业开发三个阶段，历经9个世代、23年系统选育而成的新品种，也是辽宁省自中华人民共和国成立以来培育并通过国家审定的第一个生猪新品种。该品种体型外貌一致、遗传性能稳定、被毛全黑，既有辽宁黑猪繁殖力高、耐粗饲、适应性强、肉质好、抗病力强的特性，又有杜洛克猪体质健壮、生长速度快、瘦肉率高、饲料转化率高的优点，克服了辽宁黑猪生长速度慢、瘦肉率低、饲料转化率低，以及杜洛克猪繁殖性能低、肉质差的缺点。

（2）川乡黑猪

利用我国特有的珍贵遗传资源藏猪和引进猪种杜洛克猪作为育种素材，采用BLUP法与分子标记辅助选择相结合的现代育种技术育成的父本新品种，其被毛黑色，肉质优，生长快，瘦肉率高，抗病力强，特色鲜明。在川乡黑猪新品种培育过程中，攻克了毛色和肌内脂肪含量基因精准预测和鉴定技术，并用于育种实践，显著提高了选择效率，加快了育种进展。还破解了长期困扰我国地方猪种不能大面积推广利用的技术瓶颈，使川乡黑猪用作终端父本生产含本地猪血缘的三杂商品猪肉质、瘦肉率和生长速度三者间达到有机平衡，满足了人们对优质美味猪肉消费市场的需求。

（3）硒都黑猪

由湖北省农业科学院猪育种创新团队以湖北省地方品种恩施黑猪为基础，引入梅山猪和湖北白猪等遗传资源，历经12年攻关，创新融合应用以全基因组育种为核心的"4.0"生物育种技术培育而成，已通过国家畜禽新品种审定，实现了湖北省生猪国审品种"从0到1"的重大突破。该品种有效聚合了恩施黑猪适应性强、肉品优良，梅山猪繁殖性能好，湖北白猪生长快、瘦肉率高等优点，广泛适应湖北特殊的高（低）温高湿环境以及山区环境，肉品关键指标肌内脂肪含量达到3.42%，高于普通商品猪1个百分点以上；经产母猪产仔数12.67头/窝，高于省内地方猪种1.5头窝以上。

（4）金旭黑猪新品种培育

以湖北金旭农业发展股份有限公司为依托，在华中农业大学赵书红教授团队的指导下，运用分子标记辅助选择和基因组选择技术持续对金旭黑猪进行选育，至2021年，已经选育了6个世代，有12个公猪血统，存栏母猪超过1 100头。120千克屠宰测定，瘦肉率达59.94%，肌内脂肪含量高达3.91%。

（5）山下黑猪新品种培育

江西农业大学黄路生团队与江西山下投资有限公司合作，以西方引进猪种和中国地方猪种为素材，常规育种与自主开发分子育种技术相结合，以体格大、生长快、肉质好、饲料省、毛色黑为育种目标，培育父系种猪。目前，累计完成种猪性能测定5 211头；屠宰测定1 381头，完成胴体长、眼肌面积、肉色、pH值等24个胴体和肉质性状的测定，并采集DNA、RNA和肌纤维切片等样品。应用'中芯一号'芯片对1 765个个体进行全基因组关联分析，在1号、2号、4号、7号染色体上鉴别到影响体长、背膘厚、肉色、肌内脂肪含量等性状的基因组位点14个，为因果标记（基因）鉴别和标记辅助选育奠定基础。目前育种群进入第5世代，存栏种公猪87头，种母猪955头。

（6）成华猪新品种培育

四川农业大学李学伟团队以成华猪和巴克夏猪为育种素材培育出天府黑猪第5世代，经过连续多年的育种公关，天府黑猪选育群的基础设施建设规模逐步扩大并不断完善，形成了标准化的种猪质量标准和饲养管理标准。目前，培育单位在成都市邛崃市临济镇建有1个能存栏能繁种猪2 200头的天府黑猪育种场（黄庙）和1个能存栏2万头天府黑猪育肥场（瑞林）。截至2021年12月，培育单位自建的种猪场和商品场分别存栏天府黑猪种猪和商品猪2 500头和1.25万头，其中，种猪场存栏基础育种群能繁母猪1 500头和公猪41头（三代之内没有血缘关系的公猪家系27个），育种核心群已完成5个世代横交固定选育。培育单位构建成年均繁育种猪5 000头、育肥商品猪4.5万头的天府黑猪繁育体系，是四川省最大的优质黑猪种源供给和商品猪生产基地。

（7）民猪配套系选育

东北农业大学刘娣团队以肉质性状为主要选择方向，兼顾繁殖性状、生长性状和瘦肉率，开展民猪配套系的选种选育，围绕三个专门化品系进行建设，持续开展'龙民黑'猪配套系选育工作。2021年底已建立了群体规模为200头和220头的两个父系核心群体、一个群体规模为350头的母系核心群体，每个核心群至少由5个家系组成，本年度通过农业农村部武汉种猪测定中心关于配套系商品猪的生产性能、肉质性能测定工作，符合预期选育目标。

（8）关中黑猪新品种培育

关中黑猪的资源调查和利用受到地方政府重视，西北农林科技大学庞卫军教授团队开展了关中黑猪的普查工作，查明关中黑猪存栏能繁母猪320头，种公猪20头。关中黑猪作为地方培育品种已被录入国家畜禽遗传资源普查数据库，团队以丹系大白猪为父本、关中黑猪为母本，持续开展优质瘦肉型黑猪新品种培育工作，目前处于横交固定关键阶段。

（9）杜藏民猪新品种培育

中国农业科学院北京畜牧兽医研究所王立贤团队以杜洛克猪以及我国地方品种藏猪和东北民猪为素材组建基础群并进行杂交育种，目前已进入第1世代选育阶段。经过0世代测定，该品种地方猪血缘超过50%，具有被毛全黑、体型较大等特征，肌内脂肪达4%以上（市场上普通的优质猪肌内脂肪3%左右）、肋骨数达15.45，品种的性状分离较小，均一性较强。目前，品种已进入1世代选育阶段并已出生13窝，平均初生重1.23千克，断奶重6.3千克。

（10）壹号黑猪新品种培育

中山大学陈瑶生教授团队与广东壹号食品股份有限公司合作，以广东小耳花猪、圩猪、莱芜猪、湘西黑猪及杜洛克猪为素材，经过10多年的培育，目前壹号黑猪群体数量达到1 000多头（公猪家系11个），建立公猪选育标准，并于2021年11月经广东省农业农村厅批复开展中间试验。同时，以壹号黑猪为母本进行杜×黑杂交和巴×黑杂交，杜黑日龄177.55天，体重96.28千克，在125.22千克屠宰，瘦肉率57.47%；巴黑日龄183.31天，体重101.92千克，在119.93千克体重屠宰，瘦肉率55.16%。

5. 新育种素材创制

四川农业大学牵头承担的"十四五"主要畜禽分子育种平台项目在川猪领域取得突破性成效，首次成功创制经济性状改良的6种基因编辑猪，包括骨骼肌生长（*FST*和*ZEBD6*基因）、脂肪沉积（*PTRF*基因）、代谢能力（*ASGR1*和*FAH*基因）、"红肉"食用安全性（*GTKO*基因），开创了对川猪进行有目标的分子设计育种、改造乃至猪经济性状（生长速度、瘦肉率等）精准定向改良的先河，引领性成果发表在*Nature Communications*等国际权威期刊。

中国农业科学院北京畜牧兽医研究所基因工程与种质创新团队联合华中农业大学、加拿大圭尔夫大学等，通过基因编辑技术获得全球首例抗三种重大疫病猪育种材料。这种猪能够抵御猪繁殖与呼吸综合征病毒、猪传染性胃肠炎病毒和猪德尔塔冠状病毒感染，同时保持正常生产性能。该研究成果发表于生物学国际期刊 *eLife*。

中山大学研究团队培育出首例CD163受体SRCR5结构域LBP缺失抗PRRSV（猪繁殖与呼吸综合征病毒）基因编辑大白猪。对基因编辑大白猪进行II型高致病性PRRSV活体攻毒。结果表明，用JXA1和MY两种高致病性毒株攻毒42天后，与野生型猪相比，LBP缺失编辑猪能够完全抵抗PRRSV感染，不表现出任何临床症状，没有病理异常、病毒血症，且不产生抗PRRSV抗体。同时分离野生型和编辑型仔猪肺泡巨噬细胞，在细胞水平上进行攻毒试验。结果表明，LBP缺失编辑猪肺泡巨噬细胞在体外同样表现出对PRRSV抗性。相关成果已申报国家发明专利，论文已发表在 *Frontiers in Immunology* 杂志上。

中国科学院动物研究所干细胞与生殖生物学国家重点实验室通过基因组编辑技术进行猪的基因组遗传修饰进而改善猪的农业生产性状或构建生物医学研究的大动物模型，建立了基于化学诱变的猪正向遗传学研究体系，筛选到一系列与生长、发育相关的突变体，鉴定了包含 *DUXO2*、*MITF* 和 *ABCA12* 等在内的12个猪重要功能基因和突变位点，促进了猪在生物医学中的应用。通过核酸酶介导的多维度高效猪基因编辑系统，创制了多种类型的基因编辑猪；解析了藏猪和民猪的抗寒遗传调控机制，创制了低脂、高瘦肉率和抗寒的UCP1定点敲入基因编辑猪，FIX猪乳腺生物反应器等多个育种素材。

四、资源普查与保护情况

（一）地方猪资源普查

家畜遗传多样性是生物多样性的重要组成部分，我国是世界上家畜遗传资源最丰富的国家之一。我国先后于1979—1983年、2006—2009年开展了两次全国性畜禽遗传资源调查。2021—2023年正开展第三次全国畜禽遗传资源普查。

为深入贯彻党的十九届五中全会及中央经济工作会议、中央农村工作会议精神，落实中央一号文件关于打好种业翻身仗部署，2021年各级种业管理部门、普查机构和有关专家攻坚克难、协同作战，组织开展进村入户"拉网式"大普查，启动青藏高原重点区域调查，努力发掘新遗传资源，同步实施抢救性收集保护，全国行政村普查率达99.7%，实现了区域全覆盖、应查尽查，填补了青藏高原区域调查的空白，初步摸清了我国畜禽品种分布状况，鉴定优质特色新资源18个，抢救性收集保存遗传材料5万份，为种业振兴开了个好头。

（二）地方猪遗传资源保护与利用

1. 地方猪保护

目前我国畜禽品种资源保护主要采取两种方式，即原位保护和异位保护。原位保护通过在资源原产地建立保种场和保护区的方式进行活体保存，这是保护生物多样性最合适的方法。异位保护是指在自然栖息地以外的其他地方进行资源保护的方法，主要包括异地活体保存、细胞保存和基因库保存。通过这两种方法，世界各地的物种保护都取得了成功。这两种方法各有优缺点，互为补充，构成现阶段中国畜禽遗传资源保护工作的主体。

2021年，针对地方猪遗传特性认识不足，现行保种模式及分级保护制度缺乏分子生物学依据等问题，国内科研工作者开展了一系列研究。一是利用基因组信息对小群维稳法下保种群的保种效果进行评估，揭示不同地方猪种的遗传特异性。二是利用基因组的信息对基因多样性和等位基因多样性进行剖分，确立了地方猪种的分子保护优先序列，并提出不同的保种资金分配模型。三是在保种群内将保种与选育结合起来，优化基于基因组信息的最优贡献选择方法，确立不同关注重点下最优选择和交配方式，提出长期维持遗传多样性的最佳保护策略。四是探索多品种整合保种的可行性，为国家在一定区域内合并保种群，建立大的资源中心提供一定的依据。

2. 地方猪杂交利用

我国地方猪品种资源异常丰富，并且大多具有肉质鲜美、产仔数多、抗病、抗逆、耐粗饲等优良特性，但也存在生长缓慢、料重比高、瘦肉率低等诸多不足。故自20世纪初期直到20世纪90年代，人们一直致力于新品种、品系和配套系培育，尤其是希望通过导入外来品种血液改良地方品种。

2021年，浙江大学等科研团队首先从基因组分析入手，揭示长期以来杂交育种的实际方法——群体继代选育法难以取得预期效果的内在依据；进而建立一套基因组杂交育种的新方法，包括基于基因组信息筛选亲本种群与系祖，设计杂交模式、理想育成种群和个体的基因组结构，基于基因组信息选种选配等诸方面。采取边进行理论研究和计算机模拟，边实验且互相促进的方法，开展两项杂交育种初步应用实验。

（1）吉神黑猪升级换代

针对现有吉神黑猪肉质好、适应性强，但繁殖力低、生长速度慢、饲料转化率差、胴体瘦肉率低的特点，通过杂交育种使其保持优点克服缺点，实现升级换代。

（2）雪花肉猪品系培育

以莱芜猪、鲁莱黑猪、吉神黑猪、杜洛克猪、巴克夏猪、长白猪、大白猪等品种作为候选亲本群体，以肌内脂肪为第一育种目标性状，同时兼顾其他性状。

（三）国家级地方猪资源保存案例

1. 金华猪资源保种工作

金华猪是我国著名的地方品种之一，具有皮薄骨细、肉质优良和肉味鲜美等优点，其后腿作为原料加工制作的金华火腿，质佳味美，名扬海内外。因头尾两头皮毛均为黑色，故又称金华两头乌。

以浙江加华种猪有限公司为依托成立了浙江省金华两头乌研究院，大大加强了金华猪等浙江省地方猪种遗传资源的种质特性研究及其保护、利用。目前金华猪国家保种场保种群共有493头，其中核心群母猪有136头，其他基础母猪272头，后备母猪56头；种公猪14个血统29头。

2. 金华的保种举措

（1）适宜保种方案制定

针对金华猪制定保种方案，以金华猪自群继代选育为主要方法，进行不完全闭锁继代选育，以群体遗传学理论为基础，尽量控制群体近交增量为原则，通过增大群体有效含量，确定合适的公母畜比例和留种方式，避免近亲交配及延长世代间隔，减少基因流失。

如在选配中特定胎次，即第4胎纯繁，第5胎根据需要选优秀者可进一步纯繁其他各胎用杜洛克配种生产二元杂种商品猪（图1-24）。

胎次	1	2	3	4	5	6	7	8	→ 淘汰
方式	杂交	杂交	杂交	纯繁	纯繁或杂交	杂交	杂交	杂交	

图1-24 保种方案

公猪12月龄配种，待所配母猪确认妊娠或者分娩后淘汰。但为确保安全，淘汰前最好保留适量冷冻精液。拟纯繁的母猪，需计算其与各种公猪间的亲缘系数。选择亲缘系数低且母系指数高的公猪配种。目前正研究杜洛克和金华猪母猪混精，通过后代毛色自别品种来进一步增大群体有效含量。

（2）地方猪品种登记

开展畜禽遗传资源品种登记、动态监测和种质特性评价，是加强畜禽遗传资源保护与管理的一项重要内容。通过开展品种登记工作，实施动态监测，建立预警机制，让政府决策部门及时掌握地方品种的动态变化信息，可使优秀的地方品种能得到及时、有效的保护。作为地方猪品种登记试点之一，持续开展金华猪品种登记，目前已登记信息14 530条。

（3）数字保种库

遗传资源分为遗传物质、遗传信息两种形态。遗传物质包括活体、精液、胚胎、细胞、组织等物质性材料，遗传信息则指基因组的组成、结构、功能等蕴含于遗传物质内如同建筑设计及工艺的信息性资料。面对非洲猪瘟（ASF）的威胁，遗传信息保存如同遗传物质保存同等重要甚至更加迫切，因为它是修复、重建遗传资源的蓝本。遗传信息保存还有更广泛和深远的意义：一是将成为遗传资源鉴别的重要依据；二是将成为监控保种效果的参照标准；三是将成为种质创新研究的重要支撑。

2021年金华猪390个个体完成了DNA提取与基因组测序。同时，作为参照还陆续采集了杜洛克猪、长白猪、大白猪、皮特兰猪、巴克夏猪等5个引进品种4 243头猪的耳组织样。

（4）冷冻精液与体细胞保存

在农业农村部和浙江省相关项目的支持下，完成金华猪16个家系的体细胞冷冻保存工作，制作的体细胞密度为10万～50万个/毫升。可为后续进行体细胞克隆技术研究提供优质的供体细胞。同时构建了猪体细胞核移植技术平台，并已形成成熟的猪体细胞核移植的技术路线及技术参数。

3. 以用促保——金华猪开发利用

以金华猪为基础的二元或三元杂交的商品猪具有肉质好、味美的理想肉食品。利用杜洛克瘦肉率高、体躯长、生长快的特点与金华猪杂交生产出杜金猪，产生了很好的杂交优势，受到消费者的欢迎，也受到一些食品集团的青睐。

同时，联合相关科研团队基于全基因组遗传标记筛选金华猪候选杂交组合，并结合繁殖、育肥和屠宰等配合力测定试验确定了最优的杂交组合模式。首先利用全基因组性状特异（繁殖、健康、生长和胴体与肉质）的SNP对金华猪与三个西方引进品种杜洛克（DD）、大白猪（YY）和长白猪（LL）共180头猪的各种杂交组合进行了杂种优势的预测，结果显示在二元、三元和双杂交组合中最优选择为D×J、J×LY和DJ×LY[①]。随后挑选了合适组合进行配合力测定试验，其中繁殖性能测定共88窝，育肥测定试验共91头，屠宰测定试验共83头。最终确定了DJ×LY为最佳的杂交组合模式。研究结果为金华猪的保种和杂交利用奠定了理论基础，目前正在开展配套系的持续选育和中试推广，大大促进了金华猪的保种工作。

---

① D×J为杜洛克×金华；J×LY为金华×（长白×大白二元猪）；DJ×LY为（杜洛克×金华二元猪）×（长白×大白二元猪）。

第二章　种猪生产与推广

一、种猪产销状况

（一）种猪生产情况

从产能和规模看，主体规模在减少、产能在增加。我国生猪育种场呈现数量降、产能升的趋势。2021年我国共有种猪场4 323个，较2010年的7 619个减少近一半（图1-25）。而种猪场平均存栏规模，2021年达到1 894头，较2010年的515头增长267.77%（图1-26）。国家生猪核心育种场的基础母猪总数从2010年的9.5万头增加到了2021年的15.7万头，较2010年增加了65.26%。

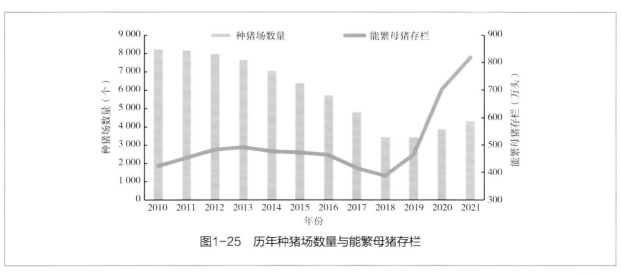

图1-25　历年种猪场数量与能繁母猪存栏

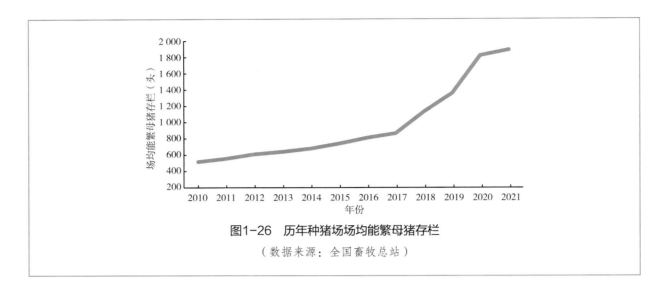

图1-26　历年种猪场场均能繁母猪存栏

（数据来源：全国畜牧总站）

从区域分布看，四川、广东、湖南是种猪场数量最多的省份；河南、广东、江苏是种猪场年末总存栏数最多的省份（图1-27）。

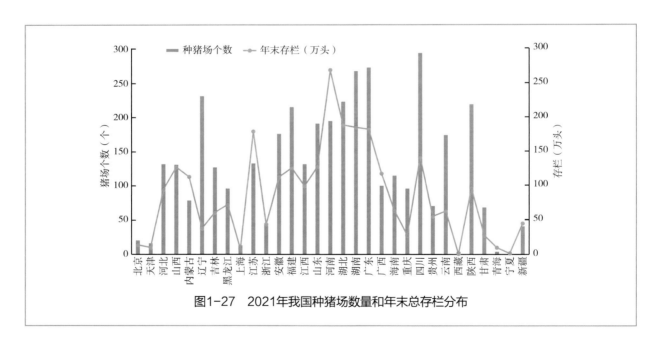

图1-27　2021年我国种猪场数量和年末总存栏分布

我国生猪养殖企业与种猪场变化类似，生猪养殖规模化程度也呈现规模不断增长的趋势。2021年末全国能繁母猪存栏为4 329万头，排名前10的企业能繁母猪存栏785万头，占全国总量的比例为18.1%；生猪百强企业（126家）的母猪存栏总量为1 213万头，占全国的28%。2021年生猪养殖规模化程度首次超过60%。

（二）种猪销售情况

2021年末我国能繁殖母猪存栏4 329万头，按33%的年更新率估算，全年更新母猪约1 428.6万头，产销基本平衡。2021年末母猪存栏超过1万头养猪企业达150多家，其中前20强母猪存栏871万头（图1-28）。

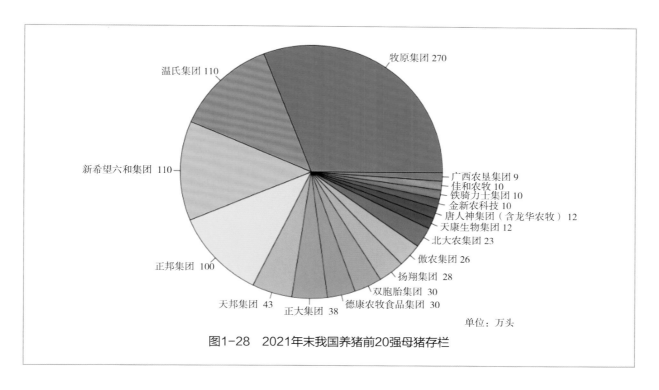

图1-28 2021年末我国养猪前20强母猪存栏

种猪销售方面，经历了2020年种猪市场火爆行情后，2021年种猪价格持续下跌，二元母猪价格从年初的4 475元/头，一路下跌至1 800元/头。一些大型集团化养猪企业开始涉足种猪市场，如牧原股份2021年种猪销售量达到28.1万头，广西扬翔农牧有限责任公司、佳和农牧股份有限公司、四川天兆猪业股份有限公司、兰州正大食品有限公司、深圳金新农科技股份有限公司等单位2021年种猪销售均超过10万头以上，大部分种猪企业种猪销售量在2万～5万头，种猪是否健康、种猪性能是否卓越以及是否具有稳定的供给种源的能力成为种猪制胜的三大法宝。

此外，世界前三大种猪生产公司英国PIC种猪改良国际集团（PIC）、荷兰海波尔种猪公司、荷兰托佩克国际种猪公司均在我国设立种猪公司，美国沃尔多-华夏种猪产业联盟等采取多种方式在我国建设核心种猪场和扩繁场，外资（或合资）企业涉及种猪生产有52家，占我国种猪企业总数量的1.5%。从经营代次看，祖代种猪销售量达10万头，占全国祖代种猪需求量的6%；父母代母猪产销售量约50万头，占全国父母代母猪需求量的3.4%。从资产规模看，外商对我国生猪行业的投资，共涉及国内企业300多家，外资金额161.24亿元，按外资从大到小依次是饲料生产、商品猪养殖、屠宰加工和种猪繁育环节。从长远来看，在种猪繁育环节，我国与国外生猪产业优势国家存在技术差距，国外育种公司的持续进入有可能对我国的种猪行业形成一定的影响。

二、品种推广情况

（一）纯种群品种结构

目前，我国拥有2 600万家生猪养殖场（户），产业关乎国计民生。农以种为先，强产业必须先强种业，我国目前拥有83个国家地方猪种质资源，89家国家核心育种场，4家国家核心种公猪站。2021年末国家核心育种场核心群母猪存栏157 470头，其中大白猪存栏105 184头，占比66.80%；长白猪存栏31 937头，占比20.28%；杜洛克猪存栏20 349头，占比12.92%（图1-29）。从图1-29来看，最近3年，大白种猪存栏量增长最快，2021年比2019年增长了39.9%。

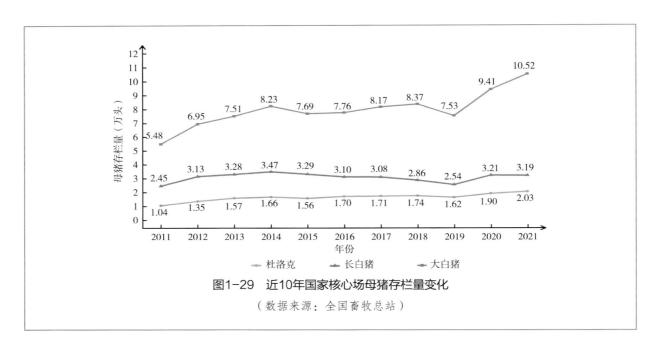

图1-29 近10年国家核心场母猪存栏量变化

（数据来源：全国畜牧总站）

2021年杜洛克母猪存栏17.2万头、公猪6.5万头，长白母猪存栏122.6万头、公猪6.5万头，大白母猪存栏169.1万头、公猪7.9万头。按每头母系母猪年供5头合格种母猪估算，预计2021年种猪产量可达1 458.5万头。

（二）父母代母猪品种结构

2021年底我国种猪群结构中二元能繁占比已恢复90%以上，三元母猪占比低于5.60%。随着猪周期在下行阶段运行，猪价不断探底，加速了三元母猪等落后产能的淘汰。当前国内种群结构快速优化调整，能繁母猪群的配种成功率、断奶仔猪成活率、PSY（每头母猪年提供断奶仔猪数量）等生产指标得以快速恢复，平均窝产健仔数由2020年底的9.2头提升至2021年底的10.2头，仔猪的产房存活率由去年的85%提升至目前的90%。

从纯种猪存栏结构看，我国二元母猪长白猪占比略高于大长猪，逐步显现大白猪为第一母本的趋势。

（三）种业公司类型

从生产类型看，我国种猪企业包括独立育种场、"育繁推"一体化和专业化育种公司三种形式，受规模化、产业化等因素影响，独立育种场呈下降趋势，但目前仍是中小规模养殖场的主要种猪供应者；"育繁推"一体化企业发展迅速，正逐步成为未来主流的生产模式。"育繁推"一体化企业选育的种猪主要用于集团公司内部的供种，由于公司内部采用统一的疫病免疫和生物安全防控措施，内部供种的生物安全优势远远高于外部引种。目前，我国基础母猪存栏超过10万头的前20强企业100%均采用了一体化生产模式；母猪存栏超过3万头的前50强企业有44家采用了一体化生产模式，占比达到了88%。同时，在种猪产品利润相对稳定等因素影响，一些传统的专业化育种场，比如北京中育种猪有限责任公司、佳和农牧股份有限公司等，正逐步实施全国布局，向专业化育种公司迈进。未来，我国的大规模集团养殖企业，将以"育繁推"一体化模式为主、专业化育种公司种猪定制为辅，中小规模养殖企业（场）仍主要依赖独立育种场、专业化育种公司供种，随着国家种业振兴、种猪场部分垂直疾病强制净化等重大行动的推进，预计会出现一些超大型的专业化育种公司，呈现专业化分工的趋势。

从资本类型看，我国种猪企业的资本类型与我国生猪养殖企业的资本类型一致，形成了以民营企业占绝对主体、少数国有企业和极少外资企业共存的现状。前20强养猪企业中，18家均为民营企业，国有企业（中粮集团有限公司）和外资企业（正大集团）各1家，民营企业占比达到了90%。我国89家生猪育种核心场中，85家为民营企业，占比为95.5%；国有企业有3家，占比为3.4%；外资企业1家（正大集团），占比为1.1%。但国际上前三大专业化育种公司，PIC、海波尔、托佩克对我国生猪种业、产业的影响仍较大，一些大型生猪养殖企业如新希望集团有限公司、云南神农农业产业集团股份有限公司等种源供应仍依赖于PIC。

第三章 种猪企业发展

一、总体状况

根据《农业农村部关于印发新一轮全国畜禽遗传改良计划的通知》，目前全国共有89家企业入选国家生猪核心育种场和4家企业入选国家核心种公猪站。本章分析所采用的育种数据来自现国家核心场上传数据中的89家包含杜洛克猪、长白猪和大白猪3个品种的165 585头核心群体数据，生猪产业分析所采用的数据来自2020年5月农业农村部畜牧兽医局和全国畜牧总站发布的《生猪产业基础数据手册》。

二、核心育种场和种公猪站概况

（一）国家生猪核心育种场与核心种公猪站变动情况

现有89家国家生猪核心育种场和4家核心种公猪站。全国共计23个省（区、市）具有国家核心场。表1-6中所列母猪存栏量以2021年末实际存栏母猪数计算。截至2021年底，仍有黑龙江、山西、辽宁、吉林、贵州等省（区）无国家核心场（港澳台除外）。

表1-6 各省份国家生猪核心育种场分布情况汇总

省份	核心场数量（家）	杜洛克存栏量（头）	长白存栏量（头）	大白存栏量（头）	分属大区
广东省	9	4 078	7 077	6 347	中南区

（续表）

省份	核心场数量（家）	杜洛克存栏量（头）	长白存栏量（头）	大白存栏量（头）	分属大区
山东	9	1 128	869	7 101	东部区
四川	8	1 827	3 716	10 263	西南区
湖北	8	1 356	1 083	10 501	西南区
福建	7	1 580	1 276	8 099	中南区
河南	6	3 454	2 605	7 177	东部区
安徽	6	781	1 389	6 024	东部区
广西	5	1 425	4 124	7 866	中南区
江西	4	852	1 817	5 801	中南区
湖南	4	794	1 414	5 330	中南区
河北	4	58	1 707	3 121	北部区
北京	3	920	1 629	5 884	北部区
上海	2	385	243	3 920	东部区
江苏	2	39	51	3 505	东部区
云南	2	180	277	2 017	西南区
浙江	2	0	600	256	东部区
天津	2	7	1 732	27	北部区
内蒙古	1	845	1 202	5 007	北部区
新疆	1	382	496	1 948	西北区
海南	1	68	268	1 590	中南区
甘肃	1	405	615	1 245	西北区
陕西	1	0	0	1 078	西北区
重庆	1	63	156	827	西南区

（二）各区域国家核心场数目和辐射情况

农业农村部自2021年5月1日起在全国范围开始试行《非洲猪瘟等重大动物疫病分区防控工作方案（试行）》，这一政策必然会对未来的生猪产业带来巨大影响，方案将全国划分为5个大区开展分区防控。具体分区如下。

北部区。包括北京、天津、河北、内蒙古、吉林、黑龙江等8省（区、市）。

东部区。包括上海、江苏、浙江、安徽、山东、河南等6省（市）。

中南区。包括福建、江西、湖南、广东、广西、海南等6省（区）。

西南区。包括湖北、重庆、四川、云南、西藏等6省（区、市）。

西北区。包括陕西、甘肃、青海、宁夏、新疆等5省（区）和新疆生产建设兵团。

按照大区划分结果，目前北部区共有10家核心育种场，东部区27家核心育种场，中南区30家核心育种场，西南区19家核心育种场，西北区3家核心育种场。不同区域核心育种场不同品种2021年末存栏情况如表1-7所示。

表1-7　各大区国家生猪核心育种场分布和不同品种存栏量情况

大区	核心育种场数量（家）	杜洛克存栏量（头）	长白存栏量（头）	大白存栏量（头）
中南区	30	8 797	15 976	35 033
东部区	27	5 787	5 757	27 983
西南区	19	3 426	5 618	24 660
北部区	10	2 014	6 795	17 570
西北区	3	787	1 111	4 271

将各大区的存栏情况和各省的存栏情况结合在一起考虑，可以看到各省核心群在不同大区中的群体占比和全国占比，将三个品种的群体分开分析，分省情况如图1-30至图1-32所示，分区情况如图1-33至图1-35所示。

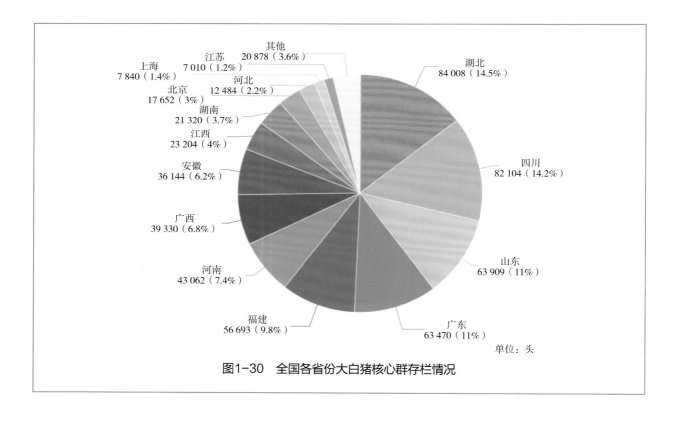

图1-30　全国各省份大白猪核心群存栏情况

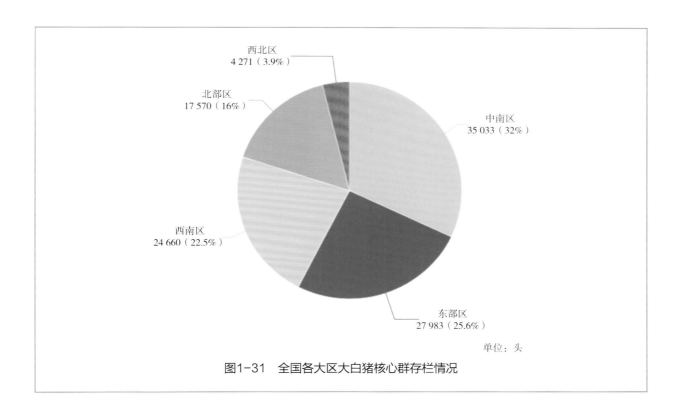

单位：头

图1-31　全国各大区大白猪核心群存栏情况

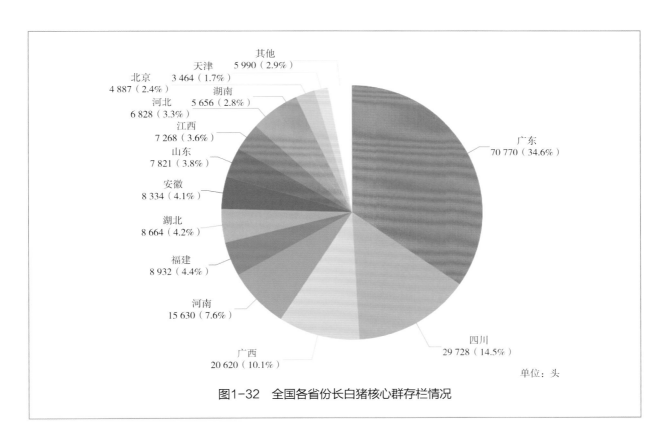

单位：头

图1-32　全国各省份长白猪核心群存栏情况

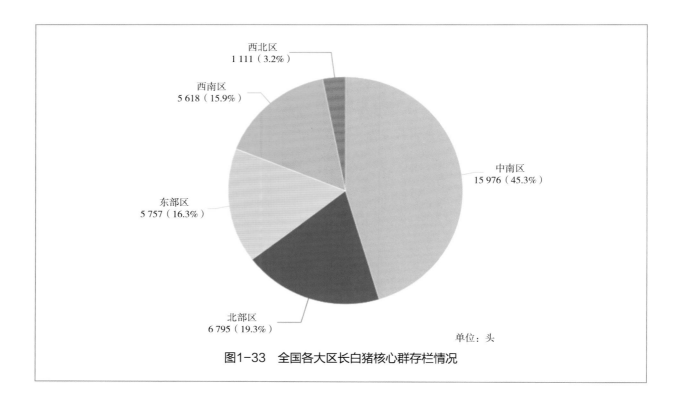

图1-33　全国各大区长白猪核心群存栏情况

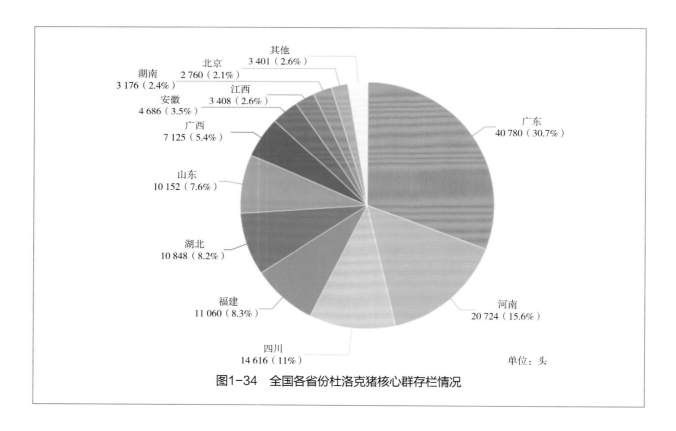

图1-34　全国各省份杜洛克猪核心群存栏情况

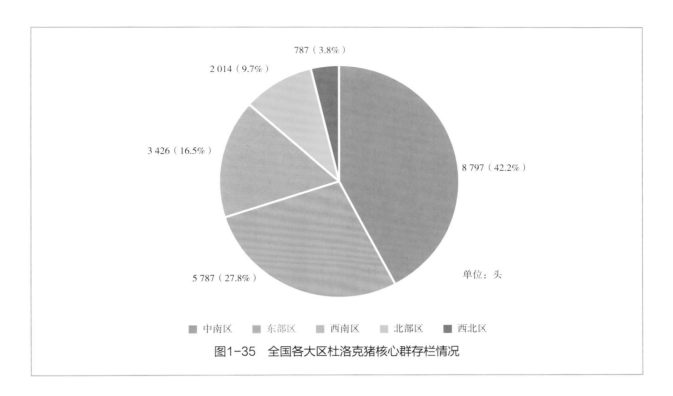

图1-35　全国各大区杜洛克猪核心群存栏情况

（三）原种核心群和产业匹配情况

1. 各群体规模匹配测算

（1）大白猪群体需求规模

按照全国年出栏6亿头商品猪，以父母代扩繁系数为20计算，则需要父母代（二元杂母猪）3 000万头，以祖代扩繁系数为8计算，则需要祖代群体375万头，以曾祖代（核心群）扩繁系数为5计算，则需要曾祖代群体75万头大白猪核心群。折算比例为每800头商品猪需要对应1头曾祖代大白猪，为父母代群体数量的2.5%（图1-36）。

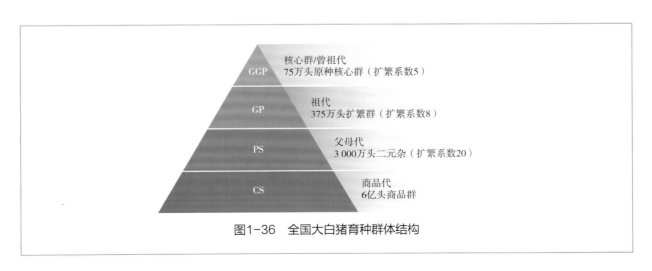

图1-36　全国大白猪育种群体结构

（2）长白猪群体需求规模

按照全国年出栏6亿头商品猪，以父母代扩繁系数为20计算，则需要父母代（二元杂母猪）3 000万头，以祖代扩繁系数为8计算，则需要祖代群体375万头，长白猪群体主要为繁殖二元群体提供公猪精液，375万头母猪按照100∶1的配比需要3.75万头长白猪核心群。折算比例为每16 000头商品猪需要对应1头祖代长白猪，为父母代群体数量的0.125%（图1-37）。

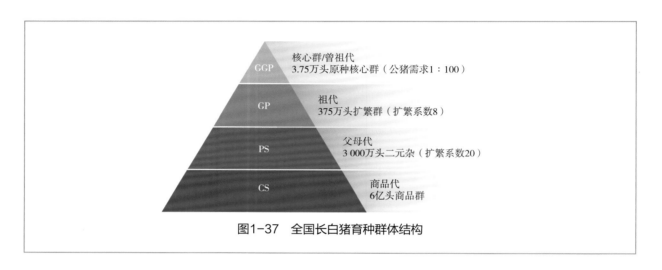

图1-37　全国长白猪育种群体结构

（3）杜洛克猪群体需求规模

按照全国年出栏6亿头商品猪，以父母代扩繁系数为20计算，则需要父母代（二元杂母猪）3 000万头，杜洛克猪主要作为终端父本为繁殖商品群体提供公猪精液，3 000万头二元母猪按照100∶1的配比需要30万头杜洛克猪生产群。按照扩繁系数5计算，则需要核心群6万头，折算比例为每10 000头商品猪需要对应1头祖代杜洛克猪，为父母代群体数量的0.2%（图1-38）。

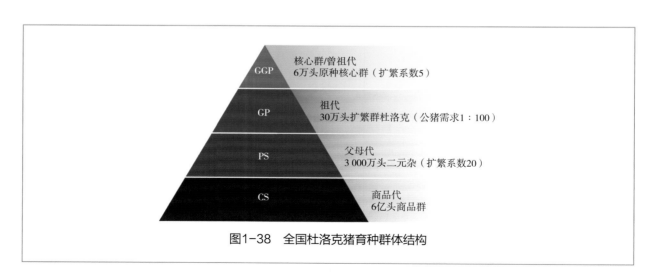

图1-38　全国杜洛克猪育种群体结构

三个群体的合理比例和目前的差值见表1-8，按照上述比例计算，目前我国长白种猪核心群体规模基本满足需要，大白猪群体的理论差值达到64万头，杜洛克猪按比例计算尚有接近4万头核心育种群体的缺口，需要扩大到现有群体的3倍左右，杜洛克公猪作为终端父本，可以很大程度上提高终端商品猪的综合养殖效益，所以应该加强种公猪站和高品质终端父本场建设，并强化引导终端种公猪（不局限于杜洛克品种）的选育。

表1-8　全国生猪育种群体结构比例计算和差值

群体种类	杜洛克猪	长白猪	大白猪
原种存栏量（头）	20 811	35 257	109 517
父母代存栏量（头）	30 000 000	30 000 000	30 000 000
比例（%）	0.07	0.12	0.37
推算合理比例（%）	0.20	0.13	2.50
理论差值（头）	39 189	2 243	640 483

2. 各省份种猪群体结构分析

我国幅员辽阔，各地环境气候差异大，生产工艺、模式和生产水平存在巨大差异。除了对全国数据分析外，还需要考虑各省份的原种群体与生猪出栏规模的对应比例问题。

结合数据分析结果来看（图1-39至图1-41），除了北京和上海这种非主产区外，生猪年出栏量超过1 000万头的省份中仅有广东的原种企业规模结构比例较为合理，广东作为全国拥有核心育种场最多的省份，并且这些育种场的规模和群体结构相对科学。这些育种发展得较好省份的育种企业除坚持做好育种之外，还应该考虑如何高效率地推广优良基因和加强遗传交流，以提高本区域的整体生产水平。

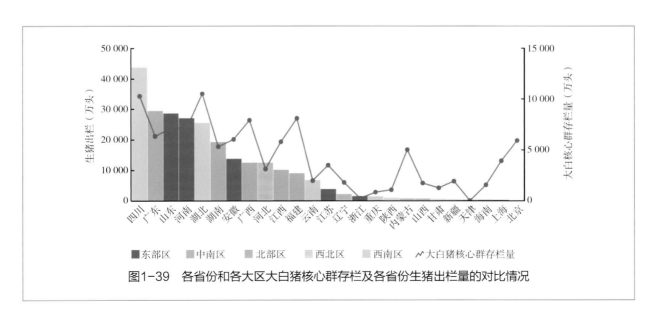

图1-39　各省份和各大区大白猪核心群存栏及各省份生猪出栏量的对比情况

　　建立以区域性公猪站为核心的高效良繁体系，形成区域性联合育种体系是一条有效的途径。而对于育种相对落后省份的问题就有所区别，应该优先解决企业育种群体的结构不合理问题。以福建为例，福建的育种企业大白群体的饲养量是合理需求数量的3倍，这势必会造成省内育种企业竞争压力大。这样的地区应该加强选择强度和考评，调整优化群体结构，减少遗传品种低的群体。

　　作为生猪出栏大省的四川，虽然拥有8家国家级核心育种场，但是由于出栏量巨大，其核心育种群体还远远不能满足省内需要。对于这类的省份还需要进一步加强高水平核心育种场和公猪站的建设。

　　在全国出栏量超过1 000万头的省份里，吉林和黑龙江均没有国家级核心育种场。只是因为属于北部区，周围强有力的核心育种场较多，整体北部区的核心群缺口可控，但是与四川省一样，杜洛克等优质种公猪的终端父本完全不能满足地区需求。

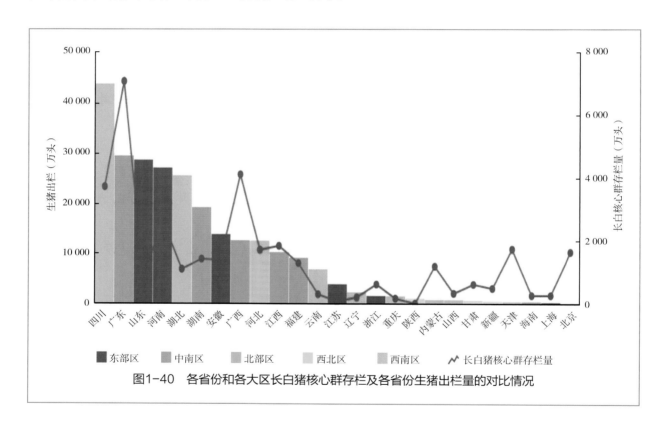

图1-40　各省份和各大区长白猪核心群存栏及各省份生猪出栏量的对比情况

　　相较而言，西南区的问题比较严重。除了湖南有部分群体可以供给其他省份以外，四川目前基本只是自给自足。云南以3 423万头商品猪出栏量排名全国第四，排名前三的四川、河南、湖南都是种猪群体自给自足的大省。整个西南区内，云南、贵州、重庆匹配的核心育种场完全无法满足自身需求，无论是哪个品种的原种群体都还有很大的需求量。对于这些区域应该鼓励建设核心育种场，提高种源自给水平。

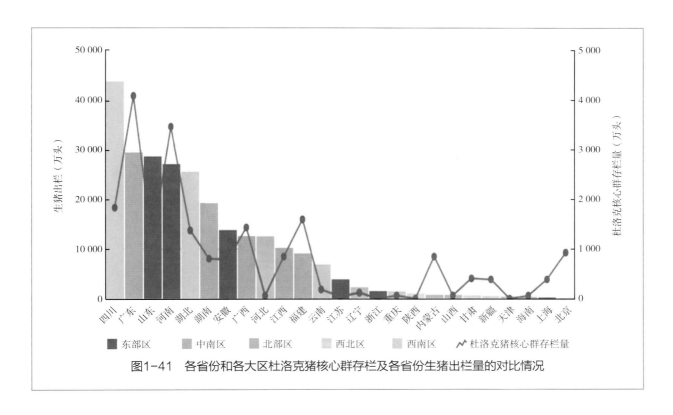

图1-41　各省份和各大区杜洛克猪核心群存栏及各省份生猪出栏量的对比情况

3. 测定数量分析

　　育种的效果来源于大规模的种群和大规模的测定，两者缺一不可，只看核心群存栏规模，并不能反映企业的育种水平。育种领先的国家核心群往往开展全群测定工作，年测定量达到存栏量的20倍以上。将全国89家外种猪核心育种按照存栏规模进行排序，按每胎1公2母留种测定的要求，年测定量为存栏量6倍以上作为标准，1—5月应该完成平均存栏量2.5倍的测定量。对全国大白猪核心群排名前10的企业进行统计，没有企业完成6倍测定量的要求。这样核心群的规模效应将大打折扣，企业应该进一步考虑如何扩大测定规模，加大选留比例，而不是单纯强调种猪的群体规模。失去测定比例和选择强度的种群大小对于育种毫无意义（表1-9）。

表1-9　大白猪核心群存栏列前10的育种场2022年1—5月测定数量

公司名称	大白猪母猪国家核心场存栏量（头）	1—5月累计测定量（头）	测定比例（%）	按照1∶6应完成的测定数量（头）
赤峰家育种猪生态科技集团有限公司	5 007	4 355	0.86	12 517.5
广西农垦永新畜牧集团有限公司良圻原种猪场	4 292	1 656	0.38	10 730
北京中育种猪有限责任公司	3 883	2 515	0.64	9 707.5
湖北省正嘉原种猪场有限公司桑梓湖种猪场	2 685	2 334	0.86	6 712.5

（续表）

公司名称	大白猪母猪国家核心场存栏量（头）	1—5月累计测定量（头）	测定比例（%）	按照1：6应完成的测定数量（头）
四川天兆猪业股份有限公司	2 635	258	0.09	6 587.5
江苏省永康农牧科技有限公司	2 491	4 581	1.8	6 227.5
武汉市江夏区金龙畜禽有限责任公司	2 456	3 394	1.38	6 140
光明农牧科技有限公司	2 375	3 053	1.28	5 937.5
江西省原种猪场有限公司吉安分公司	2 221	2 501	1.12	5 552.5
牧原食品股份有限公司	2 105	4 154	1.97	5 262.5

4. 按照满足测定要求的比例排序

按照完成测定比例的情况对全国入选国家级核心育种场进行排名，满足6倍测定比例的企业全国仅有14家（表1-10）。

表1-10 满足6倍测定比例的企业

公司名称	大白猪母猪国家核心场存栏量（头）	1—5月累计测定量（头）	测定比例（%）	按照1：6应完成的测定数量（头）
河南省诸美种猪育种集团有限公司	616	3 535	5.74	1 540
山东省日照原种猪场	932	3 630	3.89	2 330
史记种猪育种（马鞍山）有限公司池州分公司	999	3 516	3.52	2 497.5
山东华特希尔育种有限公司	962	3 362	3.49	2 405
河南省黄泛区鑫欣牧业股份有限公司	835	2 900	3.47	2 087.5
中道农牧有限公司	618	2 144	3.47	1 545
临沂新程金锣牧业有限公司	645	2 217	3.44	1 612.5
南平市一春种猪育种有限公司	1 204	4 124	3.43	3 010
菏泽宏兴原种猪繁育有限公司	775	2 327	3.00	1 937.5
重庆市六九原种猪场有限公司	827	2 461	2.98	2 067.5
江苏康乐农牧有限公司	1 014	2 914	2.87	2 535
安徽长风农牧科技有限公司	1 046	2 926	2.80	2 615
浠水长流牧业有限公司	729	1 993	2.73	1 822.5
安徽大自然种猪股份有限公司	845	2 246	2.66	2 112.5

（四）国家生猪核心育种场生产性能情况

1. 存栏情况

2022年1—5月，国家核心场大白猪母猪平均存栏数为109 512头，长白猪母猪平均存栏36 254头，杜洛克猪母猪平均存栏20 756头。

2. 种猪生长性能统计

针对国家生猪核心育种场种猪生长性能数据分析，通过2022年1—5月的平均性能遴选出各个品种全国排名前10%的核心场（表1-11）。

表1-11　1—5月核心场不同品种主要生长性能一览表

品种	性别	最好10%		平均性能	
		校正达100千克体重日龄（天）	校正至100千克体重背膘厚（毫米）	校正达100千克体重日龄（天）	校正至100千克体重背膘厚（毫米）
杜洛克	公	146.00	8.27	156.19	10.27
	母	148.80	8.40	159.25	10.49
长白	公	149.76	13.04	164.44	10.80
	母	147.47	12.63	161.49	10.69
大白	公	147.52	12.54	160.57	10.71
	母	149.53	13.43	164.40	10.99

3. 种猪繁殖性能

针对国家生猪核心育种场种猪繁殖性能数据分析，通过2022年1—5月的平均性能遴选出各个品种全国排名前10%的核心场（表1-12）。

表1-12　1—5月核心场不同品种繁殖性能一览表

品种	最好10%		平均性能	
	总产仔数（头）	活产仔数（头）	总产仔数（头）	活产仔数（头）
杜洛克	11.92	11.17	9.44	8.50
长白	14.96	13.62	13.16	11.86
大白	15.82	14.24	13.10	11.51

（五）联合遗传评估分析

2021年，全国各核心育种场间平均群体关联率为0.52%，其中大白猪为0.74%，长白猪为0.45%，杜洛克猪为0.38%。图1-42至图1-44展示了各品种之间的遗传关联情况。其中，红色代表高度遗传关联，蓝色代表无遗传关联。我国三个品种不同核心场之前总体关联水平偏低，但局部区域

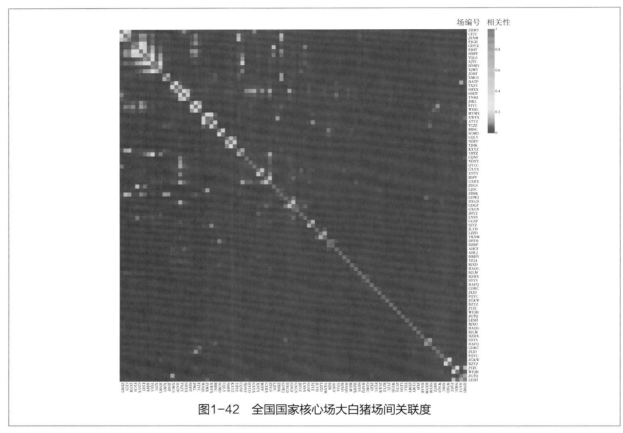

图1-42　全国国家核心场大白猪场间关联度

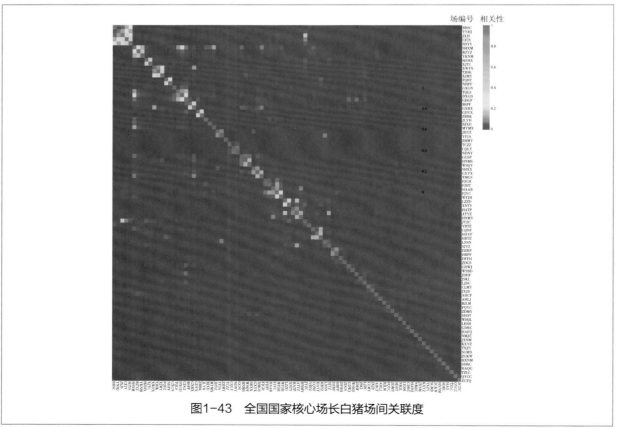

图1-43　全国国家核心场长白猪场间关联度

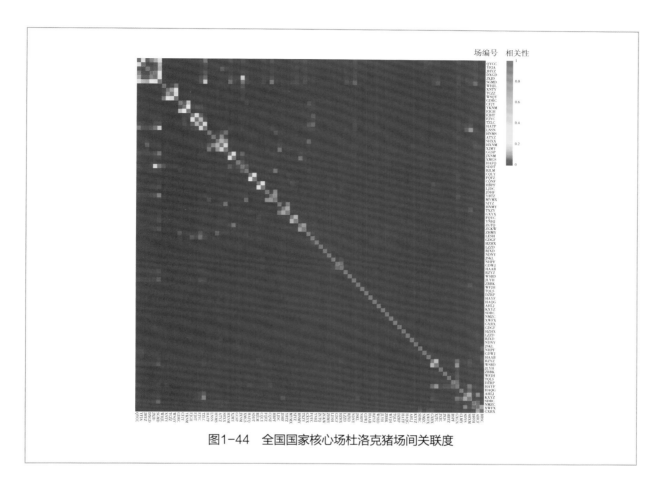

图1-44　全国国家核心场杜洛克猪场间关联度

的部分核心场之间已逐步形成较强的关联群，其中，大白猪已初步形成多个关联群，整体的场间关联度高于长白猪和杜洛克猪。未来，我国仍需依托国家生猪遗传改良计划和国家核心公猪站，加快不同核心场的遗传交流，快速提升核心场的遗传关联水平。

三、生猪育种机制

（一）生猪育种机制现状

全球种猪育种体系主要分为两种类型，一种是联合育种体系，在联合育种体系中，会员企业进行不同公司间的联合遗传评估及育种，联合育种体系又可按照是否有政府介入分为有政府介入的联合育种体系和无政府介入的民间联合育种体系，其中丹麦的丹育（DanBred）和荷兰的托佩克（Topigs）都是政府介入的联合育种体系的典型代表，而美国国家种猪登记协会（NSR）和加拿大种猪改良中心（CCSI）则是民间联合育种体系的典型代表。除了联合育种体系外，还有一种封闭式育种体系，即为以PIC为代表大型专业化的育种公司，这种专业育种公司一般在全球范围内实行联合育种。目前这两种育种体系，都产生了优秀的种猪繁育组织/公司。

从生产类型看，我国种猪企业包括独立育种场、"育繁推"一体化和专业化育种公司三种形式，受规模化、产业化等因素影响，独立育种场呈下降趋势，但目前仍是中小规模养殖场的主要种猪供应者；"育繁推"一体化企业发展迅速，正逐步成为未来主流的生产模式。"育繁推"一体化企业选育的种猪主要用于集团公司内部的供种，由于公司内部采用统一的疫病免疫和生物安全防控措施，内部供种的生物安全优势远远高于外部引种。目前，我国基础母猪存栏超过10万头的前20强企业100%均采用了一体化生产模式；母猪存栏超过3万头的前50强企业有44家采用了一体化生产模式，占比达到了88%。同时，在种猪产品利润相对稳定等因素影响下，一些传统的专业化育种场，比如北京中育种猪有限责任公司、佳和农牧股份有限公司等，正逐步实施全国布局，向专业化育种公司迈进。未来，我国的大规模集团养殖企业，将以"育繁推"一体化模式为主、专业化育种公司种猪定制为辅，中小规模养殖企业（场）仍主要依赖独立育种场、专业化育种公司供种，随着国家种业振兴、种猪场部分垂直疾病强制净化等重大行动的推进，预计会出现一些超大型的专业化育种公司，呈现专业化分工的趋势。

从资本类型看，我国种猪企业的资本类型与我国生猪养殖企业的资本类型一致，形成了以民营企业占绝对主体、少数国有企业和极少外资企业共存的现状。前20强养猪企业中，18家均为民营企业，国有企业（中粮集团）和外资企业（正大集团）各1家，民营企业占比达到了90%。国家生猪育种核心场中，民营企业占95.5%；国有企业有3家，占比为3.4%；外资企业1家（正大集团），占比为1.1%。但国际上前三大专业化育种公司，英国PIC种猪改良国际集团、荷兰海波尔种猪公司、荷兰托佩克国际种猪公司对我国生猪种业、产业的影响仍较大，一些大型生猪养殖企业如新希望集团有限公司、云南神农农业产业集团股份有限公司等种源供应仍依赖于PIC。

（二）主要成效

2021年是我国生猪育种的关键一年，国家密集出台多份种业振兴相关文件。主要成效体现在以下方面。

1. 全国性畜禽遗传资源普查

根据《国务院办公厅关于加强农业种质资源保护与利用的意见》，按照《全国农业种质资源调查总体方案（2021—2023年）》要求，制订了《第三次全国畜禽遗传资源调查实施方案（2021—2023年）》，成立了国家、省级资源普查专家组，全国畜牧总站负责组织实施第三次全国畜禽遗传资源调查工作。主要目标是利用3年时间，摸清生猪遗传资源的群体数量，科学评估其特征特性和生产性能的变化情况，发掘鉴定一批新资源，保护好珍稀濒危资源，实现应收尽收、应保尽保。2021年，完成了全部遗传资源的数量、生态学分布、品种特征等普查工作，对主要的地方猪种资源进行采样、拍照等，根据不同猪种的情况，制订了相应的性能测定与精准鉴评方案，资源普查工作取得初步成效。

2. 种业振兴方案出台

2021年7月9日，由习近平总书记主持召开的中央全面深化改革委员会第二十次会议审议通过了《种业振兴行动方案》，提出了实施种质资源保护利用、创新攻关、企业扶优、基地提升、市场净化等五大行动，强调把种源安全提升到关系国家安全的战略高度，集中力量破难题、补短板、强优势、控风险，实现种业科技自立自强、种源自主可控。农业农村部唐仁健部长表示，这次中央颁布的《种业振兴行动方案》，是继1962年出台加强种子工作的决定后，再次对种业发展作出重要部署。该行动方案明确了实现种业科技自立自强、种源自主可控的总目标，提出了种业振兴的指导思想、基本原则、重点任务和保障措施等一揽子安排，为打好种业翻身仗、推动我国由种业大国向种业强国迈进提供了路线图、任务书。广东、四川等省相继出台了各自的种业振兴方案，这是国家畜禽种业的重大事件，也将成为指导我国未来育种的纲领性文件。

3. 新一轮全国生猪遗传改良计划颁布

2021年4月，农业农村部发布《全国生猪遗传改良计划（2021—2035年）》，提出了立足"十四五"、面向2035年推进生猪种业高质量发展的主攻方向，是确保我国生猪种源自主可控、实现种业振兴的一项关键之举。全国畜禽遗传改良计划领导小组办公室组织编制了《全国畜禽遗传改良计划实施管理办法》和生猪等畜种国家核心育种场管理办法，全面修订了核心育种场生产性能测定技术规范和配套管理表格。同时在全国范围开展系列培训，详细解读了新一轮生猪遗传改良计划的目标任务和技术路线，为新形势下全面实施新一轮生猪遗传改良计划提供了技术支撑。

4. 夯实育种基础，完善育种体系

2021年根据新一轮全国生猪遗传改良计划的要求，对国家核心育种场进行动态监测，北京六马科技股份有限公司等23家企业通过核验（有效期5年），重庆南方金山谷农牧有限公司未通过核验，被取消资格。核心场数量达到89家、核心种公猪站为4家，以政府引导、市场驱动和产学研密切合作的品种创新机制基本形成。

《国家生猪核心育种场年度遗传评估报告》（2021年）表明，自2010年，累计新增国家核心场105家、取消核心场16家。2021年末国家核心育种场母猪存栏157 470头，同比上升8.46%，恢复到非洲猪瘟发生前2017年的核心群数量，其中大白猪存栏105 184头，占比66.80%；长白猪存栏31 937头，占比20.28%；杜洛克猪存栏20 349头，占比12.92%，核心群种猪群体结构进一步得到优化。国家核心育种场平均测定率为34.57%，全国公猪平均留种率为11.19%，母猪平均留种率为41.81%；种公猪平均配种月龄为27.30月，母猪平均繁殖胎次为2.18胎次。当年新增生长性能测定数据542 107条，其中公猪测定数据172 132条，母猪测定数据369 975条，新增173 606头母猪的繁殖记录272 988条，累计芯片测定数据58 095条。核心群种猪生长性能持续提高，全国平均达100千克校正日龄缩短1.08天，核心群种猪繁殖性能稳中有升，全国平均产仔数提高0.05头。以国家生猪核心场为主，每天进行实时遗传评估，每月发布一次性能测定数据质量报告，由全国畜牧总站每季度发布1期《全国种猪遗传评估报告》，2021年共发布4期。

同时，对国家核心育种场的系谱信息、性能测定成绩等进行综合评价，对系谱的完整性、错误率进行了全面核查，通过性能数据的正态性检验，主选3个性状总体均符合正态分布。数据质量基本有保障。

5. 育种创新能力不断提升

2021年由四川省畜牧科学研究院牵头培育的川乡黑猪、湖北农业科学院牵头培育的硒都黑猪通过国家审定，取得突破性进展。为减少母猪场后备种猪从外部更新引进存在的非洲猪瘟传播风险，构建"祖代+父母代"内部循环的种群更新方式，建立基于种公猪站精液传递为主的新种猪繁育体系。由湖南湘猪科技有限公司、广东谷越科技有限公司、广西农垦永新畜牧集团有限公司、上海祥欣畜禽有限公司、河南精旺猪种改良有限公司、天邦食品股份有限公司、福建傲农生物科技集团股份有限公司为发起单位，成立国家种公猪站联合体。该联合体通过建立种公猪站建设及精液产品标准，建立以种公猪站为纽带的种猪育种体系，构建了种猪育种大数据平台，目前活跃母猪达到170万头，完善种猪遗传资源的共享机制，推行种猪联合育种新模式，使种猪持续选育提高，促进我国生猪产业的高质量发展。

此外，近10年我国年平均进口种猪约1万头，核心种源自给率达到了94%，我国核心育种场种源至少辐射了220万头母猪的扩繁群以及至少4亿头商品猪（占全国出栏量的60%），供种能力能够有效保障产业的供种需求。

（三）问题与困难

在政府的驱动与组织下，我国生猪种业企业的积极性大幅提高，广东、四川等省先后成立省级畜禽种业集团，广东温氏食品集团股份有限公司、福建傲农集团等诸多企业纷纷成立独立的种业集团，国家也在积极谋划国家畜禽种业集团等事宜。归纳2021年生猪种业，存在的主要问题与困难如下。

1. 区域性育种体系不明确

包括企业在内，新成立的种业集团均对育种体系设计不清晰，如何组建育种群、规划繁育体系、开展性能测定与持续选育、资源共享、数据共享等育种体系的细节不明确，导致组织的空心化现象。多数育种企业主要精力仍是通过引进品种扩繁，并没把精力放在品种选育上。

2. 疾病影响仍不可忽视

2021年共报告发生家猪疫情15起，大多与生猪调运有关。田间非洲猪瘟病毒呈现毒株的多样性和复杂性，加大了非洲猪瘟防控的难度。猪繁殖与呼吸综合征和猪流行性腹泻在部分地区流行面较广，是影响养猪生产效益的主要疫病。前者造成母猪流产和保育猪的高死淘率，后者引起哺乳仔猪高死亡率。猪格拉瑟病和猪传染性胸膜肺炎是影响养猪生产的主要细菌性疫病，造成高发病率和高死亡率，药物预防和免疫预防效果不佳。因抗生素限制使用，猪场的细菌病发生呈现抬头趋势，特别是一些条件性致病菌引起的临床疾病（如巴氏杆菌病）。养殖密度增加导致生物安全风险和疫病发生的风险加大，尤其是立体式养殖模式（楼房养猪），给疫病防控带来压力。部分种猪场受疫病的影响，导致种猪选育过程不断被中断，举步维艰。

3. 价格大幅下跌一定程度上打击育种积极性

2021年1月6日全国活猪平均价格为36.94元/千克，2021年10月6日跌至10.63元/千克，每千克下跌26.31元，跌幅达到71.22%，创2019年4月以来新低。虽然10月中旬以来猪价有所反弹，但截至12月末，猪价又跌回至16.0元/千克成本线附近。价格的大幅下跌，育种企业面临巨大经营与资金链压力，包括部分上市猪企亏损严重，甚至出现部分企业通过降薪、缓薪、裁员等方式，来应对行业寒冬。育种场面临人才流失、育种工作状态低落、数据记录不系统等现象。

4. 时刻警惕环保风险

随着国家加大畜禽粪污治理力度，粪污处理达标排放标准越来越高，企业承受压力大。2021年国家碳达峰、碳中和的启动，畜牧业绿色高质量发展对粪污工业化处理水平和种养结合提出更高要求，急需低成本、低排放粪便处理技术。环保问题始终是悬在养猪企业头上的一把利剑，随时可能导致生态风险。在生猪产能持续恢复之后，环保问题将再次受到重视，养猪人一定要提前做好准备。

5. 育种效率仍处于较低水平

受疾病、养殖环境、投入等多因素影响，我国种猪的生长发育、繁殖等主要经济性能低于国外养猪发达国家（表1-13），育种资源分散、各自为政、种猪拿来主义思想等导致育种效率低下，国外引进的优秀种猪一方面只应用于公司内部生产，另一方面对持续选育提高缺乏动力，单纯希望通过快速种猪销售实现引种费回笼。

表1-13　我国种猪生产性能与发达国家对比

国家或地区	MSY（头）	PSY（头）	LFY（次）	ADG（克/天）	FCR
中国（试验站）	22.27	24.82	2.29	809	2.65
中国（平均）	15.45	—	—	676	3.06
丹麦	31.26	33.29	2.28	971	2.66
法国	26.41	28.19	2.37	815	2.72
德国	27.96	29.66	2.33	832	2.81
英国	24.09	25.75	2.29	833	2.86
美国	24.15	26.43	2.44	857	2.71
欧盟	26.20	27.79	2.30	819	2.83

注：1. 表中数据来源于全国畜牧总站王宗礼站长2020年7月在广东生猪产业创新发展大会上所做报告《全国畜禽遗传改良计划介绍》。

2. MSY指每头母猪年提供上市肥猪数量，PSY指每头母猪年提供断奶仔猪数量，LFY指母猪年产胎次，ADG指育肥期日增重，FCR指育肥期料肉比。

（四）集团化种猪育种企业

从市场集中度看，生猪种业集中度在不断提升。我国126家生猪百强企业中，有41家企业拥有国家核心育种场，累计拥有51家核心育种场，占国家核心场总数的57.3%，且有7家企业拥有2家或以上的核心场。根据种猪的繁殖性能（总产仔数）统计，2021年繁殖性能排名前20名（平均总产仔数≥13.4头）的国家核心场，100%全部来自生猪百强企业。另外，126个百强企业基础母猪存栏量排名前30%的企业中，核心场所在企业占比70%。基础母猪存栏前30%的37家企业，合计拥有26家核心场，核心场的核心群存栏8万头，占国家核心场核心群存栏总量的51.2%。可见，生猪百强企业的育种基础和育种能力均处于全国领先水平，已经成为当前我国生猪种业的排头兵和主体地位。

1. 牧原食品股份有限公司

该集团拥有1个国家生猪核心育种场，8个二元扩繁场，曾祖代核心群超过15 000头，年可供后备母猪超过50万头，纯种猪超过30万头，满足不同客户对高价值种猪的需求。公司现拥有专业育种人员800余人，以及国际先进的BLUP评估软件，专业的肉质检测等设备，可对商品猪的肉色、pH值、剪切力、滴水损失等方面进行检测；年测定纯种猪2.5万头以上，测定父母代种猪8万头以上，商品猪肉质测定1 000头以上，自有300余个猪场，超过1 000万头猪的数据，确保后代商品猪经济效益最大化。

2. 广东中芯种业科技有限公司

广东中芯种业科技有限公司成立于2021年9月13日，注册地位于广州市南沙区，其前身为广东温氏食品集团股份有限公司种猪事业部。目前有30多个现代化育种基地和高标准区域公猪站，分布于全国11个省份，种猪覆盖全国生猪主产区。拥有五大品种12个品系，核心群种猪约1.2万头，纯种扩繁种猪约2万头，具备年产50万头纯种猪的生产能力。建成世界最大的瘦肉型猪种质资源库，配套建有克隆实验室、分子育种实验室、基因工程实验室、冻精实验室以及配套的试验场，建立了一支博士（12人）、硕士（38人）、本科生（160余人）、国内知名专家（20多名）担任技术顾问组成的育种技术人才团队。

3. 福建傲农生物科技股份有限公司

该公司自2014年开始从事生猪养殖业务，一直按照"先发展育种、再发展商品母猪、最后发展育肥配套"的规划推进发展，公司构建完善的种猪育种体系，分别于2018年11月进口1 000头加系原种猪、2020年1月进口1 000头丹系原种猪，目前育种工作已基本达到未来出栏1 000万头生猪目标的配套需要。截至目前，公司已投产4个曾祖代种猪养殖基地、9个祖代种猪场以及2个公猪站，拥有优质高水平曾祖代核心群7 000多头，足量的优质高产种源确保公司生产经营所需的种猪内部供应充足并可对外销售。

4. 广西扬翔股份有限公司

该公司是国内最大的种猪精液生产、销售公司，公司育种业务经过10多年的积累，目前处于领先地位。扬翔拥有专业的育种团队负责育种方案制定、种猪性能测定、血统档案记录、遗传评估、精准选配等一系列育种公司，形成了成熟的育种体系。扬翔与战略合作伙伴共同研发数字化育种体系和基因组育种相关技术，并已应用到实际生产中。数字化育种是在高质量数据库基础上，以种猪选配计划吻合度、种公猪配种均衡度、种猪性能测定均衡度、种猪选留频率等指标来量化种猪育种效率，标准化了种猪育种流程。在基因组育种技术方面，扬翔拥有基于基因组数据的遗传评估技术（更为精准、高效地对生猪遗传属性进行评估，保证种猪群优质的遗传属性）和选配技术（依据母猪的基因组信息，给出最优的种公猪列表，有效提升商品代猪群的生长速度等性能表现）。扬翔生猪养殖过程中PSY（代表"多生"）、存活率（代表"少死"）、料肉比（代表"快长"）等生产指标在行业中处于领先位置。

5. 湖南佳和农牧股份有限公司

该公司坚持以生猪育种和种猪生产为公司发展核心，目前是国内新丹系种猪生产规模最大的企业之一。全国生猪遗传改良报告表明，该公司核心场的大白、长白猪多年来窝均总仔数一直在全国近百家国家核心场排名中位居前三。通过多年育种实践，"数字化种猪育种关键技术研发与产业化应用"和"集团化猪场母猪高效生产综合技术研发与产业化应用"两个研发项目分别于2017年2月、2018年5月荣获广东省、湖南省科学技术进步奖。2021年10月18日，"2021年中国农民丰收节系列活动"全国种猪大赛（湖北赛区）暨第21届中国武汉种猪拍卖展销会与中国种猪产业发展论坛在华中农业大学国家种猪测定中心举行。佳和农牧股份有限公司以杜洛克公猪综合测定指数第一名荣获"猪王"称号。佳和农牧股份有限公司的长白和大白猪也收获了好成绩，长白种猪综合测定指数排名第二，大白种猪排名第四名。该公司现存栏母猪10万头，其中纯种大白、长白、杜洛克母猪约6万头，旗下有三个核心育种场（其中一个国家级生猪核心育种场）和2个专业化种公猪站，核心育种群母猪规模达到5 400头，种公猪1 200头，扩繁群母猪达到55 000头。10年来，公司累计已向行业提供高产型瘦肉型种猪超过100万头。

6. 新希望六和股份有限公司

该公司2007年开始筹建自己的育种体系，正式组建了育种公司，致力于实现产业链价值的最大化、平衡育种，打造具有自主知识产权的"猪芯片"。目前，集团能繁母猪存栏约为110万头，其中包括了20万头左右的祖代/曾祖代种猪。新希望六和种猪育种已建立有独立的育种体系，采用的是杜长大三元的模式，同时公司吸纳全球领先的技术、经营管理经验，开放式地进行育种，部分种群保持与国际先进育种公司长达10多年深度合作，在独立自主的育种体系之上，已经与PIC、海波尔分别在陕西和山东建立2家合资育种公司进行技术合作。公司根据国内南北方市场的差异，选择适合区域市场的猪种。

7. 天邦食品股份有限公司

该公司成立于1996年，2007年在深交所挂牌上市。2014年通过并购美国Agfeed中国资产，高起点进入生猪养殖业务，通过战略投资国际知名育种公司Choice Genetics，取得国际优秀种猪基因，目前母猪存栏约30万头。通过基因组选择、CT测定、大数据判断等育种技术及冷冻精液等繁殖技术奠定了全球先进的种猪育种能力；拥有种猪数字化精准饲喂、数字化繁殖育种的智能化猪场；核心场已被评选为国家级生猪核心育种场；面向不同客户需求，坚决落实"两驻三包四全"的服务举措，打通产品力、营销力、服务力三力营销，提供全面的种猪销售服务方案。

附录　生猪育种平台和机制

一、生猪育种平台

（一）科技部国家研发平台

1. 省部共建猪遗传改良与养殖技术国家重点实验室

省部共建猪遗传改良与养殖技术国家重点实验室2014年通过科技部组织的专家论证，依托江西农业大学建设，是我国生猪领域唯一的国家重点实验室。实验室拥有10 000米^{2}的两座科研大楼，仪器设备总资产7 000余万元。实验室固定成员中有中国科学院院士、发展中国家科学院院士、俄罗斯科学院外籍院士、国家杰出青年科学基金获得者1人，国家现代农业产业技术体系岗位科学家3人，科研团队是教育部、农业农村部、江西省科技创新团队。

实验室长期致力于家猪遗传改良的基础与应用基础研究。构建完成了完善的中国及世界地方猪种资源基因组DNA库和大规模资源家系、二花脸、莱芜猪、巴马香猪、杜长大商品猪实验群体以及全球唯一的家猪嵌合家系群体等多个重要遗传材料研究平台。在家猪数量性状基因位点的系统定位、中国地方猪种群体遗传学及种质特性的遗传评估、抗K88仔猪腹泻、肋骨数增加、酸肉改良、优化脂肪酸组成基因育种等领域取得了具有重要原创性的研究成果，在国际上率先创建了多肋、肉色、系水力、优质猪肉选育以及抗仔猪断奶前腹泻等多项专利，创制达到国际领先水平的基因芯片'中芯1号'，在全国24个生猪主产省份推广应用。先后获何梁何利基金科学与技术进步奖、国家技术发明奖二等奖和国家科学技术进步奖二等奖等省部级以上重要科技奖励8项。

2. 国家生猪种业工程技术研究中心

国家生猪种业工程技术研究中心于2013年4月获得科技部立项，依托于华南农业大学和广东温氏食品集团股份有限公司建设。中心现任主任为科技部中青年科技创新领军人才吴珍芳教授。中心现有使用面积1 500米^2，拥有完善的动物遗传学、分子生物学和基因组学研究设备，仪器设备价值1 600余万元。另有1个国家核心育种场、2个省级原种场及1个科研猪场作为育种基地。

中心致力于家猪数量性状遗传解析和猪功能基因的挖掘工作。近5年来，累计承担国家、省级等各级研究项目65项。收集保存了15个猪种质资源，组建了3万头母猪的育种基础群和纯繁群，建立了分子标记聚合、基因组选择、体细胞克隆和冷冻精液等育种方法，开展了10个专门化品系的选育，建立了3个配套系并实现了大规模的产业化。通过工程技术和种猪产品的大规模推广应用，建立了1 500万头商品猪的种源保障体系，年创社会总产值225亿元。先后获得了国家科学技术进步奖二等奖1项、全国农林牧渔丰收奖1项、广东省科学技术奖一等奖2项、广东省农业推广奖2项及大北农科技奖一等奖1项。

3.国家家畜工程技术研究中心

该中心是1996年由科技部批准组建的国家级工程技术研究中心，依托单位为华中农业大学和湖北农业科学院畜牧兽医研究所。中心现任主任为国家杰出青年科学基金获得者赵书红教授。中心现有固定人员69人，其中教授44人，副教授21人。中心在优质瘦肉猪新品种（系）培育与配套系组装、规模养猪现代工艺技术与管理、系列化饲料产品研制与开发、环境监测与控制、种猪质量检测等领域保持国内领先水平。"十二五"以来，获批各级各类研发项目经费1.49亿元，获得国家科学技术进步奖一等奖1项、二等奖2项，国家技术发明奖二等奖1项，省部级一等奖8项，二等奖5项。获得动物新品种2个、获批发明专利117项、实用新型专利10项、外观设计专利2项、软件著作权7项。制订国家标准9项、行业标准1项、团体/联盟标准20项。

4.国家生猪技术创新中心

国家生猪技术创新中心是科技部2021年批复，由重庆市科技局组织，重庆市畜牧科学院牵头，联合中国农业大学、中国农业科学院兰州兽医研究所、江西农业大学、中山大学、牧原食品股份有限公司等共建。实验室现任主任为刘作华研究员。中心总部位于重庆市畜牧科学院，在华北、西北、华东和华南布局4个分中心，在四川、广东、广西、河南、湖南、江西等生猪优势主产区建设6个示范站，共同发挥成果转化与试验示范作用。

该中心围绕落实国家科技创新重大战略任务部署，致力于生猪技术领域种质资源创新利用、绿色高效养殖、重大疫病防控三大关键核心技术攻关，建设生猪遗传育种与繁殖、生猪营养与饲料、生猪疫病防控、生猪养殖环境与工程、生猪大数据五大平台，为行业内企业提供技术创新与成果转化服务，提升我国生猪产业领域创新能力与核心竞争力。

（二）国家（地方联合）工程实验室

1.畜禽育种国家工程实验室

畜禽育种国家工程实验室于2008年11月由国家发展和改革委员会批复，依托中国农业大学建设。实验室现任主任为国家杰出青年科学基金获得者杨宁教授。实验室围绕提高畜禽良种培育技术水平和良种扩繁效率，开展大规模分子检测及标记、动物胚胎工程规模化生产与高效体细胞克隆、转基因育种等关键技术的研发，构建我国动物遗传资源利用、育种和繁殖产业化技术平台，加强与国内畜禽育种龙头企业的合作，开展相关产业关键技术攻关、重要技术标准研究制定，凝聚、培养产业急需的技术创新人才，加快畜禽良种培育新技术的产业化进程，提升国产品种的市场竞争能力。近年来，该实验室牵头组织的"动物种业前沿科技论坛"已连续举办11期，得到全国同行的广泛认可。

2.猪品种遗传改良国家地方联合工程实验室（重庆）

猪品种遗传改良国家地方联合工程实验室（重庆）于2011年11月由国家发展和改革委员会批复，依托重庆市畜牧科学院建设。实验室现任主任为刘作华研究员。实验室现有固定研究人员54人，实验室面积1 700米²，实验基地13 800米²，拥有各类仪器设备1 924台（套）。累计承担科技创新与开发项目32项，结题验收项目17项；获得省部级以上科技成果奖11项，其中，"荣昌猪品种资源保护与开发利用"项目获国家科学技术进步奖二等奖，"荣昌猪品种资源开发关键技术研究与产业化示范"项目获市科技进步奖一等奖；授权专利22项，授权版权1项，出版专著3部，发表论文60余篇。

3.种猪改良国家地方联合工程实验室

种猪改良国家地方联合工程实验室于2011年11月由国家发展和改革委员会批复，依托江西农业大学建设。该实验室与省部共建猪遗传改良与养殖技术国家重点实验室合署办公。

（三）农业农村部猪遗传育种及重要支撑技术实验室

1.农业农村部猪遗传育种重点开放实验室

农业农村部猪遗传育种重点开放实验室成立于1994年，依托华中农业大学建设。实验室现任主任为国家杰出青年科学基金获得者赵书红教授。实验室下设猪遗传育种、猪分子生物学、抗病育种三个分室。近3年，承担国家"973计划""863计划""948计划"、国家自然科学基金、国家科技攻关计划、国际合作项目、各部委项目等各种科研课题共80余项，发表论文和专著133篇（部），其中发表SCI论文50余篇；获奖成果3项，其中获得国家科学技术进步奖二等奖1项、湖北省科学技术进步奖二等奖1项，湖北省自然科学奖三等奖1项。申请专利17项，鉴定成果4项。

2.农业农村部养猪科学重点实验室

农业农村部养猪科学重点实验室是由动物遗传育种与繁殖和动物营养与饲料科学两个学科群联合共建的专业（区域）性实验室，依托重庆市畜牧科学院建设。实验室现任主任为刘作华研究员。实验室现有面积3 500米^2，拥有仪器设备510台（套），价值3 431.66万元。

在无菌猪培育与应用、人源化抗体转基因猪培育、人类遗传缺陷猪模型构建与应用等方向取得重大突破。通过资源整合，建立了人类遗传缺陷猪模型构建与应用平台、无菌猪培育与应用平台、猪基因工程平台、猪肉品质调控平台、生物发酵饲料研发平台等科技创新平台。

3.农业农村部种猪生物技术重点开放实验室

农业农村部种猪生物技术重点开放实验室前身为2002年农业农村部批复的农业农村部动物生物技术重点开放实验室，2015年农业农村部"十二五"科技规划实施以来，隶属农业农村部动物遗传育种学科群综合实验室，实验室依托江西农业大学建设。该实验室与省部共建猪遗传改良与养殖技术国家重点实验室合署办公。

4.农业农村部生猪健康养殖重点实验室

农业农村部生猪健康养殖重点实验室由广西扬翔股份有限公司联合华中农业大学联合申报，2018年获农业农村部批复建设。实验室现任主任为施亮总裁。实验室重点聚焦猪的精准营养与无抗饲料、猪场废弃物无害化处理与资源化利用、猪种质创新与高效扩繁、猪场生物安全与疫病防控净化、无抗健康养殖等技术方面进行创新、集成与示范，解决生猪养殖中高消耗、高成本、高污染等问题，保障肉食品安全。

5.农业农村部生猪养殖设施工程重点实验室

农业农村部生猪养殖设施工程重点实验室由东北农业大学申报，2020年获农业农村部批复建设。实验室现任主任为王德福教授。实验室围绕国家生猪养殖业发展的战略需求和科技发展趋势，突出自身特色，瞄准学科前沿，针对生猪健康养殖、养殖设施与装备、智能化控制、废弃物资源化利用等方面开展研究，目标是将重点实验室建设成为具有国家水平的科学研究基地、高层次人才培养基地和国内外学术交流中心。

（四）部级种畜禽监督检验测试中心

1. 农业农村部种猪质量监督检验测试中心（武汉）

成立于1994年，总占地约53 000米²，基建面积约5 000米²，建有实验楼、国家种猪测定中心（测定规模225头/批）、屠宰测定间、饲料加工间舍等。先后对全国特别是华中地区引进种猪进行了集中测定和现场测定。1994年以来，分别对全国进行了行业调查，对10余省市的40多个规模化种猪场进行了种猪行业质量统检；承担并完成了历年"中国国际农业博览会种猪类产品名牌认定"的现场检测工作等；成功举办了多届种猪展销和学术交流会；承担并完成了多项国家或行业标准，如"种猪肌肉品质测定"等标准的制定任务，并与丹麦、美国等同行建立良好联系，逐步与国际接轨，为我国开展种猪质检与测定工作奠定了基础。

2. 农业农村部种猪质量监督检验测试中心（广州）

该中心是由农业农村部授权、广东省畜牧技术推广总站承建，于2001年2月首次通过国家计量认证和农业农村部机构审查认可。拥有种猪隔离舍和测定舍2 000多米²、实验室200多米²及主要检测仪器设备40多台（套）。主要任务是：种猪生产性能测定，种猪产品质量监督检验；种猪场生产许可证、种猪质量和猪新品种（配套系）认证检验；猪场、种猪、商品猪质量分级检验；技术咨询、技术服务和人员培训，标准修订和验证等。

3. 农业农村部种猪质量监督检验测试中心（重庆）

2003年由重庆市畜牧科学院承建，是农业农村部授权、经国家计量认证、具有第三方公正地位的种猪产品专业质检机构。中心有完备的种猪性能测定猪舍及配套设施、检测实验室共计3 000米²，有63台（套）价值近335万元的先进仪器设备。中心主要职能任务是：承担种猪、精液等质量安全例行监测、监督抽查、质量普查及产品质量认证和市场准入等检验工作；重大事故、纠纷的调查、鉴定和评价；检测技术、质量安全及风险评估；标准制定、修订及验证工作；技术交流、培训、指导、服务及咨询。

二、区域性育种联合体及产业联盟

目前，世界猪育种先进国家、种猪公司均试图扩大选育基础群、统一测定方法、统一遗传评估并实施规模化联合育种模式。2006年，我国将原杜洛克猪、长白猪与大白猪三个品种协作组合并，成立全国猪联合育种协作组，当时参加会员69名。同时，逐步培育了多个以省为单位的区域性育种联合体，也出现部分中小型种猪企业自发组织产业联盟。如山东猪联合育种协作组、河南省种猪联合育种协作组、广东种猪联合育种协作组等，以及南方种猪联盟[广州市艾佩克养殖技术咨询有限公司（IPIG）牵头]、湘猪科技育种联盟（湖南省现代农业集团牵头）、Waldo（华多）种猪育种联盟

（美国Waldo种猪场牵头）、美国国际种猪育种联盟（唐人神牵头）等。下面以全国猪联合育种协作组、山东猪联合育种协作组及南方种猪育种联盟为代表进行简单介绍。

（1）全国猪联合育种协作组

全国猪联合育种协作组为我国最大的种猪育种组织，组长单位为全国畜牧总站，22名专家组成员。该协作组的主要工作体现在以下4个方面。第一是选精英——选出89家国家生猪核心育种场和4个国家级种公猪站，2019年末核心群数量达10多万头，成为全球最大的生猪育种核心群；选出22位著名专家，成立专家组。第二是打基础——展开数据、生产测定和技术收集的基础性工作，培训测定员、数据员、育种主管上千名。第三是建机制——建好全国种猪遗传中心，服务育种企业；同时实施好专家联系制。第四是促交流——以国家级种公猪站为纽带，带动遗传物质交流，开展遗传交流，推动联合育种。

（2）南方种猪育种联盟

2015年6月18日，在充分尊重企业自愿和行业影响力相结合的原则下，经过层层筛选，同时结合近几年育种和信息服务现场工作情况，广弘食品集团控股股份有限公司、肇庆市益信农业发展有限公司、广西扬翔股份有限公司、佳和农牧股份有限公司、新湘农生态科技有限公司、江西加大集团有限公司、广州市艾佩克养殖技术咨询有限公司等众多种猪企业一起作为发起单位，在《全国生猪生产发展规划（2016—2020年）》的指导下，顺应国家生猪遗传改良计划，配合国家核心种猪场建设项目，决定成立南方种猪育种联盟。希望借此为平台，通过育种生产操作流程规范、统一数据分析平台、场间比较系统、线上种猪（精液）交流和保障、技术交流平台等手段不断提升种猪育种和生产管理水平，努力为中国的养猪业特别是种猪产业健康发展贡献一份力量。2019年上海祥欣畜禽有限公司、湖南湘猪科技股份有限公司、河源兴泰农牧股份有限公司等种猪企业加入南方种猪育种联盟。联盟单位存栏母猪达到80万头，其中纯种猪近20万头，有2家国家级核心种公猪站，8家国家级核心育种场，2019年上市种猪场近百万头，为目前国内最大的区域性育种组织。

（3）山东猪联合育种协作组

山东省猪育种协作组是在山东省畜牧兽医局的组织协调下，由从事畜牧兽医工作的行政、事业单位，科研院校，以及具有一定条件的种猪场为主组成的猪联合育种组织。主要围绕山东省生猪遗传改良计划，开展相关种猪育种工作和服务：一是开展良种猪品种登记；二是指导种猪企业开展场内和中心测定站的种猪性能测定工作；三是受省畜牧兽医局委托，建立遗传评估育种数据库；四是推动建立种猪、精液等遗传资源的交流；五是提供种猪育种技术推广与咨询服务。

三、生猪育种行业协会

（一）中国畜牧兽医学会动物遗传育种学分会

2021年10月13—16日，由中国畜牧兽医学会动物遗传育种学分会主办，中国农业大学动物科学与技术学院、畜禽育种国家工程研究中心、畜禽良种产业技术创新战略联盟共同承办的中国畜牧兽医学会动物遗传育种学分会第十次全国会员代表大会暨第二十一次全国动物遗传育种学术讨论会在北京召开。会议以"良种传天下，科技创未来"为主题。来自全国31个省（区、市）、151家高等院校、科研院所和生产单位的会员代表、有关部门的领导、专家、学者、企业家及研究生等共计1 910人参加了本次大会。

会议同期召开了中国畜牧兽医学会动物遗传育种学分会第十次全国会员代表大会，完成了分会理事会的换届，选举中国农业大学杨宁教授任第十届理事会理事长，刘剑锋教授任秘书长、孙东晓教授为副秘书长。理事会还讨论通过了2022年分会第十届理事会第二次会议由佛山科学技术学院生命科学与工程学院承办，2023年第22次全国动物遗传育种学术讨论会由山西农业大学动物科学学院承办。

（二）中国畜牧兽医学会养猪学分会

中国畜牧兽医学会养猪学分会是在中国畜牧兽医学会领导下，于1990年10月20日成立。2020年12月换届成立了第七届理事会，理事长为中国农业大学王楚端教授、秘书长为重庆市畜牧科学院王金勇研究员。2021年主要工作如下。

1. 创设养猪科技大讲堂云培训，为生猪产业稳产保供智力技术支持

受新冠肺炎疫情及非洲猪瘟疫情影响，养猪学分会主办的"养猪科技大讲堂"于2021年3月11日正式开播，全国生猪遗传改良计划专家组副组长、山东农业大学/中国农业大学博士生导师张勤教授开启养猪科技大讲堂首播，中国畜牧兽医学会养猪学分会理事长、中国农业大学王楚端教授主持了第一次的大讲堂。在广大理事及会员积极参与下，累计收看直播突破50万人次，为我国生猪产业稳产保供提供重要技术支持，奠定行业信心。

2. 参与全国畜禽遗传资源普查，为打好种业翻身仗夯实资源基础

2021年养猪学分会专家积极参与第三次全国生猪遗传资源普查工作，副理事长潘玉春教授担任全国生猪遗传资源普查组组长，组织全国会员专家参与地方猪遗传资源调查普查和资料收集，其中生猪精准鉴定样品采集工作绝大部分由养猪学分会专家完成。地方猪资源普查资料将为国家加快布局建设种质资源库和保种场，强化畜禽种质资源遗传材料保存和活体保护，切实做到应保尽保，提供数据支撑，也为编写全国第3版《畜禽资源志》提供大量第一手原始素材。

（三）中国畜牧业协会猪业分会

2021年5月16—17日，由中国畜牧业协会主办，中国畜牧业协会猪业分会、国家生猪产业技术体系承办的第十八届（2021）中国猪业发展大会在江西南昌盛大召开。会议以"稳生产、防风险、建机制、谋发展"为主题，围绕生猪产业现状、生猪育种、猪场批次化管理、中兽药发展方向、生物技术应用、金融产品在产业中的应用等方面展开分享与探讨。农业农村部畜牧兽医局二级巡视员辛国昌、江西省农业农村厅总畜牧兽医师钟新福、中国畜牧业协会会长李希荣、国家生猪产业技术体系首席科学家陈瑶生、国家粮油信息中心副主任王晓辉、农业农村部种业管理司品种创新处副处长陶伟国、牧原股份董事长秦英林、双胞胎集团董事长鲍洪星等各部门领导和畜牧企业家共千余人出席了本次大会。

四、教育部生猪健康养殖协同创新中心

根据教育部、湖北省关于实施高等学校创新能力提升计划的重要精神，按照"国家急需，世界一流；制度先进，贡献突出"的要求，由华中农业大学牵头、联合国内优势高校和龙头企业面向生猪健康养殖行业组建，2019年9月获得教育部办公厅省部共建协同创新中心认定。中心主任为陈焕春院士。

中心建立了猪品种培育与繁殖创新平台、猪病防控创新平台、猪营养与饲料创新平台、养猪设施设备创新平台、猪场废弃物无害化处理与资源化利用创新平台等五个协同创新平台。汇聚了北京大北农科技集团股份有限公司、温氏食品集团股份有限公司、广西扬翔股份有限公司、武汉科前股份有限公司、海南罗牛山种猪育种有限公司、武汉天种畜牧股份有限公司、中粮集团有限公司、河南双汇投资发展股份有限公司、雨润控股集团有限公司、唐人神集团股份有限公司等一批极具创新活力和发展前景的知名企业，涵盖了猪的育种与生产、猪用生物制品与兽药、猪用饲料与添加剂、生物肥料、养殖设施设备等各个领域。

蛋鸡篇

第一章　主要发展概况

一、蛋鸡供种能力

（一）祖代蛋种鸡

目前，国内饲养的蛋鸡品种主要分为两大类：一类是国产品种，另一类是引进品种。我国祖代蛋鸡供种能力充足，仅国产品种祖代种鸡的制种能力已远超需求。近年来，国产品种祖代蛋鸡所占比例已远远超过引进品种。2021年祖代蛋雏鸡更新63.70万套，同比增加2.49%，增加主要来自国产品种。其中，国产高产品种和地方特色蛋鸡品种更新51.11万套，较2020年的42.48万套增加8.63万套，增幅20.32%。引进品种更新12.59万套，较2020年的19.67万套减少7.08万套，降幅35.99%。在2021年祖代蛋雏鸡更新数量之中，国产品种所占比例高于引进品种60.47个百分点（图2-1），占比情况与2019年接近，国产品种占比已连续12年高于引进品种。

国产品种祖代更新主要集中于国内5家育种企业，分别是北京市华都峪口禽业有限责任公司、北京中农榜样蛋鸡育种有限责任公司、河北大午农牧集团种禽有限公司、上海家禽育种有限公司和湖北神丹健康食品有限公司。2021年，按商品代蛋鸡的蛋壳颜色分类，产粉色鸡蛋的祖代31.76万套，占国产祖代蛋雏鸡更新量的比例是62.14%，占比下降4.65个百分点；产褐色鸡蛋的祖代为18.35万套，占比35.90%，占比增加7.09个百分点；其他蛋壳颜色祖代蛋鸡1万套，占比1.96%。商品代产粉色鸡蛋的品种包括：京粉1号、京粉2号、京粉6号、农大3号、农大5号、大午京白939、大午粉1号、大午金凤、新扬黑、农金1号等。商品代产褐壳鸡蛋的品种包括：京红1号、大午褐、新杨褐等。绿壳包括：新扬绿和神丹六号绿壳蛋鸡。白壳包括：京白1号、新扬白、雪域白鸡等。

2021年，全国共有6家企业先后从国外引进祖代蛋雏鸡，全年共引种12.59万套，比2020年减少7.08万套。而2020年，全国共有8家企业先后从国外引进祖代蛋雏鸡，全年共引种约19.67万套。按商品代蛋鸡的蛋壳颜色分类，引进褐壳祖代蛋雏鸡8.15万套，在引进品种中占比64.68%，比2020年上升1.49个百分点，2020年引进褐壳祖代蛋雏鸡12.43万套。2021年引进粉壳祖代蛋雏鸡3.51万套，在引进品种中占比27.86%，同比下降6.91个百分点；引进白壳祖代蛋雏鸡0.94万套，占比7.46%。2021年，引进的祖代有海兰、伊莎和雪佛黑三个品种。

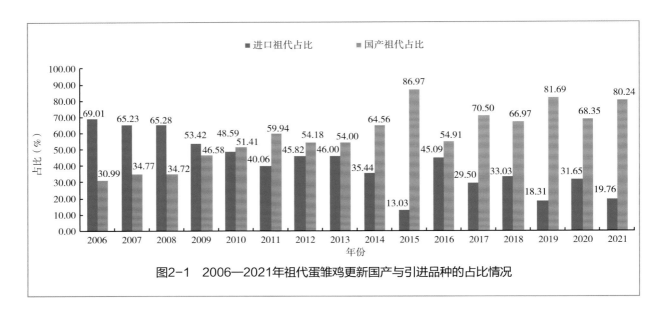

图2-1　2006—2021年祖代蛋雏鸡更新国产与引进品种的占比情况

近几年我国在产祖代蛋种鸡一直维持在60万套左右（图2-2）。2021年，我国在产祖代蛋种鸡平均存栏61.23万套，比2020年增加2.89万套，同比增幅4.95%。国产品种在产祖代平均存栏35.40万

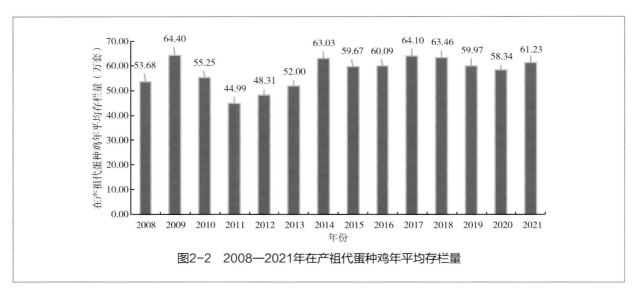

图2-2　2008—2021年在产祖代蛋种鸡年平均存栏量

套，同比减少6.15%。进口品种在产祖代存栏24.88万套，同比增加26.81%。据推算，全国在产祖代蛋种鸡全年平均存栏量在36万套左右时，即可满足市场需求。而2019年、2020年和2021年的祖代蛋种鸡平均存栏量依旧远超这一水平，在产祖代蛋种鸡存栏依然严重过剩。这与祖代保有29个配套系种鸡有关。

（二）父母代蛋种鸡

2021年全国后备父母代蛋种鸡平均存栏1 011.30万套，同比上升20.00%，全年有8个月存栏超过1 000万套，源于父母代雏鸡供应数量的增加。国产品种的后备父母代蛋种鸡平均存栏327.14万套，同比下降17.76%；进口品种后备父母代蛋种鸡平均存栏683.75万套，同比上升53.67%。2021年，全国在产父母代蛋种鸡的平均存栏量1 500.37万套，同比下降5.31%，国产品种平均存栏614.64万套，同比下降0.45%，占比增加2个百分点。进口品种存栏885.73万套，同比下降8.41%，占比下降。2016年以来蛋种鸡企业积极布局，积极适应大规模商品代蛋鸡场的到来，祖代企业自有父母代种鸡生产规模不断扩大。目前，父母代场单场单批次基本满足大规模商品代场的进鸡需求。未来，父母代场继续上规模势头将有所减弱。2021年全国商品代蛋雏鸡销售量为11.59亿只，同比提高1.30%。2021年鸡蛋价格高于去年同期，但由于饲料价格上升吞噬了利润，个别月份亏损，因而雏鸡销量增幅很有限。

（三）繁育技术水平

1. 祖代蛋种鸡

祖代在产蛋种鸡的产能是指平均一套祖代在产蛋种鸡在一段时间内生产并实际销售（含自用）的合格父母代雏鸡的母雏数量，反映的是祖代蛋种鸡的利用情况。祖代蛋鸡繁殖水平远远满足我国市场需求。

产能和产能利用率在2016—2018年连续下降，2019—2021年连续回升。2021年在产祖代蛋种鸡的全年累计产能为36.67套，同比提高14.45%。

进口品种2021年全年累计产能为62.69套，同比上升21.23%，2020年全年累计产能51.71套/年；国产品种2021年全年累计产能为19.46套，同比降低6.26%，2020年累计产能20.76套/年（表2-1）。

表2-1　2015—2021年在产祖代蛋种鸡全年累计产能　　　　　　　　　　　　　　单位：套/年

指标	2015年	2016年	2017年	2018年	2019年	2020年	2021年
平均产能	31.74	30.66	28.72	26.91	31.55	32.04	36.67
产能（国产）	14.31	17.94	13.77	14.49	17.15	20.76	19.46
产能（进口）	58.25	53.62	57.4	49.21	56.51	51.71	62.69

2. 父母代蛋种鸡

理论上，每套父母代种鸡每周可以提供2.2只商品代母雏，每年可提供114.4只母雏，习惯上说每年每套种鸡可以供应100只母雏是有余量的。2021年平均一套在产父母代蛋种鸡全年供应商品代雏鸡为78.88只/年，比2020年提高9.00%。国产品种方面，2021年父母代蛋种鸡的年化产能为78.93只/年。进口品种方面，2021年父母代蛋种鸡的年化产能为78.71只/年。父母代年化产能上进口品种和国产品种接近，国产品种略高。

（四）蛋鸡繁育体系建设情况

我国蛋鸡种业已基本建立健全了育种（原种）—曾祖代—祖代—父母代—商品代的五级良种繁育体系，为国产蛋鸡品种提供了充足的种源。2021年饲养祖代的企业有14家新增加了一家（河南丰园禽业有限公司）（图2-3）。2021年全国在产祖代平均存栏61.23万套。父母代种鸡企业有400多家，2021年平均存栏在产父母代种鸡1 500.37万套，同比下降5.31%。

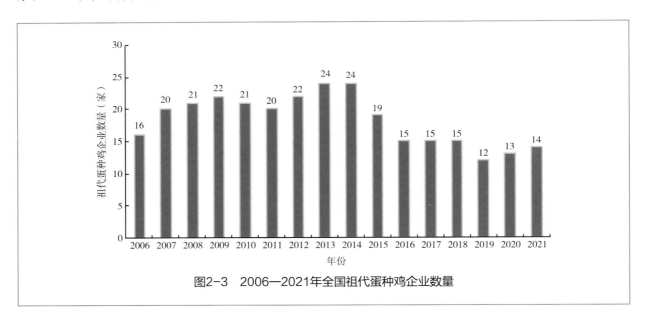

图2-3 2006—2021年全国祖代蛋种鸡企业数量

二、蛋鸡遗传改良计划

2021年是"十四五"开局之年，也是我国蛋鸡遗传改良计划进程中承上启下的一年，我国蛋鸡遗传改良工作进入新阶段。

（一）开展的主要工作

1. 发布实施新一轮全国蛋鸡遗传改良计划

经过几轮修改论证，2021年4月，农业农村部印发新一轮《全国畜禽遗传改良计划（2021—2035年）》，启动新一轮《全国蛋鸡遗传改良计划（2021—2035年）》，同时公布遗传改良计划专家委员会名单。全国畜牧总站牵头制定《全国蛋鸡遗传改良计划实施管理办法细则》，为蛋鸡遗传改良计划顺利实施奠定基础。

2. 组织召开技术培训

2021年7月，全国畜牧总站在海南省组织召开了全国家禽遗传改良计划培训班，全国畜牧总站党委书记时建忠出席会议并讲话，全国畜牧总站种畜禽指导处主要负责同志解读了全国畜禽遗传改良计划管理办法，部署生产性能测定项目实施，相关专家针对蛋鸡、肉鸡、水禽性能测定和遗传评估要求、疫病监测与净化等内容进行了讲解。

3. 启动国家蛋鸡核心育种场生产性能测定项目

为支持国家蛋鸡核心育种场做好品系持续选育和数据收集等基础工作，农业农村部种业管理司争取专项资金，启动国家蛋鸡核心育种场生产性能测定项目，5个国家核心育种场每个核心群个体每年补贴测定费60元。该项目受到核心育种场的普遍欢迎，为增加测定群体规模、延长测定周期提供了有力支撑。

（二）取得的主要成效

1. '农金1号'蛋鸡配套系通过国家审定

2021年，北京中农榜样蛋鸡育种有限责任公司（北农大科技股份有限公司）培育的'农金1号'蛋鸡配套系（农09新品种证字第93号）通过国家审定，成为第23个通过国家审定的蛋鸡新品种（配套系）。'农金1号'蛋鸡是采用现代育种技术历时多年培育的中等体型、产蛋持久力强、生活力强的高产粉壳蛋鸡配套系，开产日龄为140～145天，160天可达到产蛋高峰，最高产蛋率超过97%，72周龄饲养日产蛋数330个，平均蛋重59克，产蛋期饲料转化比1.97∶1，72周龄体重2.0～2.1千克。'农金1号'鸡蛋光泽度好、一致性强、蛋壳强度高、后期破损率低，既能满足消费者对壳蛋产品需求，又适合蛋品加工企业的需要。

2. 持续选育与疾病净化齐头并进

持续开展育成品种选育工作，5个国家蛋鸡核心育种场共选育蛋用专门化品系38个，涉及蛋鸡品种13个，经选育，绝大多数品系43周龄产蛋数有所增加，开产日龄提前，北京市华都峪口禽业有限责任公司个别品系应用基因组选择技术，产蛋数增加较多（3.8～11.5个）。各单位格外重视疾病净化工作，核心场接近90%的品系鸡白痢抗体检测率均为0，其余品系的鸡白痢平均阳性率维持在0.1%左右，21个品系的禽白血病阳性检出率为0，其余品系全部达净化标准；扩繁场白痢阳性率基本控制在0.1%以下，部分场鸡白痢检测为阴性，有5家扩繁场禽白血病检测为阴性，其中3家企业被确定为2021年国家级禽白血病净化场，其他扩繁场检测结果达到规定要求；此外，扩繁场积极开展MS（鸡滑液囊支原体）净化工作，企业供应商品代雏鸡的MS发病率较低。

3. 良繁基地供种保障能力不断巩固

根据对5个国家蛋鸡核心育种场和16个良种扩繁基地的年度统计，2021年祖代种鸡平均存栏约57.1万套，销售父母代种鸡约456.3万套，父母代种鸡平均存栏约899.1万套，销售商品代雏鸡约5.54亿只。总体看，祖代种鸡的制种能力远超需要，近年来在不断理性缩减规模，同时祖代种鸡利用效率在不断提高。蛋鸡良种扩繁基地在保障市场商品蛋鸡供给方面发挥着越来越重要的作用。

三、科研进展

（一）蛋鸡超长产蛋期性状的育种方法研究

围绕产蛋后期产蛋量下降、蛋壳品质降低、饲料利用率变差等问题开展研究，通过全基因组关联分析，得到了新的关联位点，将其更新至"凤芯壹号"芯片中。通过遗传参数估计，90周龄体重遗传力为0.45，90周龄产蛋数遗传力为0.19，通过育种手段可有效提高。运用芯片对蛋鸡后期体重、后期产蛋数、蛋品质进行了全基因组关联分析，并通过多种机器学习算法的组合对SNP效应进行估计并组合加权，构建SNP间的关联矩阵，并通过机器学习方法，评估SNP间的相互作用和影响，优化蛋鸡基因组选择模型。

（二）围绕蛋鸡重要经济性状开展候选基因挖掘

通过全基因组重测序发现脂肪沉积受到基因组与微生物组的共同调控，与腹脂重相关的显著位点有40个，其中*PHACTR3*是与腹脂沉积显著关联的重要候选基因；应用GWAS技术筛选鸡蛋暗斑性状候选基因，筛选出9个相关分子标记，包含候选基因*RIMS2*、*SLC25A32*、*RIMBP2*、*VPS13B*和*RGS3*；在12号染色体上发现与鸡白壳蛋基因显著关联的分子标记，发现*ALAS1*基因在白壳蛋鸡与褐壳蛋鸡的蛋壳腺表达差异显著；发现Z染色体10.0～13.0 Mb的区域与鸡的羽速性状显著相关，其中最重要的候选基因是*PRLR*和*SPEF2*；通过转录组测序，发现了2个卵泡选择相关的重要候选基因*RSPO3*和*WIF1*；通过miRNA测序分析鸡卵泡发育相关miRNA，找到了50个显著差异表达的miRNA，其中最重要的为*miR-23b-3p*。

（三）首次构建鸡泛基因组并鉴定重要遗传变异

利用来自5个红原鸡亚群、28个地方鸡品种和4个商业鸡品种的664个个体WGS（全基因组测序）数据构建了鸡泛基因组，发现有66.5 Mb的新序列（与GRCg6a相比）。绘制了鸡泛基因组PAV（存在缺失变异）图谱，发现在改良过程中*IGF2BP1*基因上游1～3 kb存在商业鸡品种完全丢失的PAV，该PAV与23个体尺/屠体性能显著相关。进一步功能研究发现位于鸡27号染色体*IGF2BP1*基因启动子区PAV位存在3个等位基因（突变型L1和L2、野生型W），野生型等位基因W主要存在于红原鸡、地方鸡品种，而L1和L2等位基因主要存在于商业纯系和合成系。本研究发现的突变位点对相关数量性状的表型方差贡献率最高可达11%，为地方鸡育种实践应用提供了技术支撑。

四、种业发展存在的主要问题与建议

（一）存在问题

1.育种素材

国外蛋鸡育种公司通过重组、并购等方式掌握了绝大多数的蛋鸡育种素材，为培育蛋鸡新品种

（配套系）提供了重要的保障，而我国高产蛋鸡育种资源培育基础不强，拥有的优良育种素材数量较少。

2. 育种技术

与拥有上百年育种经验的国际公司相比，我国高产蛋鸡育种起步相对较晚，基因组育种等新技术应用程度不高；缺乏高通量智能化表型精准测定技术，数据自动采集和传输应用程度低。

3. 种源疾病

国际大型家禽育种公司对禽白血病、鸡白痢等种源垂直传播疫病均采取了有效净化措施，显著提升了产品竞争力。禽白血病和鸡白痢净化是阻碍我国蛋鸡业发展的短板，尤其是地方蛋鸡垂直疾病带病率偏高。

4. 育种理念

我国在蛋鸡育种方面近几年培育了一批国内品牌，但种业养殖企业仍对国外种鸡信任度较高，更多的种鸡企业不愿意开展育种工作，宁愿高价进口国外品种。

（二）发展建议

1. 打造国际一流的核心育种龙头企业

重点支持育种基础好、创新能力强、市场占有率高的蛋鸡育种企业，整合资源、人才、技术要素，打造具有国际竞争力的蛋鸡种业集团；鼓励育种企业建设现代化育种科研平台，推动企业与科研院校共建高标准实验室、育种研发中心和良繁基地。

2. 强化商业化育种体系

以市场需求为导向，培育一批国际竞争力强的高产蛋鸡新品种，支持我国蛋鸡品种依法走出国门，参与国际竞争；以优秀地方鸡资源为素材，培育一批具有比较优势的地方特色蛋鸡，满足差异化市场需要。

3. 夯实国家蛋鸡良种繁育体系

以国家核心育种场为依托，健全性能测定体系，研究新性状的测定与选育方法，加快基因组选择等新技术的应用，为蛋鸡新品种培育打下坚实基础。加大对蛋鸡良种扩繁基地基础设施、性能测定、智能化养殖等方面的支持力度，建立一批高标准、高水平的良种扩繁推广基地，提高种源供给水平。

第二章 蛋种鸡生产与推广

一、蛋种鸡产销状况

（一）父母代种雏鸡产销情况

2021年父母代雏鸡销售2 204.83万套，同比增幅21.99%（图2-4）。2021年父母代雏鸡的全年平均销售价格12.72元/套，同比下降28.78%，2020年为17.86元/套（图2-5）。2020年虽然有新冠肺

图2-4　2008—2021年父母代蛋雏鸡年销售量

炎疫情，商品蛋鸡亏损等影响，但父母代雏鸡价格继续上升，主要原因是祖代种鸡企业减少，进口品种2019年引种少，多因素导致供种能力下降。进入2021年商品代继续亏损或在亏损边缘挣扎，消磨了父母代的更新意愿，同时进口祖代品种的日龄组合好、产能高，供给增加。2021年父母代蛋雏鸡销售收入2.88亿元，同比下降12.46%。2021年一套祖代一年形成465.31元销售额，比2020年一套祖代少收入约100元。2021年祖代企业的父母代雏鸡业务实现利润1.17亿元，同比降低39.69%。供应增加，效益下降。

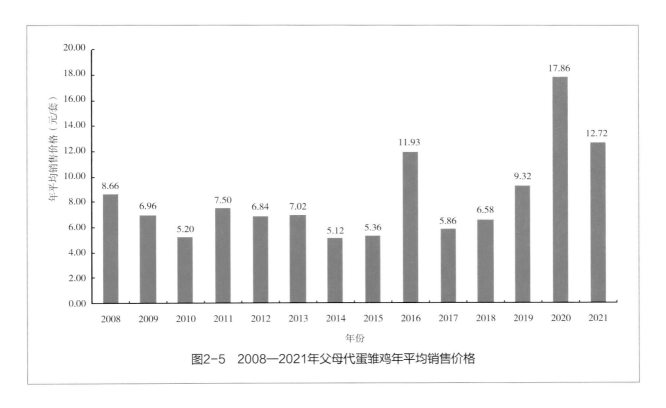

图2-5　2008—2021年父母代蛋雏鸡年平均销售价格

（二）商品代雏鸡产销状况

2021年全国商品代蛋雏鸡销售量为11.59亿只，2020年全国商品代蛋雏鸡销售量为11.44亿只，同比提高1.31%。2021年鸡蛋价格高于2020年同期，但由于饲料价格上升吞噬了利润，因而雏鸡销量增幅很有限。前11个月累计一直低于2020年同期，12月的雏鸡供应量的增加，改变了全年的雏鸡供应趋势，由负转正。2021年商品代蛋雏鸡年平均销售价格为3.59元/只，价格高点出现在二季度，之后基本上保持震荡下行，四季度企稳回升。商品代蛋雏鸡平均成本2.58元/只，同比上升幅度4.45%（图2-6）。2021年平均每只商品代雏鸡盈利1.01元。全国总体商品代雏鸡销售额上升10.47%，单只雏鸡效益以及商品代蛋雏鸡销售总体利润均有提高。

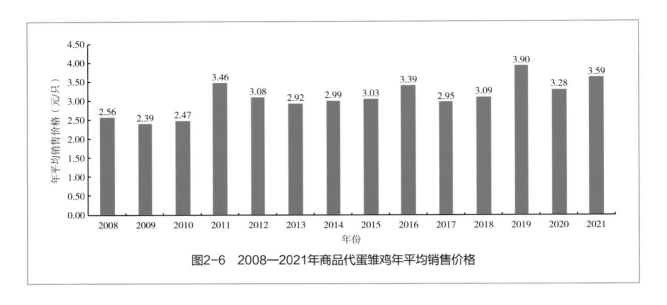

图2-6　2008—2021年商品代蛋雏鸡年平均销售价格

（三）蛋种鸡存栏与供需形势分析

据推算，对祖代蛋种鸡而言，全年平均存栏量在36万套左右时，即可满足市场需求，而2021年的祖代蛋种鸡平均存栏量依旧超过这一水平。

全国在产父母代蛋种鸡存栏量是一个重要指标。2015年及以前，行业内测算，父母代蛋种鸡存栏在1 600万套左右为均衡水平。2015年以来，全国父母代蛋种鸡存栏量呈逐渐减少态势，并稳定在1 300万～1 400万套，可以向全国稳定提供13亿～14亿只商品代母雏。未来，随着新常态下畜禽消费增速放缓，蛋雏鸡需求总量将继续减少。

回顾近几年商品代雏鸡价格走势，2016年受进口品种引进减少影响，在雏鸡供应可能出现短缺的预期下，商品代雏鸡价格出现较大幅度上升。2017年受H7N9影响，雏鸡价格深跌。7月之后由于疫苗的介入，价格反转。2018年8月开始受非洲猪瘟疫情影响，雏鸡价格还在2016年之上，并远超过往年水平。受2019年鸡蛋高价影响，2020年在产蛋鸡存栏增加1.58%，随着猪肉生产的恢复，鸡蛋相对供过于求，蛋鸡8个月亏损带动雏鸡价格震荡下行。2021年在产蛋鸡存栏下降1.32%，蛋鸡10个月盈利，促进雏鸡销售增加和价格回升。

二、品种推广情况

目前，我国饲养的蛋鸡品种（或配套系）主要分为国内自主培育高产品种、引进国外高产品种以及地方特色蛋鸡品种。伴随中国蛋鸡育种阵营的不断壮大，国产品种相继崛起，我国鸡蛋消费也呈现多元化，包括褐壳（55%）、粉壳（43%）、白壳（1%）和绿壳（1%）鸡蛋。同时，消费者对鸡蛋颜色的偏好存在明显的地域特征，河北、山东等北方省份基本消费褐壳蛋，云贵川等西南地区主要粉壳蛋占领90%以上的市场，白壳蛋消费主要集中在河南等中部地区。

（一）国内高产品种推广情况

目前，我国国产蛋鸡品种主要由北京市华都峪口禽业有限责任公司（京红1号、京粉系列、京白1号）、北京中农榜样蛋鸡育种有限责任公司（农大3号、农大5号、农金1号）、河北大午农牧集团种禽有限公司（大午粉1号、大午金凤等）以及上海家禽育种有限公司（新杨黑、新杨绿）培育。这些企业都是国内大型的农业产业化龙头企业，建立集原种、祖代、父母代为一体的三级良种繁育体系，采取"育繁推"一体化生产经营模式对自有品种进行推广。北京华都峪口禽业有限责任公司形成以北京为中心，辽宁、山东、河南、湖北分公司为辐射点的良种推广体系，拥有原种选育场1个、祖代场2个、父母代场5个、孵化场4个，原种规模4万只、祖代30万套、父母代260万套。年推广优质父母代种鸡810万套，占全国市场的40%；商品代雏鸡1.5亿只，占全国市场的12%。河北大午农牧集团种禽有限公司年提供'京白939''大午粉1号''大午金凤'父母代种鸡450万套，饲养父母代种鸡80万套，提供商品代雏鸡8 000余万只，销往全国十几个省（区）。

（二）引进高产品种推广情况

引进品种一般采用"引繁推"一体化推广模式，国内大型蛋鸡养殖企业从国外引进高产蛋鸡品种祖代，通过在国内布局建立繁育基地，进行推广销售。目前，就我国市场来看，海兰系列（褐、灰、粉、白）、罗曼系列（褐、粉、灰）是我国引进的主要蛋鸡品种，此外还引入了极少数的妮可粉、伊莎褐、伊莎粉、巴布考克B-380蛋鸡。宁夏晓鸣农牧股份有限公司采用"集中养殖，分散孵化"的商业模式，建有四大标准化蛋种鸡生态养殖基地，4座祖代养殖场，22座父母代养殖场，在宁夏、新疆、河南、吉林、陕西、湖南分别建有大型孵化基地6座，2021年存栏海兰系列蛋鸡祖代7.13万余套，父母代230.82万套，推广海兰系列父母代蛋种鸡270.85万套，商品代雏鸡17 331.20万只。河北华裕农业科技有限公司拥有30个养殖基地，年引进海兰系列祖代种鸡10万套进行"引繁推"一体化作业，现饲养祖代种鸡12万套，父母代种鸡300万套，年可生产雏鸡2.5亿只，销售网络覆盖全国30个省（区、市），设立了1 000多个销售网点，已成为具有世界影响力的蛋种鸡领军企业。

（三）地方特色蛋鸡推广情况

以我国地方鸡血缘为基础培育出来的地方特色蛋鸡，产蛋数普遍不高且不同品种间差异较大，72周龄产蛋数在220～280枚，但鸡蛋蛋白质较好，具有蛋黄比例大、蛋白黏稠、蛋壳光泽好、蛋重适中等特点，满足消费者对差异化产品的需求。湖北神丹健康食品有限公司与中国农业科学院家禽研究所共同选育'神丹6号'绿壳蛋鸡配套系，72周产蛋量260枚左右，具有黑羽、黑脚、抗应激性强、一致性好、蛋品质优，适合笼养和放养等优点，于2021年1月通过国家品种审定，当年推广近300万只。湖北欣华生态畜禽开发有限公司培育出的'欣华2号'蛋鸡配套系72周龄个体产蛋数平均达250～260个，从2013年开始在湖北省内试推广，于2016年通过国家品种审定，成为湖北省首个获得国家认定的蛋鸡新品种，同时填补了国内地方矮脚蛋鸡品种空白，因性情温驯好饲养、产蛋多、蛋品符合市场需求深受用户喜爱，被称为"高产节粮土蛋鸡"，2021年推广父母代10万套，商品代300多万只。安徽荣达禽业股份有限公司培育的'凤达1号'蛋鸡配套系，72周龄产蛋量280～290枚，产蛋期料蛋比2.4：1，蛋壳粉色，平均蛋重50～51克，蛋黄比例高达31%～32%，2021年存栏达种鸡22万套，推广商品蛋鸡800万多只。西藏农牧科学院以藏鸡和白来航血缘为基础培育出的'雪域白鸡'完全适应高海拔低氧环境，72周龄高原饲养产蛋数超过220枚，在西藏全区大范围推广，覆盖了多个市（地）、县、乡、村、合作社，数量超过300万只。

第三章　蛋种鸡企业发展

一、总体状况

2021年，全国祖代蛋种鸡企业数量增加1家（河南丰园禽业有限公司），共14家，主要分布于9省（区、市），以北方为主。由于2020年祖代种鸡经济效益有所提高，2021年祖代蛋种鸡平均存栏也略有增加。中国畜牧业协会统计数据显示，2021年全国在产祖代蛋种鸡平均存栏61.23万套，同比增加4.95%，供种能力充足；全国父母代种鸡企业有400多家，在产父母代蛋种鸡平均存栏1 500.37万套，同比下降5.31%；商品代雏鸡销量达到11.59亿只，同比增长1.30%。

二、核心育种场概况

（一）育种企业状况

目前，从事蛋鸡育种工作的企业有10余家，培育出了适合我国生产环境的蛋鸡新品种或配套系，其中入选国家蛋鸡核心育种场的种鸡企业有5家，自2014年入选以来未有变动，北京市华都峪口禽业有限责任公司、北京中农榜样蛋鸡育种有限责任公司、河北大午农牧集团种禽有限公司祖代更新最多，按商品代蛋鸡的蛋壳颜色分类，产粉色鸡蛋的祖代更新31.76万套，占国产祖代蛋雏鸡更新量的62.14%，占比下降4.65个百分点；产褐色鸡蛋的祖代更新18.35万套，占比35.90%，占比增加7.09个百分点；其他蛋壳颜色祖代蛋鸡1万套，占比1.96%。

（二）品种研发状况

我国自主培育的蛋鸡品种主要分为两大类：高产蛋鸡和地方特色蛋鸡。截至2021年底，我国自主培育的高产蛋鸡品种有13个，较2020年增加1个，即由北京中农榜样蛋鸡育种有限责任公司培育的'农金1号'蛋鸡配套系。国内自主培育品种绝大多数72周龄产蛋数超过310个，生产性能已经达到国际先进水平，适合我国饲养环境，推广量较大。

截至2021年底，我国自主培育的地方特色蛋鸡品种有10个，这些品种生产性能差异较大，蛋品质较好，符合我国居民消费习惯，满足多元化市场消费需求；除鸡蛋外，地方特色蛋鸡的淘汰鸡经济收益也较高，有的甚至可以与育成期饲养成本持平。

三、良种扩繁推广基地概况

（一）扩繁基地主推品种

目前入选国家蛋鸡遗传改良计划的良种扩繁推广基地有16家，自2016年以来未有变动。主推品种包括：京红1号、京粉1号、京粉2号、京粉6号、海兰褐、海兰灰、罗曼粉、农大3号、农大5号、大午粉、大午金凤、苏禽绿壳蛋鸡等，部分扩繁推广基地推广品种与推广量见表2-2。

表2-2　部分扩繁推广情况

序号	单位名称	入选时间	品种名称	推广数量（万只）
1	北京市华都峪口禽业有限责任公司父母代种鸡场	2014年	京红1号、京粉6号蛋鸡配套系	3 850
2	华裕农业科技有限公司高岳良种扩繁基地	2014年	海兰褐、海兰粉、海兰灰蛋鸡配套系	4 615.78
3	扬州翔龙禽业发展有限公司	2014年	苏禽绿壳蛋鸡配套系	360
4	黄山德青源种禽有限公司	2014年	罗曼粉、海兰灰蛋鸡配套系	760.65
5	山东峪口禽业有限公司	2014年	京红1号蛋鸡配套系	5 411
6	湖北峪口禽业有限公司	2014年	京红1号、京粉1号、京粉2号、京粉6号系列蛋鸡配套系	4 878
7	宁夏晓鸣农牧股份有限公司	2014年	海兰褐、海兰粉、海兰白、海兰灰、罗曼灰蛋鸡配套系	17 331.2
8	曲周县北农大禽业有限公司	2016年	农大3号、农大5号小型蛋鸡配套系	2 135
9	河北大午农牧集团种禽有限公司	2016年	大午粉1号、大午金凤、大午褐蛋鸡配套系	8 100
10	沈阳华美畜禽有限公司	2016年	海兰褐蛋鸡配套系	4 151.3
11	江西华裕家禽育种有限公司	2016年	海兰褐蛋鸡配套系	1 950.55
12	云南云岭广大峪口禽业有限公司	2016年	京粉1号、京粉2号蛋鸡配套系	1 867
合计				55 410.48

（二）扩繁基地经营状况

2021年16个扩繁推广基地父母代种鸡平均存栏约899.1万套，销售商品代雏鸡约5.54亿只，在保障市场商品蛋鸡供给方面发挥着越来越重要的作用。2021年，全国商品代蛋雏鸡平均销售价格为3.59元/只，平均每只商品代雏鸡盈利1.01元。2021年鸡蛋价格高于去年同期，但由于饲料价格上升吞噬了利润，个别月份亏损，因而雏鸡销量增幅很有限。

第四章　畜禽育种平台及体系建设情况

（一）畜禽育种国家工程实验室

畜禽育种国家工程实验室是2008年11月27日经国家发展和改革委员会批准设立，由中国农业大学承担建设。实验室拥有从事动物遗传育种与繁殖领域研究的优秀科研团队。2021年发表SCI论文107篇、核心期刊63篇，获得授权专利34件，获登记的软件著作权7项，获得省部级科技奖励2项，制定行业标准2项，获畜禽新品种（配套系）证书4个。

（二）国家畜禽育种工程技术研发中心

国家家禽工程技术研究中心聚焦国家对家禽行业发展的重大战略需求，围绕家禽产业特别是蛋鸡产业链开展工程技术研发、集成、辐射以及产业化开发。2021年中心聚焦蛋鸡福利养殖模式技术研发与集成，开展了4个周期的高床平养模式下种鸡精细化福利养殖管理技术研究，优化公母配比，保持产蛋后期受精率保持在90%以上，有效降低了饲料系统传送过程中的饲料分层情况、地面种蛋比例显著降低2%～3%，覆盖了40 000套祖代种鸡。2021年推广新杨系列蛋鸡1 100万只。同时针对华东地区高热高湿的气候条件，对鸡舍设施及饲养管理进行修正改进，形成一套华东地区高密度鸡舍饲养管理技术体系。

（三）部级种畜禽监督检验测试中心

1.农业农村部家禽品质监督检验测试中心（北京）

此中心是2003年根据农业部《关于下达第四批部级质量监督检验测试中心筹建计划的通知》，依托中国农业大学科技优势和国家家禽测定中心一流的基础设施进行筹建。2021年度承接了广东智威农业科技股份有限公司、成都天添农牧有限公司、江苏省家禽科学研究所委托的三个配套系肉鸡父母代生产性能检测工作，目前正在进行中；完成了中国农业科学院北京畜牧兽医研究所、吉林正方农牧股份有限公司共同委托的1个肉鸭配套系父母代和商品代生产性能测定工作，出具报告2份；完成北京中农榜样蛋鸡育种有限责任公司、北京昕大洋科技发展有限公司2批次的蛋品质委托检验工作，出具检验报告2份。

2. 农业农村部家禽品质监督检验测试中心（扬州）

此中心是依托江苏省家禽科学研究所建立。于2001年首次通过国家计量认证和农业机构审查认可。具备对家禽品种生产性能、畜禽产品品质和质量安全、饲料品质等项目的检测能力。2021年承担农业农村部下达的白羽肉鸡生产性能对比试验项目，对国内培育的3个快大型白羽肉鸡品种（圣泽901、广明2号和WOD188）与国外品种（科宝和AA+）进行了生产性能对比测定工作；承担了11个配套系生产性能的社会委托检测，其中肉鸡6个，蛋鸡4个，肉鹅1个；修订农业行业标准《肉鸡生产性能测定技术规范》，并完成初审。

肉鸡篇

第一章　主要发展概况

鸡肉是人类食物结构中的重要肉食来源之一，是世界第一大肉类产品。2021年全球鸡肉产量达到9 910.3万吨，维持了长期以来的增长趋势，但受全球新冠肺炎疫情持续及禽流感疫情多地暴发影响，2021年全球肉鸡产量增速进一步下调，仅有0.8%微幅增长。尽管相对较高的饲料价格挤压了鸡肉生产的盈利能力，但由于消费者对低成本、高品质动物蛋白的强劲需求正刺激鸡肉产量的扩张。基于对经济前景改善的预期，与新冠肺炎疫情相关的生产问题缓解，以及食品服务中断的复苏，鸡肉消费有着强劲需求，将2022年鸡肉产量进一步推升。预计2022年全球产量将增长2%，主要肉鸡生产国都将获得收益。尽管国内猪肉供应缺口消失，不再需要其他肉类替代，以及因为生产能力的快速增长和其他各种因素造成的市场低迷将阻碍鸡肉消费的增长，但其需求仍将较为坚挺，预计2022年国内鸡肉产量将减少5%左右。种鸡高位存栏量可以保证消费者对鸡肉的需求变化。而目前产能的过剩和消费的回缩，将推进肉鸡产业的技术进步，促进落后产能逐步退出，预计2022年国内肉种鸡存栏量将逐步减少至供需相对平衡状态。

一、产业结构概况

（一）总体情况

2021年我国肉鸡生产保持较快增长，商品肉鸡的出栏量约118.3亿只，居世界第一位；鸡肉产量1 878.2万吨（不包括淘汰蛋鸡鸡肉），居世界第二位，其中白羽肉鸡出栏量约58.1亿只，同比增加18.0%，鸡肉产量约1 145.6万吨；黄羽肉鸡出栏量约40.5亿只，同比减少8.50%，鸡肉产量约512.9万吨；

小型白羽肉鸡出栏19.8亿只，同比增长18.5%，肉产量219.6万吨，同比增长13.8%。

我国肉鸡品种类型主要是白羽肉鸡、黄羽肉鸡和小型白羽肉鸡。肉鸡产业统计监测数据显示，2021年三种类型的商品肉鸡出栏数量占比分别是49.1%、34.2%和16.7%（表3-1）；提供的肉产量占比分别是61.0%、27.3%和11.7%（表3-2）。而黄羽肉鸡根据生长速度又可分为三种类型，即快速型、中速型和慢速型。2021年，三种类型的种鸡市场份额分别是28.87%、24.50%和46.63%。

表3-1　全国肉鸡出栏量构成　　　　　　　　　　　　　　　　单位：%

年度	白羽肉鸡	黄羽肉鸡	小型白羽肉鸡
2011	47.4	46.7	5.9
2012	49.0	45.0	6.1
2013	50.0	42.8	7.3
2014	51.1	41.0	7.9
2015	49.3	43.0	7.7
2016	48.7	43.0	8.3
2017	46.6	41.9	11.5
2018	42.9	43.1	14.0
2019	42.2	43.2	14.7
2020	44.7	40.1	15.2
2021	49.1	34.2	16.7

表3-2　全国鸡肉产品产量构成　　　　　　　　　　　　　　　单位：%

年度	白羽肉鸡	黄羽肉鸡	小型白羽肉鸡
2011	56.0	39.6	4.4
2012	59.1	36.5	4.4
2013	59.5	35.3	5.2
2014	61.8	32.5	5.7
2015	59.1	35.3	5.6
2016	58.5	35.6	5.8
2017	57.3	34.7	8.0
2018	54.8	36.4	8.8
2019	52.6	36.2	11.2
2020	57.2	31.5	11.3
2021	61.0	27.3	11.7

（二）繁育体系建设情况

我国肉鸡产业历经40余年的发展，已经形成了育种场（或资源场）、祖代肉种鸡场、父母代场与肉鸡生产场（户）等层次完善的繁育体系，保障了肉鸡产业稳定发展。2021年共有祖代及以上养殖场189个，新增加37个，年末祖代存栏量为1 207.6万套，单场平均规模为6.4万套；有父母代养殖场1 117个，新增加3个，年末父母代存栏量为9 923.0万套，单场平均规模为8.9万套（表3-3）。

在全国肉鸡遗传改良计划的推动下，已遴选出17家肉鸡核心育种场和16个扩繁基地。

表3-3　全国肉种鸡场数量

年度	肉种鸡场（个）	祖代及以上养殖场（个）	父母代场（个）	祖代年末存栏（万套）	父母代年末存栏（万套）	年末种鸡总存栏（万套）	父母代场平均存栏规模（万套）
2011	1 804	126	1 678	397.5	8 975.0	9 372.5	5.3
2012	1 756	123	1 633	318.3	9 153.4	9 471.7	5.6
2013	1 902	138	1 764	491.2	12 090.5	12 581.8	6.9
2014	1 829	145	1 684	710.8	10 315.5	11 026.3	6.1
2015	1 698	168	1 530	1 117.4	8 850.6	9 968.1	5.8
2016	1 469	143	1 326	781.8	8 769.4	9 551.3	6.6
2017	1 421	147	1 274	742.4	8 936.0	9 678.4	7.0
2018	1 195	136	1 059	869.9	8 288.5	9 158.4	7.8
2019	1 261	166	1 095	764.1	9 485.5	10 249.6	8.7
2020	1 256	152	1 104	699.8	9 130.1	9 829.9	8.3
2021	1 306	189	1 117	1 207.6	9 923.0	11 130.6	8.9

（三）种业发展存在的主要问题

1. 白羽肉鸡育种虽取得突破，但后续工作仍任重道远

2021年我国白羽肉鸡育种取得突破性进展，三个自主培育的快大型白羽肉鸡品种'圣泽901''广明2号''沃德188'通过国家畜禽遗传资源委员会审定。但与已有100多年经验的国际白羽肉鸡品种相比，生产性能、疾病净化和遗传稳定等各方面较国际先进水平还存在一定差距。要想抢占市场仍然需要在持续提升生产性能、净化疾病和加快产业化等方面做出巨大努力，任重道远。

2. 黄羽肉鸡育种存在低水平重复，单个品种推广数量不足

虽然我国本土黄羽肉鸡品种遗传资源丰富，黄羽肉鸡育种企业数量众多，但是规模参差不齐，整体技术力量薄弱，先进育种技术应用不够，育种设施、设备相对落后，低水平重复育种现象严重。生长速度、饲料转化率等关键技术指标缺乏竞争力，特征明显、性能优异、市场份额大的核心品种较少。尤其是黄羽肉鸡逐渐告别活禽销售，转为生鲜上市成为必然趋势，很多黄羽肉鸡品种在

屠宰后丢失外观优势，同时在屠宰率、屠体外观等都不占优势的情况下，这些品种资源将逐渐被"适合屠宰型"品种所代替，特别是不具备屠宰优势的地方鸡品种会大量衰减。改良、培育适合屠宰加工型黄羽肉鸡新品种对很多黄羽肉鸡育种企业提出迫切要求。

3. 白羽肉鸡产能过剩，市场风险加大

2019—2021年连续3年白羽肉鸡祖代更新数量居高位，伴随着高位产能的持续释放，2021年全国白羽肉鸡的祖代种鸡和父母代种鸡存栏量均达到历史高位，产能过剩问题更加凸显，越加突出。供大于求叠加疫情之下消费疲软，导致市场价格低迷，全产业链收益水平持续下降，市场风险加大。

4. "三抢"特征显现，竞争内卷加剧

一是小型白羽肉鸡抢快速、中速黄羽肉鸡市场份额。以麻黄鸡为代表的快速、中速黄羽肉鸡原来主要是依靠活禽市场，拥有较大的市场份额。在新冠肺炎疫情因素下，活禽市场受到很大影响。活禽禁售，集中屠宰、生鲜上市，黄羽肉鸡的外观优势大幅削弱。以'沃德168''益生909'为代表的小型白羽肉鸡以其价格优势迅速抢占了麻黄鸡为代表的快速、中速黄羽肉鸡很大一部分市场份额；二是中速型抢占慢速型黄羽肉鸡市场份额。近几年，利用地方品种资源杂交生产的中速型黄羽肉鸡小品种发展较快，正在抢占慢速型黄羽肉鸡市场。小品种灵活多样，市场一旦有需求，就应时而上，扩大生产规模；三是大企业抢小企业市场份额。在同一个品种中，大企业抢小企业市场份额的趋势加剧，大企业越做越大，小企业越做越小。

5. 种养脱节，养殖废弃物资源化利用压力长期存在

肉鸡产业现代化、集约化、标准化程度越来越高，但由于缺乏合理的种养布局，种养规模不匹配，大量养殖粪便集中排放但缺乏匹配耕地消纳，造成环境污染问题日益严峻。面对国内肉类消费刚性增长，畜禽养殖总体规模还将进一步扩大，畜禽粪便污染的压力长期存在。当前及未来相当长一段时间内，日益严峻的环保约束是畜禽养殖发展面临的新常态。

二、种鸡供种能力

（一）祖代种鸡

1. 白羽肉鸡

2021年有3个白羽肉鸡新配套系通过国家畜禽遗传资源委员会审定，标志着我国在白羽肉鸡育种方面取得实际性突破，拥有自主培育的白羽肉鸡新品种。三个新配套系分别为福建圣农培育的圣泽901、新广农牧培育的广明2号和华都峪口培育的沃德188。这三个白羽肉鸡新配套系的推出，有利于保障我国鸡肉供给安全，有利于控制境外疫病传入风险，有利于平抑逐年上涨的引种价格，有利于白羽肉鸡品种本土驯化，为实现国家《全国肉鸡遗传改良计划（2014—2025）》规划目标做出突出贡献，有力地支持白羽肉鸡品种资源实现自有化的国家战略，使我国白羽肉鸡行业终于有了"中国芯"。

由于新配系的培育成功，以及国内祖代繁育能力的进一步提升，2021年白羽祖代种鸡国内繁育37.8万套，比2020年增加10.6万套，占祖代更新总量的30.4%，增加3.2个百分点。同时由于解除因美国禽流感导致的进口封关，祖代引进数量较2020年增加13.7万套，达到86.8万套，占祖代更新总量的69.6%。全年我国白羽肉鸡祖代种鸡更新量为124.6万套，同比增加24.2%；平均存栏量171.3万套，较2020年增长4.9%，其中在产祖代种鸡平均存栏量114.0万套，比2020年增加8.1%，后备祖代种鸡平均存栏量57.4万套，较2020年微幅下降0.7%。

按照鸡肉消费量变化趋势，以及种鸡标准生产性能和周转规律估算，2021年需要更新祖代种鸡约166万套，并保持97万套以上的在产祖代种鸡。2021年实际祖代更新量为标准需求的75.0%，但在产祖代存栏量比标准需求多出17.5%。形成这种现象的主要原因为：从国外引种难度大、费用高，祖代生产者为降低生产成本，通过强制换羽等方式延长种鸡的使用周期，从而增加了在产祖代的存栏量。

2. 黄羽肉鸡

黄羽肉鸡的种源主要来自自主培育的配套系，以及地方品种资源的杂交利用。截至2021年，共有62个配套系和117个地方品种资源可供利用。

2021年我国黄羽祖代肉种鸡数量基本稳定，更新数量约为228.5万套，同比微幅增加0.6%；平均存栏量216.6万套，较2020年下降1.3%。其中在产祖代种鸡平均存栏量151.4万套，比2020年减少1.3%，后备祖代种鸡平均存栏量65.1万套，同比减少1.3%。

按照鸡肉消费量变化趋势，以及种鸡标准生产性能和周转规律估算，2021年需要更新祖代种鸡约213万套，并保持113万套以上的在产祖代种鸡。2021年实际祖代更新量为标准需求的107.3%，在产祖代存栏量比标准需求多出34.0%，均超过标准需求。形成这种现象的主要原因为：生产者的种源为自主培育或繁育，引种难度小、费用低，近两年来黄羽肉鸡的消费量受多种因素影响处于下降趋势中，祖代生产者的产能调整还没有完成。

（二）父母代种鸡

1. 白羽肉鸡

全年父母代种鸡更新量为6 365.7万套，同比增加6.0%；平均存栏量6 628.6万套，同比增加9.1%，其中在产父母代种鸡存栏3 941.3万套，同比增加12.6%，后备父母代种鸡存栏2 687.3万套，同比增加4.4%。全年销售商品代雏鸡量达到60.1亿只，同比增加15.2%。

按照鸡肉消费量变化趋势分析，2022—2023年鸡肉需求量预计减少5%。按照父母代种鸡标准生产性能和周转规律估算，2021年需要更新父母代种鸡5 200万套，并保持3 680万套的在产父母代存栏。而实际父母代更新量为标准需求的122.4%，在产存栏量也比标准需求多出7.1%，均超过标准需求量。主要是2019年以来，因填补猪肉供给缺口，白羽肉鸡生产得到快速发展，目前生产能力处于过剩状态。

2. 黄羽肉鸡

全年父母代种鸡更新量为6 519.0万套，同比减少12.8%；平均存栏量6 876.3万套，同比减少

9.7%，为2019年以来的最低水平，其中在产父母代种鸡存栏4 047.1万套，同比减少5.9%，后备父母代种鸡存栏2 829.1万套，同比减少14.6%。全年商品代雏鸡销售量达到41.4亿只，同比减少6.3%。

按照鸡肉消费量变化趋势分析，2022—2023年鸡肉需求量预计减少5%。按照父母代种鸡标准生产性能和周转规律估算，2021年需要更新父母代种鸡4 900万套，并保持3 450万套的在产父母代存栏。而实际父母代更新量为标准需求的133.7%，在产存栏量也比标准需求多出17.2%，均超过标准需求量，生产能力处于过剩状态。

（三）繁育技术水平

白羽肉鸡的祖代种鸡标准单位产能为每套种鸡可生产45～50套父母代雏鸡，父母代种鸡标准单位产能为每套种鸡可生产130～145只商品雏鸡。近年来白羽肉鸡需求量快速增长，生产者们不断延长种鸡使用周期，因此实际单位产能均超过生产标准。

黄羽肉鸡祖代种鸡理论产能为每套种鸡可生产45～50套父母代雏鸡。黄羽肉鸡基本都是国内培育的品种，国内企业多是边选育边生产，独立的祖代扩繁群比例较低，因此祖代的存栏量一直偏高，而实际利用率偏低，实际单位产能普遍低于理论产能。黄羽肉鸡父母代种鸡理论产能为每套种鸡可生产120～130只商品雏鸡。而实际生产中由于市场因素，实际使用周期缩短，未达到理论利用周期，影响父母代种鸡产能的发挥。近年来黄羽肉鸡的各代次的单位产能见表3-4。

表3-4　肉种鸡各代次的单位产能

年份	白羽肉鸡		黄羽肉鸡	
	祖代产能（套）	父母代产能（只）	祖代产能（套）	父母代产能（只）
2011	52.17	108.32	43.68	101.1
2012	49.3	119.08	42.17	117.19
2013	54.99	137.89	36.12	107.33
2014	49.75	151.73	29.53	111.66
2015	48.03	143.14	38.57	112.62
2016	55.75	149.38	39.78	114.63
2017	62.82	147.59	42.66	106.21
2018	60.73	150.99	47.01	118.18
2019	61.29	150.32	55.1	140.01
2020	60.25	148.65	47.82	119.33
2021	61.37	149.47	42.32	119.73

三、遗传改良计划

为提高肉鸡种业科技创新水平，发挥政府导向作用，强化企业育种主体地位，加快肉鸡遗传改良进程，进一步完善国家肉鸡良种繁育体系，提高肉鸡育种能力、生产水平和养殖效益，2021年4月26日，农业农村部颁布《全国肉鸡遗传改良计划（2021—2035年）》，该计划包括我国肉鸡遗传改良计划的基础与要求、思路与目标、技术路线、重点任务、保障措施，计划到2035年自主培育品种商品代市场占有率达到80%以上，其中白羽肉鸡市场占有率达到60%以上，建成更高水平的肉鸡商业化育种、扩繁体系，显著增强核心竞争力，打造具有国际竞争力的种业企业和品种品牌。

（一）开展的主要工作

为确保畜禽遗传改良计划顺利实施，农业农村部成立全国畜禽遗传改良计划领导小组，下设办公室、咨询委员会和肉鸡专家委员会，办公室负责具体组织实施工作，咨询委员会主要负责提供战略咨询，专家委员会负责提供专业技术支撑。领导小组办公室组织制定了《全国畜禽遗传改良计划实施管理办法》《国家肉鸡核心育种场管理办法》《全国畜禽遗传改良计划咨询委员会和专家委员会管理办法》等配套管理办法，保障《全国肉鸡遗传改良计划（2021—2035年）》高质量实施，确保改良计划实现预期目标任务。

为进一步贯彻《全国肉鸡遗传改良计划（2021—2035年）》，扎实推进遗传改良计划实施，在海口举办全国家禽遗传改良计划培训班。

建立了肉鸡遗传改良数据平台，收集和分析核心品种生产性能。确定了祖代、父母代、商品代的生产性能指标，每年度收集生产数据约6万条。

（二）取得的主要成效

1. 新品种培育进展

2021年通过国家级审（鉴）定的遗传资源品种1个，配套系8个。'圣泽901''广明2号''沃德188'三个快大型白羽肉鸡品种，成为我国首批自主培育的快大型白羽肉鸡新品种，保障种源安全，打破我国白羽肉鸡种源完全依靠进口的局面，中国白羽肉鸡产业进入一个新时代。

2. 形成肉鸡高效育繁推体系

历经40年的繁育体系建设，我国肉鸡产业已经形成了育种场（资源场）、祖代肉种鸡场、父母代场与肉鸡生产场（户）等层次的完善的良种繁育体系，保障了肉鸡产业稳定发展。在全国肉鸡遗传改良计划的推动下，已遴选出17家肉鸡核心育种场和16个扩繁基地。

3. 肉鸡遗传性能提升

遗传进展主要体现种鸡繁殖性能和肉鸡出栏重、饲料转化率、成活率等重要性状方面。遗传改良计划实施以来，我国白羽肉鸡和黄羽肉鸡的种鸡、商品鸡生产性能明显提升，取得了明显的遗传进展。表3-5至表3-8列出了白羽肉鸡和黄羽肉鸡近些年的主要生产性能变化。

表3-5　白羽肉种鸡生产性能参数

年度	祖代			父母代		
	饲养周期（天）	单套月产能（套）	单套周期产能（套）	饲养周期（天）	单套月产能（只）	单套周期产能（只）
2016	624.00	4.54	67.20	370.00	12.24	77.60
2017	709.00	5.22	92.10	373.00	12.27	78.90
2018	657.00	5.08	80.80	416.00	12.32	96.80
2019	637.00	5.74	87.40	469.00	12.28	118.40
2020	566.00	5.11	65.80	433.00	12.45	104.90
2021	597.00	4.95	68.90	410.00	11.74	90.20

表3-6　白羽肉鸡商品肉鸡生产性能参数

年度	出栏日龄（天）	出栏体重（千克）	饲料转化率	成活率（%）	生产消耗系数	欧洲效益指数
2012	45.0	2.33	2.00	93.6	117.7	242.3
2013	44.1	2.32	1.95	94.3	115.7	254.6
2014	43.9	2.35	1.88	95.1	112.0	271.4
2015	44.2	2.31	1.86	95.1	111.6	266.2
2016	44.0	2.37	1.79	95.1	106.9	285.8
2017	43.8	2.48	1.74	95.0	103.4	309.5
2018	43.6	2.56	1.73	95.9	102.6	325.8
2019	43.8	2.51	1.74	96.0	104.1	315.5
2020	44.2	2.65	1.70	95.7	100.8	337.4
2021	43.4	2.63	1.63	96.1	96.9	356.3

表3-7　黄羽肉种鸡生产性能参数

年度	祖代			父母代		
	饲养周期（天）	单套月产能（套）	单套周期产能（套）	饲养周期（天）	单套月产能（只）	单套周期产能（只）
2016	372.00	3.32	21.20	447.00	9.55	85.10
2017	367.00	3.57	22.20	430.00	8.85	73.80
2018	347.00	4.54	25.30	414.00	9.69	75.50
2019	357.00	4.58	27.00	373.00	9.90	63.90
2020	355.00	4.06	23.70	367.00	8.57	53.40
2021	369.00	3.58	22.60	382.00	8.53	57.60

表3-8 黄羽肉鸡商品肉鸡生产性能参数

年度	出栏日龄（天）	出栏体重（千克）	饲料转化率	成活率（％）	生产消耗系数	欧洲效益指数
2012	85.9	1.69	2.75	94.9	152.9	67.7
2013	86.7	1.76	2.72	96.6	149.2	71.8
2014	90.4	1.78	2.82	96.4	152.1	67.3
2015	89.1	1.84	2.84	96.0	151.5	69.8
2016	91.3	1.89	2.81	95.9	150.2	70.5
2017	98.3	1.92	3.02	95.9	161.9	62.0
2018	97.3	1.95	3.00	95.5	167.3	63.9
2019	97.1	1.95	2.97	95.4	163.8	64.6
2020	98.7	1.87	3.13	94.5	168.9	57.4
2021	95.2	1.95	3.06	95.1	164.2	63.6

第二章　肉种鸡生产与推广

　　白羽肉鸡产业链呈现"量增价减，效益回落"的态势。全国祖代白羽肉种鸡年平均存栏同比增加9.1%，达到历史高位。商品代雏鸡供应及肉鸡出栏数量连续三年增加，但由于市场供需及大经济环境发生改变，产业链效益整体回落。白羽肉鸡行业总产值为2 996.4亿元，同比增加16.1%，其中祖代和父母代种鸡生产环节产值为221.1亿元，占整个行业的7.4%。行业总收益75.6亿元，同比减少12.7%，其中，祖代生产、父母代生产、商品代养殖收益增加，屠宰环节收益大幅减少，祖代和父母代种鸡生产环节收益为25.2亿元，占行业总收益的33.3%。白羽肉鸡行业进入到数量稳定增长，行业参与者有赔有赚的常态化阶段。

　　黄羽肉鸡产业持续"消费减弱，产能过剩"的态势。受到成本上涨、疫情防控常态化、"禁活"区域增加、竞争环境复杂等多重不利因素叠加影响，消费量不断下降，市场持续低迷；虽然产能不断降低，但全年仍表现为"供大于求"。全国黄羽肉种鸡年平均存栏同比减少9.7%，商品代黄羽肉鸡出栏量连续两年减少，受小白鸡快速发展的挤压，近年来快速型和中速型黄羽肉鸡呈减少趋势，慢速型占比增多。黄羽肉鸡全产业链收入2 392.2亿元，收益186.0亿元，同比增加192.2%，其中，种鸡生产环节收益减少，父母代生产环节全年亏损，商品代养殖收益大幅增加2倍多。黄羽肉鸡行业发展相对缓慢，存在生产损耗较大，生产收益被流通环节侵占等情况，实际生产者获得的收益反而较少，养殖效益并不乐观；整体来看，祖代环节收益下降，父母代环节出现亏损，商品肉鸡养殖转亏为盈，全产业链收益偏低。

一、肉种鸡产销状况

（一）白羽肉鸡

产能继续大幅上升，祖代种鸡平均存栏量171.3万套，同比增长4.9%；平均更新周期增加31天，为597天；平均在产存栏114.0万套，同比增长8.1%；父母代种雏供应量增长6.0%。父母代种鸡平均存栏量6 628.6万套，同比增长9.1%；平均更新周期缩短23天，为410天；平均在产存栏3 941.3万套，同比增长12.6%；商品代雏鸡供应量增长15.2%（表3-9）。

表3-9　白羽肉鸡种鸡存栏变化

年度	GP存栏量（全部）（万套）	GP存栏量（后备）（万套）	GP存栏量（在产）（万套）	GP新增雏鸡（万套）	GP更新周期（天）	PS鸡苗销售量（万套）	PS存栏量（全部）（万套）	PS存栏量（后备）（万套）	PS存栏量（在产）（万套）	PS新进雏鸡（万套）	PS更新周期（天）	CS鸡苗销售量（亿只）
2011	155.4	53.5	101.9	121.7	—	5 271.1	—	—	—	5 271.1	—	46.0
2012	179.7	60.4	119.3	132.2	577.2	5 845.8	—	—	—	5 845.8	—	49.3
2013	197.7	80.2	117.5	154.4	523.4	6 940.3	—	—	—	6 940.3	—	47.8
2014	166.8	59.2	107.7	116.6	494.8	5 916.9	—	—	—	5 916.9	—	47.9
2015	143.8	48.4	95.4	76.3	555.1	4 649.1	4 496.2	1 348.8	3 147.4	4 649.1	321.0	45.0
2016	111.8	27.7	84.1	63.9	623.9	4 610.5	4 447.4	1 333.8	3 113.5	4 610.5	370.2	47.1
2017	119.9	40.4	79.5	68.7	709.0	4 400.5	4 226.4	1 267.9	2 958.5	4 400.5	372.9	42.9
2018	115.6	36.8	78.8	74.5	657.1	4 109.9	4 601.0	1 808.1	2 792.8	4 109.9	415.7	41.0
2019	139.3	57.4	81.7	122.3	636.9	4 830.9	5 144.0	2 005.6	3 138.4	4 830.9	469.3	46.5
2020	163.3	57.8	105.5	100.3	566.3	6 007.1	6 074.3	2 574.4	3 500.0	6 007.1	432.9	52.2
2021	171.3	57.3	114.0	124.6	597.4	6 365.7	6 628.6	2 687.3	3 941.3	6 365.7	410.5	60.1

注：GP为祖代；PS为父母代；CS为商品代，下同。

（二）黄羽肉鸡

产能回调中，祖代种鸡平均存栏量216.6万套，同比减少1.3%；平均更新周期延长14天，至369天；平均在产存栏151.4万套，同比减少1.3%；父母代种雏供应量减少12.8%。父母代种鸡平均存栏量6 876.3万套，同比减少9.7%；平均更新周期延长15天，至382天；平均在产存栏4 047.1万套，同比减少5.9%；商品代雏鸡供应量减少6.3%（表3-10）。

表3-10　黄羽肉鸡种鸡存栏变化

年度	GP存栏量（全部）（万套）	GP存栏量（后备）（万套）	GP存栏量（在产）（万套）	GP新增雏鸡（万套）	GP更新周期（天）	PS鸡苗销售量（万套）	PS存栏量（全部）（万套）	PS存栏量（后备）（万套）	PS存栏量（在产）（万套）	PS新进雏鸡（万套）	PS更新周期（天）	CS鸡苗销售量（亿只）
2011	199.0	59.8	139.2	180.7		6 079.0	6 952.8	2 090.7	4 862.1	6 079.0		49.2
2012	189.6	57.0	132.6	198.2	377.1	5 591.2	6 065.3	1 823.8	4 241.4	5 591.2		49.7
2013	200.1	60.2	140.0	224.5	358.3	5 055.2	5 694.5	1 712.3	3 982.2	5 055.2	416.8	42.7
2014	201.5	60.6	140.9	211.7	364.0	4 160.8	5 027.1	1 511.6	3 515.4	4 160.8	424.5	39.3
2015	189.5	57.0	132.5	176.4	369.5	5 110.8	5 675.4	2 114.3	3 561.1	5 110.8	478.4	40.1
2016	184.0	55.3	128.7	185.7	371.9	5 119.2	5 858.4	2 186.6	3 671.9	5 119.2	447.3	42.1
2017	173.0	52.0	121.0	184.0	366.5	5 161.2	5 664.8	2 173.4	3 491.5	5 161.2	430.3	37.1
2018	197.1	59.3	137.8	237.7	347.4	7 502.7	6 748.0	2 997.2	3 750.8	7 502.7	413.7	43.7
2019	209.6	63.0	146.6	225.5	357.1	8 070.4	7 475.3	3 352.1	4 123.2	8 070.4	373.5	49.0
2020	219.4	66.0	153.4	227.1	354.9	7 473.5	7 614.8	3 312.5	4 302.4	7 473.5	366.8	44.3
2021	216.6	65.1	151.4	228.5	368.9	6 519.0	6 876.3	2 829.1	4 047.1	6 519.0	382.5	41.4

二、品种推广情况

（一）白羽肉鸡推广情况

我国祖代白羽肉雏鸡的品种主要为科宝艾维茵、AA+、哈伯德、圣泽901以及罗斯308，其中，科宝艾维茵更新42.33万套，占全部更新量的33.97%；AA+更新32.18万套，占全部更新量的25.82%；哈伯德更新了31.20万套，占全部更新量的25.04%；罗斯308更新5.74万套，占全部更新量的4.61%；圣泽901更新13.16万套，占全部更新量的10.56%。

（二）黄羽肉鸡推广情况

截至2021年底，通过国家级鉴定以及《国家畜禽遗传资源品种名录（2020年版）》收录的地方品种为117个；通过国家级审定的配套系66个，培育品种5个。新增国家级遗传资源和品种9个，其中配套系8个、地方品种1个。审定的配套系中来自广东和广西两省（区）的国家级肉鸡新配套系数量占全国总数的58.21%，其中广东拥有25个国家级肉鸡新配套系，占全国总数的37.31%，位居全国第一，广西拥有14个国家级肉鸡新配套系，占全国总数的20.89%，位居全国第二，其他省份共有28个。

（三）小型白羽肉鸡推广情况

改革开放后，我国鸡肉消费需求快速增长，为缓解供需矛盾，解决引进品种不适于德州扒鸡等我国传统名吃加工的问题，山东省农业科学院家禽研究所建立了利用快大型肉鸡父母代父系公鸡作父本、高产商品代褐壳蛋鸡作母本的杂交制种模式，以生产低成本，适宜扒鸡等传统熟食加工的小型肉鸡。由此，小型白羽肉鸡在早期又称为'817肉鸡'或肉杂鸡。

2018年北京市华都峪口禽业有限责任公司利用蛋、肉鸡育种资源优势，培育的'WOD168'是首个通过国家审定的小型白羽肉鸡配套系。2021年山东益生种畜禽股份有限公司培育的'益生909'也通过了国家品种审定。这2个品种的审定，推动我国小型白羽肉鸡开始向正规化发展。农业农村部发布的新一轮《全国肉鸡遗传改良计划（2021—2035年）》，把小型白羽肉鸡与白羽肉鸡和黄羽肉鸡并列，这将进一步提高小型白羽肉鸡在我国肉鸡生产中的地位，对促进我国肉鸡产业的均衡健康发展具有重要意义。

第三章 肉种鸡企业发展

一、总体状况

　　长期以来，我国的肉鸡育种工作主要集中在黄羽肉鸡领域，而白羽肉鸡育种发力不足。近年来，在《全国肉鸡遗传改良计划（2014—2025年）》等政策推动下，形成了以畜禽遗传改良计划为引领，国家重点指导、省地紧密配合，改良计划专家组提供技术支撑，国家核心育种场为主体开展具体育种工作，国家良种扩繁基地负责品种推广，实行全国一盘棋，统一规划布局，统一组织实施的畜禽遗传改良体制机制。

　　畜禽良种对畜牧业发展的贡献率超过40%，2019年我国肉鸡产业产值约3 216.8亿元，肉鸡种业企业产值占畜牧业总产值的10%左右。根据《2018畜禽种业概况》的有关信息，我国累计发放种鸡生产经营许可证690个，包括祖代、父母代和一些地方品种为主的种业企业。我国肉鸡种业上市企业有11家，其中包括白羽肉鸡种业企业3家，分别为山东益生种畜禽股份有限公司、福建圣农发展股份有限公司、山东民和牧业股份有限公司，其余均为黄羽肉鸡种业企业。2020年中国畜牧企业50强中包含6家肉鸡种业企业（占比约12%），按排名先后分别为广东温氏食品集团股份有限公司、福建圣农发展股份有限公司、江苏立华牧业股份有限公司、山东益生种畜禽股份有限公司、山东民和牧业股份有限公司和广西参皇养殖集团有限公司。2020年中国500强上市企业中有13家畜牧企业，包含1家肉鸡种业企业（广东温氏食品集团股份有限公司），占比约7.7%。从这些数据来看，我国肉鸡种业企业在畜牧业中的地位不高，对畜牧业的发展推动不足，但发展潜力巨大。目前我国已遴选17个育种企业为我国核心育种场，国家肉鸡核心育种场所在企业供应的黄羽肉鸡市场占有率达到70%以上（表3-11）。

我国肉鸡种业企业虽然数量不多，但是肉鸡育种正走向市场需求主导下的企业育种之路，其在畜牧业中的地位将进一步得到巩固与提升。从世界肉类生产消费结构来看鸡肉已经成为第一大肉类产品，达到了39%。预计到2035年，我国鸡肉消费的占比将由目前的19%提升到40%，超过猪肉成为第一大肉类产品。肉鸡凭借饲料消耗低、碳排放低、蛋白含量高，在保障粮食安全、环境保护、营养健康等方面发挥重要作用，从而使肉鸡产业以及肉鸡种业企业在畜牧业中的贡献率不断提高。

表3-11　我国主要肉鸡种业企业

类型	编号	公司名称
白羽肉鸡企业	1	山东益生种畜禽股份有限公司
	2	福建圣农发展股份有限公司
	3	山东民和牧业股份有限公司
黄羽肉鸡企业	1	广东温氏食品集团股份有限公司
	2	江苏立华牧业股份有限公司
	3	广东粤禽育种有限公司
	4	广东智威农业科技股份有限公司
	5	广西凉亭禽业集团有限公司
	6	江苏京海禽业集团有限公司
	7	广西参皇养殖集团有限公司
	8	广西凤翔集团股份有限公司
	9	广州市江丰实业股份有限公司
	10	广西南宁市富凤农牧有限公司
	11	河南三高农牧股份有限公司
	12	广西容县祝氏农牧有限责任公司
	13	海南（潭牛）文昌鸡股份有限公司
	14	广东天农食品有限公司
	15	鹤山市墟岗黄畜牧有限公司
	16	佛山市高明区新广农牧有限公司
	17	广西鸿光农牧有限公司
	18	广西金陵农牧集团有限公司

二、核心育种场概况

核心育种场主要承担新品种培育和已育成品种的选育提高等工作，我国肉鸡产业已经基本形成了以原种场和资源场为核心，扩繁场和改良站为支撑，质量检测中心和遗传评估中心为保障的畜禽良种繁育体系框架，良种供应能力显著增强，保障了产业稳定发展。同时构建种鸡技术支撑体系，成立蛋鸡、肉鸡遗传改良计划专家组，落实专家联系制，实行一对一技术指导；组织改良计划专家赴核心场上千余次，开展现场技术指导；持续开展种禽生产性能测定、遗传评估，为种禽企业，尤其是核心育种场，培养了技术和管理人才上百人次。

目前全国认定的国家肉鸡核心育种场17个，扩繁推广基地16个。常年存栏祖代种鸡50余万套、父母代鸡1 500余万套，商品代供种量超过15亿只，良种供应能力远超实际需求水平。有效支撑了肉鸡产业的持续健康发展，对加快畜牧业结构调整、满足城乡居民肉类消费和增加农民收入做出了重要贡献。截至2021年底，国家畜禽遗传资源委员会共审定通过鸡新品种和配套系94个，多数品种具有适应性强、生产性能优异、风味独特等特点，受到市场青睐。以地方品种为主自主培育的黄羽肉鸡新品种（配套系）市场占有率达到50%。

三、产业规模

（一）白羽肉鸡

2021年，全国祖代白羽肉种鸡企业共19家，全年在产祖代平均存栏114.02万套，其中，在产祖代存栏前十名企业的在产祖代种鸡存栏合计98.73万套，占比87%。根据监测数据，白羽肉鸡祖代和父母代种鸡规模分段统计情况如表3-12和表3-13所示。

表3-12 2021年白羽肉鸡祖代场依据在产存栏分段统计

分段	企业数量（家）	平均存栏（万套）	占比（%）
存栏10万套以上	3	17	45
存栏10万套以下	15	4	55
新增祖代企业	1	—	—

表3-13 2021年白羽肉鸡父母代场依据在产存栏分段统计

分段	企业数量（家）	平均存栏（万套）	占比（%）
存栏100万套以上	2	210	25
存栏50万～100万套	7	73	30
存栏10万～50万套	25	29	43
存栏10万套以下	6	7	2

注：仅针对纳入中国畜牧业协会白羽肉种鸡统计监测的父母代场进行分段。

白羽肉鸡祖代种鸡规模较大的代表性企业有（部分企业，排名不分先后）：北京大风家禽育种有限公司、北京家禽育种有限公司、福建圣农发展股份有限公司、哈尔滨鹏达牧业有限公司、河北飞龙家禽育种有限公司、科宝（湖北）育种有限公司、江苏京海禽业集团有限公司、山东益生种畜禽股份有限公司、诸城外贸有限责任公司。

从种业类型来看，2021年更新的祖代白羽肉雏鸡共有5个品种，主要品种为科宝艾维茵（33.97%）、AA+（占比25.82%）、哈伯德（25.04%）、圣泽901（10.56%）以及罗斯308（4.61%）。

（二）黄羽肉鸡

2021年全国在产祖代黄羽肉种鸡年平均存栏量约为151.45万套，其中，在产祖代存栏前十名累计存栏99.47万套，占比65.68%。根据监测数据，黄羽肉鸡祖代和父母代种鸡规模分段统计情况如表3-14和表3-15所示。

表3-14　2021年黄羽肉鸡祖代场依据在产存栏分段统计

分段	企业数量（家）	平均存栏（万套）	占比（%）
存栏5万套以上	11	10	70
存栏2万~5万套	11	4	26
存栏2万套以下	5	1	4

注：仅针对纳入中国畜牧业协会黄羽肉种鸡统计监测的企业进行分段。

表3-15　2021年黄羽肉鸡父母代场依据在产存栏分段统计

分段	企业数量（家）	平均存栏（万套）	占比（%）
存栏100万套以上	3	243	50
存栏50万~100万套	5	63	21
存栏10万~50万套	15	26	27
存栏10万套以下	6	5	2

注：仅针对纳入中国畜牧业协会黄羽肉种鸡统计监测的企业进行分段。

黄羽肉鸡祖代种鸡规模较大的代表性企业有（部分企业，排名不分先后）：广东温氏食品集团有限公司、广东智威农业科技股份有限公司、佛山市高明区新广农牧有限公司、广州市江丰实业股份有限公司、广东天农食品有限公司、广西金陵农牧集团有限公司、广西凤翔集团畜禽食品有限公司、广西参皇养殖集团有限公司、南宁市良凤农牧有限责任公司、广西容县祝氏农牧有限责任公司、广西南宁市富凤农牧有限公司、广西园丰牧业集团股份有限公司、广西鸿光农牧有限公司、江苏立华牧业股份有限公司、海南（潭牛）文昌鸡股份有限公司、四川德康农牧食品集团股份有限公司、广西春茂农牧集团有限公司。

（三）小型白羽肉鸡

2021年817肉鸡（小型肉鸡）母本全年平均存栏量约为1 220.85万只，其中，种鸡存栏前五名累计存栏424.09万只，占比34.74%。

817肉鸡（小型肉鸡）种鸡规模较大的代表性企业有（部分企业，排名不分先后）：聊城禾邦农业有限公司、鹿邑县满意禽业有限公司、聊城市奥祥禽业有限公司、北京市华都峪口禽业有限责任公司、桂柳牧业集团、安徽华卫集团禽业有限公司、河南丰园禽业有限公司、河北玖兴农牧发展有限公司、德州佳和牧业有限公司、荣达禽业股份有限公司、德州瑞祥农业科技有限公司。

第四章 育种研究进展

一、科研进展

（一）种质资源收集评价

开展资源普查是加强畜禽遗传资源保护的重要基础工作。2021年3月21日，农业农村部发布《关于开展全国农业种质资源普查的通知》，标志着第三次全国畜禽种质资源普查的正式开始。本次普查计划利用3年时间，摸清资源家底和发展变化趋势，开展抢救性收集保护，发掘一批优异新资源，为提升种业自主创新能力、打好种业翻身仗奠定种质基础。为进一步强化地方畜禽品种保护条件，2021年农业农村部重新组织了国家级畜禽遗传资源基因库、保种场、保护区的审核更新，根据《中华人民共和国农业农村部公告第453号》，首批公布了24家国家地方鸡遗传资源保护场和3家国家地方鸡种基因库，其中广西金陵农牧有限公司承建的国家地方鸡种基因库（广西）系首次入选，保存地方鸡遗传资源21个，另外两个分别在江苏和浙江，收集保存珍稀、濒危地方鸡遗传资源达到32个和29个，2021年新收集太湖鸡、兴义矮脚鸡和长顺绿壳蛋鸡入库保存，阿克鸡遗传资源通过国家畜禽遗传资源委员会鉴定。依托江苏省家禽科学研究所建设的家禽遗传资源生物样本库2021年度获批"江苏省家禽遗传资源保存和创新利用中心"；建立了中国鸡遗传资源数据库，涵盖了我国全部地方鸡（142个）有效遗传数据信息，数据量达1万余条。

完成黔东南小香鸡、龙胜凤鸡、江山乌骨鸡、林甸鸡、杏花鸡、清远麻鸡、惠阳胡须鸡、中山沙栏鸡、怀乡鸡、阳山鸡、沐川乌骨鸡、阿坝藏鸡、四川山地乌骨鸡、峨眉黑鸡、平武红鸡等15

个地方鸡种的性能测定与评价，明确了品种特有的种质特性和开发利用方向。随着测序技术的发展和基因组学研究的深入，家鸡遗传资源研究已经正式进入"泛基因组（Pan-genome）时代"。泛基因组学策略通过建立包含特定物种全部基因组序列和变异信息的集合，取代来自单一个体的参考基因组，可以获取更为准确全面的变异信息，能够更好地满足日益发展的基因组研究需求。2021年，河南农业大学康相涛教授团队与澳大利亚西澳大学等单位合作，利用868只鸡的全基因组测序数据，构建了首个鸡泛基因组，并解析了影响鸡生长性状主效基因*IGF2BP1*的致因突变。泛基因组研究策略也被用于家鸡的驯化研究。西北农林科技大学姜雨教授团队通过对20只来自全球多种家鸡代表性品种的个体进行了全基因组高深度测序和基因组从头组装，鉴定了159 Mb家鸡参考基因组中的缺失序列，并通过比较基因组学分析揭示了家鸡驯化和人工选择中关键表型变异的潜在致因变异，为全面解析家鸡驯化机理提供了重要的研究基础。中国科学院昆明动物研究所张亚平院士团队发表了家鸡驯化领域的最新研究成果，通过对包含地方鸡和野生家禽的800多个全基因组数据集的分析，结果发现驯化后的家鸡有害突变发生率较红色原鸡增加2.95%，支持了"驯化成本（cost of domestication）"假说；同时，家鸡基因组62.4%的有害SNP保持在杂合状态并被掩盖为隐性等位基因，为现代育种中消除这些遗传负荷的能力提出了挑战。

（二）重要基因筛选和鉴定

应用全基因重测序、表达谱芯片、RNA-Seq、ChIP-Seq等技术鉴定出了一批影响外观、肌肉生长发育、脂肪沉积、繁殖、抗病和饲料效率等相关的功能基因。利用基因表达芯片技术分析了鸡不同部位皮肤的基因表达模式，发现Wnt、FGF、MAPK、SHH和BMP信号通路是调控毛囊发育的关键信号通路，*Wnt3a*可作为影响毛囊密度性状的重要候选基因。利用全基因组重测序方法对略阳黑羽乌鸡和白羽乌鸡进行选择信号分析，鉴定出与羽色性状形成相关的受选区域，并进一步确定*RVT_1*、*G-gamma*、*FA*、*FERM*、*Kelch*、*TGFb*、*Arf*、*FERM*等是影响羽色形成的重要候选基因。跨膜蛋白TMEM182特异表达于鸡肌肉和脂肪中，利用体内和体外试验，证明*TMEM182*可抑制肌纤维的形成和再生，并显著影响体重、肌肉重、肌纤维数量和肌纤维直径，*TMEM182*通过与*integrin β1*互作，影响*integrin β1*与细胞外基质的联系，阻碍胞内外间的信号传导，最终抑制肌细胞的分化和融合。利用small RNA测序技术，分析了与快大型白羽肉鸡木质化鸡胸肉发生相关的miRNA，鉴定出*gga-miR-155*、*gga-miR-29c*、*gga-miR-13323*等23个差异表达的miRNA在调控木质化鸡胸肉发生中发挥重要的功能。*miR-107-3p*作为核心调节因子吸附*LNC_003828*，影响*MINPP1*基因在静原鸡肌肉组织的相对表达，进而影响IMP的含量，*LNC_003828*、*gga-miR-107-3p*和*MINPP1*可能为影响肌肉肌苷酸特异性沉积的关键候选基因。利用ChIP-Seq、双荧光素酶报告基因、qRT-PCR等方法研究发现*HIF1α*是转录因子*KLF7*的靶基因，*KLF7*可能通过抑制*HIF1α*基因转录参与鸡脂肪组织发育过程。利用RNA-Seq方法比较了贵州黄鸡胸肌个体间肌肉脂肪含量的差异，差异表达基因GO功能富集和KEGG通路分析表明，黏着斑、ECM-受体相互作用、细胞黏附分子、肌动蛋白细胞骨架调节和PPAR信号通路等5条通路参与了IMF沉积过程；*CAPN2*、

COL1A1、*COL1A2*、*COL6A1*、*COL6A3*、*PLTP*和*LP1N1*等基因是影响贵州黄鸡肌肉脂肪沉积的关键基因。通过*miR-2954-VMO*抑制鸡胚性腺中*miR-2954*的表达，验证了*miR-2954*在鸡胚水平对*DMRT1*及*SOX9*具有一定调控作用，表明miR-2954可能参与雄性性分化基因的表达而并未起到性别决定与性分化关键作用。*LINC219*与*LINC2077*可能靶向*gga-miR-146a-3p*进一步参与IRF8的调控，并促进下游炎性因子的释放。通过GWAS分析了与鸡剩余采食量相关的QTL，在1号染色体发现了一个区域（91.27～92.43 Mb）与剩余饲料采食量（RFI）和采食量（ADFI）相关，鉴定出*NSUN3*和*EPHA6*是饲料效率的重要候选基因。

（三）肉鸡基因组选择研究

1. 育种芯片技术升级

'京芯一号'于2017年开始应用以来，已经完成第二次升级后的V3版芯片研发。位点检出率超过99%，位点检测重复率超过99.5%，具有更高的准确性和稳定性而成为全基因组鸡SNP检测的金标准之一。与商业600K芯片相比，'京芯一号'通量适中，价格只有其1/3；与基于第二代重测序的基因分型技术相比，检测SNP位点固定，流程简便快捷，易实现标准化和自动化，可节省人工和时间，易实现数据流的追溯和核查，综合性价比最高。'京芯一号'芯片已应用7.2万张，'京芯一号'已应用于13万只肉鸡育种群的基因组选育，加倍提高遗传进展，有效支撑了广明2号白羽肉鸡、益生909小型白羽肉鸡等5个肉鸡新品种的培育。

2. 基因组育种值评估方法升级

建立了整合先验标记的基因组育种值评估新方法，即通过基因组关联分析获得的显著位点，利用整合显著SNP标记效应的基因组估计育种值（GEBV）估计方法，与常规一步法相比，饲料报酬性状的选择准确性可提高15.44%；对另外显著的9个SNPs构建的G矩阵赋值1.9%的权重，加权基因组最佳线性无偏预测（GBLUP）准确性比传统GBLUP提高了2%；Romé等研究人员根据SNP显著性水平对加性遗传矩阵进行拆分后准确性由1%提高到70%；在产蛋性状方面，通过基因组关联分析筛选到的对产蛋数具有显著效应的QTL区域（Z染色体10.81～13.05 Mb的区域）及29个显著SNP，其加性遗传方差占所有SNPs的2.9%。对显著SNP构建G矩阵赋值权重2.9%，加权GBLUP和加权一步法基因组最佳线性无偏预测（ssGBLUP）准确性比无加权算法提高5.41%以上。加权GBLUP和加权ssGBLUP的估计秩相关比无加权算法提高了7.25%。这类方法可提高育种值估计准确性，进而加快遗传进展，缩短新品系育成的时间。"一种白羽肉鸡产蛋数的基因组选择方法"已申请发明专利（202110744654.5）；相关文章发表在*Animal Genetics*等期刊上。

3. 专门化品系的个性化基因组选择方案

根据肉鸡不同专门化品系的选育方向制订选育方案。在父系中以生长性能提升为主选方向，确定RFI、体重、产肉率、成活率的经济加权权重，制定基因组育种值的综合选择指数，结合家系全覆盖式参考群构建、分生长早期和繁种前两阶段实施选留。在母系品系中以繁殖性能为主选方向、兼顾生长性能，确定产蛋数、蛋重的经济加权权重，制定基因组育种值的综合选择指数，实施早期留种、循环选育方案。'广明2号'白羽肉鸡父系通过基因组选择实施，料重比3个世代降低0.17，胸腿肌率提高40%以上；母系2个世代基因组选择，产蛋量提高7.5枚。实施基因组选择后，相对于利用常规育种方法，单性状遗传进展提高30%以上；实现品系遗传进展提升速度增加1倍以上。文章发表在*Poultry Science*和《畜牧兽医学报》等期刊上。

4. 大数据的肉鸡基因组育种平台

中国农业科学院北京畜牧兽医研究所自主开发了"IAS-肉鸡育种"数据采集管理系统。该系统可实现育种现场测定的体重、产蛋数等原始数据云同步到终端，并将原始记录自动汇总整理成系谱数据，解决了育种中最为重要的系谱档案标准化整合、最烦琐的数据录入纠错等难题，系统登录网址为https://iascaas.star2003.cn；北京康普森生物科技有限公司开发了用户友好型自动化基因组遗传评估系统。通过IT微服务框架，设计开发了"大象平台"。包括数据采集模块、基因组分型模块、育种值估计三大模块，提高了遗传评估的速度，实现了数据自动化检验、入库、分析的整个流程。能满足10万个样本的表型和基因型数据的快速运算。平台运行的"鸡数量性状基因组选择ssGBLUP分析软件"等4项技术获得软件著作权。

二、联合攻关进展

为落实中央一号文件关于组织实施畜禽联合攻关的部署，强化畜禽种业体制机制创新，提升我国畜禽种业国际竞争力，农业农村部办公厅编制并实施《关于印发〈国家畜禽良种联合攻关计划（2019—2022年）〉的通知》。"白羽肉鸡育种联合攻关"是其中的重要内容之一，分别由广东佛山市高明区新广农业有限公司（新广组）和福建圣泽生物科技发展有限公司（福建组）牵头，中国农业科学院北京畜牧兽医研究所和东北农业大学作为技术支撑单位，实施白羽肉鸡新品种培育。目标为培育出生产性能达到国际同期水平、适合我国饲养环境和养殖模式的白羽肉鸡配套系。

新广联合攻关组应用自主研发的首款肉鸡50K SNP芯片'京芯一号'，建立了与国际水平并跑的肉鸡基因组选择技术体系并全面应用。对白羽肉鸡专门化品系的主要经济性状如饲料利用效率、胸肉率、产蛋数均制订了基因组选择方案并实施，选种准确性显著提高，遗传进展达到常规选择的1倍以上，选育出的6个特性突出的专门化选育品系。福建联合攻关组对种鸡饲料报酬和繁殖性能进行了高强度的选育，选育出8个专门化选育品系保持稳定的遗传进展，并通过大规模配合力测定，筛选最优的白羽肉鸡配套组合。

通过企科模式的联合攻关，广明2号和圣泽901两个白羽肉鸡新配套系在2021年12月通过国家遗传资源委员会新品种审定，打破了国外的垄断局面。

附录　畜禽育种平台及体系建设情况

一、肉鸡育种平台

1. 国家畜禽育种重点实验室

畜禽育种国家重点实验室于2010年由科技部立项，2013年建成通过验收，是广东省直高校和研究所农业领域唯一的国家重点实验室。

实验室以猪鸡重要经济性状遗传的应用基础、畜禽育种新技术、畜禽新品种（配套系）培育、遗传与营养互作为主要研究内容，设立遗传基础研究室、鸡育种研究室、猪育种研究室、育种新技术研究室、营养支撑技术研究室等五个专业实验室。设立了"学术委员会"和"管理委员会"两个指导、管理机构，实验室现有固定人员57人，其中博士21人，高级职称21人。实验室在畜禽资源利用、遗传育种、遗传与营养互作等方面取得了一系列重大创新，在推动行业技术进步、提高良种覆盖率、培育和壮大区域优势产业、凝聚创新队伍、提升创新能力等方面发挥着重要作用。

建室以来，实验室共承担在研项目101项，其中国家级项目33项。建有国家级家禽资源保种场2个，收集和保存地方畜禽品种10个，育成畜禽专门化品系和配套系30多个。获得国家科学技术奖二等奖1项、省科学技术奖一等奖2项、省农业技术推广奖一等奖1项，拥有国家级和省部级主导品种、主推技术8项。通过新品种和新技术的推广，带动农户6万户，增收超过12亿元，创造社会产值200亿元，为我国畜牧产业的发展、社会主义新农村建设做出了重大贡献。

2. 农业农村部鸡遗传育种重点实验室（东北农业大学）

2011年8月4日批准成立，该重点实验室隶属于农业农村部动物遗传育种与繁殖学科群。重点实验室的发展定位是：围绕国家发展的战略需求和农业科技发展趋势，立足北方地区，在现有研究工作基础上，突出自身特色、瞄准学科前沿，依靠分子生物学和基因技术开拓新的研究领域，解决常规遗传繁育技术难以解决的热点和难点问题。实验室着重开展鸡重要经济性状遗传解析和鸡育种新理论与新技术的研究，揭示鸡重要经济性状生长发育的遗传规律，为新品种（配套系）的选育提供理论与技术基础。

3. 农业农村部鸡遗传育种与繁殖重点实验室（华南农业大学）

依托于华南农业大学，2011年建立，2015年获批建设，2017年顺利通过农业农村厅建设验收。重点实验室着眼于国内养鸡产业发展的需求，立足广东省，服务于华南、西南、华东等地区的地方鸡的种质资源保护与开发、优良经济性状遗传机理解析与遗传改良、优质高效的肉鸡与蛋鸡品种或品系的培育技术、分子育种理论技术的开发、良种繁育技术、节粮健康生态养殖以及遗传与环境互作等领域的应用基础研究与应用研究。通过承担国家、农业农村部以及其他部门和机构委托的研究项目，与育种企业技术合作，聚集和培养高水平的家禽育种研究人才，逐步建设成为以鸡重要经济性状分子基础研究和鸡育种理论与新品种培育为研究方向的特色学科强势。同时，针对我国南方地区对优质肉鸡的育种需求，充分发挥广东紧邻港澳台地区的区域优势，联合温氏集团等多家育种企业广泛开展产学研项目研究，加强种业全链条创新，为我国肉鸡商业化育种提供科技支撑，提升鸡育种的科技含量和科技创新能力，从而引领我国鸡育种产业高效、绿色健康地发展。现实验室面积3 000米^2，仪器总价值2 000多万元。现有固定人员30人，其中正高级职称11人；人才队伍中"珠江学者"1人，"科技部中青年领军人才"1人，"教育部新世纪优秀人才"1人，"国家优青"1人，广东省特支计划科技创新领军人才和创新青年拔尖人才各1名，组建"广东特支计划-畜禽种业自创新团队"1支。

实验室围绕鸡重要经济性状分子基础的功能基因组学研究、鸡分子育种方法与新品种培育研究、鸡繁殖生理学与调控研究、鸡的遗传与环境互作研究四个研究方向，"十三五"期间获得省级以上科学技术奖励5项，其中国家科技进步奖二等奖1项，省部级科技进步奖一等奖2项，授权专利14件、软件著作权12项，发表SCI论文98篇，参与培育通过国家品种审定新品种1个。

4. 农业农村部动物遗传育种与繁殖（家禽）重点实验室

农业农村部动物遗传育种与繁殖（家禽）重点实验室于2017年通过农业部科教司批准建设，2018年通过试运行期评估。为农业农村部动物遗传育种与繁殖学科群综合性重点实验，依托单位为中国农业科学院北京畜牧兽医研究所，实验室由8个中国农业科学院科技创新团队组成，实验室固定人员46人，高级职称人数36人，现代农业产业技术体系首席科学2人，岗位科学家6人，国家杰出青年科学基金获得者2人，中国农业科学院青年英才4人。实验室设有中心实验室开放共享平台，拥有仪器设备160多台。实验室有4个研究方向：畜禽重要经济性状遗传基础与分子育种技术研究；动物遗传资源保存、基因资源发掘及功能鉴定研究；动物繁殖技术和转基因种质创新研究；畜禽良种培育及国产化。

二、肉鸡育种行业协会

1. 国家肉鸡产业技术体系华东区肉鸡育种与生产协作组

国家肉鸡产业技术体系华东区肉鸡育种与生产协作组是国家肉鸡产业技术体系区域协作性组织（组长单位：扬州大学）。由华东区（山东、安徽、江苏、浙江、江西、福建和上海）岗位科学家、试验站站长及有关肉鸡科研、生产等单位的专家学者、企业家组成。协作组办公室挂靠扬州大学国家重点（培育）学科——动物遗传育种与繁殖学科。协作组自2009年11月成立以来，每年举办一次研讨会，对华东区肉鸡产业发展的宏观形势进行研讨，调研区内肉鸡产业动态，掌握华东区肉鸡产业发展动向，为肉鸡产业提供信息；各成员单位积极开展肉鸡产业技术培训，提高企业饲养管理水平；开展肉鸡育种与生产科研合作，突出华东区肉鸡育种特色，成员单位间团结合作，整体推进以企业为主体的产学研结合模式。执行国家肉鸡产业技术体系的工作部署，结合华东区肉鸡产业的特点，搭建了华东区肉鸡育种与生产协作平台。

2021年国家肉鸡产业技术体系华东区肉鸡育种与生产协作组相关专家，突出华东区肉鸡育种与生产特色，推进以企业为主体的产学研结合模式，培育的屠宰型黄羽肉鸡花山鸡配套系通过国家畜禽新品种（配套系）审定；制定海扬黄鸡等省级地方标准3项、《黄羽肉鸡笼养技术规程》等企业标准8项；申请PCT专利2件、国内发明和实用新型专利21件；授权PCT专利2件、国内发明和实用新型专利31件；发表学术论文119篇（其中发表SCI论文78篇）；获软件著作权7项。

2. 中国畜牧业协会白羽肉鸡分会（原名中国白羽肉鸡联盟）

中国畜牧业协会白羽肉鸡分会（原名中国白羽肉鸡联盟），成立于2014年1月8日，隶属于中国畜牧业协会，是由白羽肉鸡养殖、屠宰、加工等龙头企业及产业链上下游相关企业或机构组成的非营利性社会团体组织。目前，联盟成员已达40余家行业主流企业，联盟祖代种鸡量占全国总量的98%，父母代产雏量占全国总量的97%，年屠宰肉鸡30亿只以上，屠宰量肉鸡占全国总量的65%左右。

根据白羽肉鸡产业不同时期的特点，有针对性地开展促进产业发展的相关工作，持续从产业发展的全局出发，从供给侧方面强调产能必须与市场需求相匹配，引导企业理性思维，科学决策，避免盲目扩张；从需求端方面持续开展科普宣传拉动消费，与中国食品安全报合作全方位宣传白羽肉鸡的优势，制作通俗易懂的科普手册，在餐饮快餐、商业平台、学校团体等渠道免费发放，起到了良好的宣传效果，尤其对学校学生起到了很好的食育教育作用；中央电视台农业频道《科技苑》栏目制作播出白羽肉鸡大型系列电视专题片《白羽肉鸡的前世今生与未来》共三集，科学解读白羽肉鸡为什么长得快以及营养健康、食品安全等，让社会观众认知白羽肉鸡的科学性，进一步消除对白羽肉鸡的误解；邀请行业权威专家做客央视《共同关注》栏目，组织了《营养餐桌科普论坛——白羽肉鸡》专题宣传活动，针对社会公众对白羽肉鸡的误解，权威专家科学阐述白羽肉鸡一高三低的营养优势；制作了32个白羽肉鸡菜单短视频并生成二维码，通过各种平台免费分享，消费者利用手机移动终端扫码即可播放视频，让更多的消费者学会如何烹饪白羽肉鸡，很好地拉动和促进白羽肉鸡消费；从产业发展方面积极推动产业转型升级和高质量发展，从产业技术管理、研发创新方面组织相关技术、管理方面的交流和研讨，同时分享世界肉鸡产业发展的趋势以及国际领先的技术和管理；从维护行业利益方面先后对美国、巴西实施"反倾销、反补贴"诉讼，建议海关打击走私等。根据联盟五大沟通职能，积极沟通政府相关部门提出有利于产业发展的建议，如建议修改鸡肉的进口关税，建议海关加强对进口祖代鸡的疫病检疫和追责，沟通企业严格遵守法律法规，强化行业自律，确保食品安全。

3. 肉鸡基因组选择育种联盟

2018年由中国农业科学院北京畜牧兽医研究所联合康普森生物公司、江苏立华育种有限公司、佛山市高明区新广农牧有限公司等7家企业，成立了"肉鸡基因组选择联盟"，共同推动基因组育种技术的应用。现已将新技术应用扩展到、海南（潭牛）文昌鸡股份有限公司、山东益生种畜禽股份有限公司、湖南湘佳和广西富凤等更多育种企业中，推动了肉鸡基因组育种技术的应用。

奶牛篇

第一章　主要发展概况

一、奶牛供种能力

（一）冷冻精液供种能力

目前我国奶牛胚胎移植技术、OPU-IVF胚胎生产技术总体效率较低。在以人工授精为主导技术的奶牛繁育体系中，1头种公牛每年可承担1万头以上母牛的配种，因此，选育优秀种公牛是奶牛育种的核心工作。种公牛站是奶牛育种体系的重要主体。

2021年，我国具备种畜禽生产资质的注册种公牛站37家（其中从事奶牛种公牛培育与冷冻精液推广的主体机构6家），合计存栏荷斯坦种公牛452头，褐牛种公牛31头、娟姗种公牛24头，其中自主培育公牛分别为96头、15头、14头，种源自给率不足25%。全国种公牛站累计生产荷斯坦牛冷冻精液350.03万剂、褐牛22.67万剂、娟姗牛22.86万剂，市场推广数量分别为302.08万剂、17.78万剂、11.62万剂；行业数据统计显示，我国自产荷斯坦牛冷冻精液市场占有率约为35%，远低于国家种源安全红线。

受国家补贴政策与进口冻精冲击等因素影响，我国荷斯坦种公牛存栏自2015年的1 800余头下滑至2021年的452头，国产奶牛冷冻精液市场占有率明显下滑。奶牛自主供种能力主要取决于种公牛遗传质量与市场评价机制，建立具备国际竞争力的自主奶牛种质评价机制，鼓励自主培育种公牛，提高种公牛遗传质量，对我国奶牛种业振兴具有深远意义。

（二）胚胎供种能力

目前我国奶牛胚胎移植技术、OPU-IVF胚胎生产技术总体效率较低，应用规模和范围小，难以满足产业发展需求。北京、山东、内蒙古、河北等地的奶牛育种企业与科研院所合作是主要胚胎生产单位。2021年，生产荷斯坦奶牛胚胎约10 000枚，进口胚胎5 000～10 000枚。

（三）良种母牛供种能力

国家奶牛核心育种场也是奶牛育种体系的重要主体，开展核心育种群选育提高工作。核心育种场与种公牛站联合开展种公牛自主培育，承担全国联合育种任务，对加快遗传改良进程，提高核心种源质量和供种能力具有重要意义。

根据农业农村部《关于开展国家奶牛核心育种场遴选工作的通知》，2018年全国畜牧总站组织开展了全国奶牛核心育种场的遴选，截至2021年底，10家奶牛场通过遴选获批成为国家奶牛核心育种场。2021年，10家国家奶牛核心育种场共存栏奶7.49万头（其中塔城地区种牛场仅饲养新疆褐牛），其中荷斯坦牛核心群存栏6 890头、褐牛554头。2018年获批核心场生产性能追踪，2021年荷斯坦牛核心群胎次单产达到13.77吨、平均乳脂率4.08%、平均乳蛋白率3.34%，累计输出各类种牛3 893头，为我国奶牛种源供给提供重要保证。

（四）奶牛繁育技术水平

2008年农业部发布实施《中国奶牛群体遗传改良计划（2008—2020年）》，并启动了全国奶牛生产性能测定（DHI）补贴项目，用于开展奶牛联合育种工作。由38个DHI实验室和标准物质制备实验室、1 309个参测奶牛场、37家种公牛站以及全国畜牧总站、中国奶业协会、中国农业大学等单位组成的中国荷斯坦牛联合育种技术体系已经初步形成。

自2010年至今，国内相继成立了中国北方荷斯坦牛后裔测定联盟、香山荷斯坦牛后裔测定联盟、奶牛育种创新联盟、中原奶牛育种联盟、奥克斯-澳亚奶牛育种合作联盟、河北省荷斯坦奶牛种质创新联盟等，开展联合育种工作，取得了一定的进展。

2012年1月13日，"中国荷斯坦牛基因组选择技术平台的建立"通过教育部科技成果鉴定并被农业农村部指定为我国荷斯坦青年公牛遗传评估的唯一方法，实现了青年公牛基因组检测全覆盖并推广优质冻精。截至2021年12月，累计对全国28个公牛站的3 708头荷斯坦青年公牛进行了基因组遗传评估。2021年共计新增3 715头进入基因组参考群，我国奶牛基因组选择参考群体规模达到1.7万头，但与奶业发达国家相比评估准确性尚待提高。

截至2021年，通过实施《中国奶牛群体遗传改良计划（2008—2020年）》和全国奶牛生产性能测定（DHI）项目14年。从统计数据看（表4-1），全国奶牛存栏量呈下降趋势，但牛奶总产量保持稳定，主要依靠奶牛单产水平的提高，奶牛群体遗传改良工作起到了重要作用。2021年，全国可开展奶牛生产性能测定的实验室38个，分布在23个省（区、市），测定范围覆盖全国，原料奶质量安全水平也明显提高。

表4-1　2008—2021年中国奶牛性能测定日生产水平

年度	场数（个）	牛数（万头）	日产奶量（千克）	乳脂率（%）	乳蛋白率（%）	体细胞数（万个/毫升）
2008	592	24.5	22.1	3.64	3.28	61.0
2009	905	35.2	22.6	3.70	3.25	60.4
2010	1 034	41.4	23.0	3.68	3.25	46.7
2011	1 059	46.2	24.1	3.66	3.28	43.5
2012	1 043	52.6	24.5	3.71	3.26	39.7
2013	1 036	54.2	24.4	3.77	3.29	41.3
2014	1 178	72.4	25.8	3.78	3.28	38.7
2015	1 302	79.5	27.1	3.76	3.23	34.3
2016	1 543	100.5	28.1	3.83	3.30	29.6
2017	1 611	112.8	29.0	3.89	3.35	28.7
2018	1 454	123.8	30.0	3.94	3.36	26.2
2019	1 364	127.7	31.2	3.96	3.34	24.2
2020	1 291	129.9	32.4	3.92	3.36	23.9
2021	1 309	147.9	33.2	3.93	3.34	23.6

二、奶牛遗传改良计划

（一）开展的主要工作

2021年4月28日，农业农村部发布实施《全国奶牛遗传改良计划（2021—2035年）》，作为国家层面启动的第二轮奶牛遗传改良计划，是确保我国种源自主可控、打好种业翻身仗的重要行动。2021年主要开展了如下工作。

1. 品种登记、生产性能测定与体型鉴定

（1）品种登记

奶牛品种登记由专门的机构或牧场依据系谱资料将符合品种标准的奶牛记录在册或录入特定的计算机数据管理系统。设立在中国奶业协会的中国奶牛数据中心是国家级奶牛品种登记机构，登记的乳用品种包括中国荷斯坦牛、娟姗牛、新疆褐牛、三河牛和奶水牛。2021年，品种登记总量达到200余万头。

（2）生产性能测定（DHI）

奶牛生产性能测定作为奶牛群体遗传改良工作中一项非常重要的基础性工作。在牛群中实施准确、规范、系统的个体生产性能测定，获得完整、可靠的生产性能记录，以及与生产效率有关的繁殖、疾病、管理、环境等各项记录，对于建立核心育种群，自主培育种公牛具有重要意义。2021年全国奶牛生产性能测定工作稳步推进，中国奶牛数据中心统计的38个测定中心上报数据显示，全年共有1 309个奶牛场的147.9万头奶牛进行生产性能测定，测定记录达820.8万条。参测泌乳牛数量比2020年增加13.6%，场平均泌乳牛规模达到1 133头，同比增加12.5%。

（3）体型鉴定

2021年继续组织中国奶牛体型鉴定员培训班和考核工作，围绕《全国奶牛遗传改良计划（2021—2035年）》《中国奶牛体型鉴定员管理办法（试行）》《中国荷斯坦牛体型鉴定技术规程》等相关内容进行培训，对57名中国奶牛体型备案鉴定员进行了资格考核，对原有的54名中国奶牛体型鉴定员进行年审，中国奶牛体型鉴定员队伍扩大，为全国奶牛遗传改良计划的有效实施奠定了坚实的基础。新增考核通过的中国奶牛体型鉴定员16名，新增体型鉴定荷斯坦奶牛6.0万头。

2. 后裔测定与常规遗传评估

我国自2018年实施国家标准《中国荷斯坦牛公牛后裔测定技术规程》，明确奶牛育种机构为后裔测定的主体单位，负责计划选配、培育参测公牛、制订后裔测定方案、选定后裔测定奶牛场、分发和使用试配冷冻精液，并及时收集与配母牛的配种、产犊记录及公牛女儿[①]体尺体重、繁殖、健康和长寿性等性状数据。行业主管部门授权奶牛遗传评估机构根据参测公牛的基因组检测数据及其女儿的相关数据，进行参测公牛的各性状个体育种值估计，并计算综合选择指数。

我国奶牛育种单位依托北方联盟和香山联盟，全面开展荷斯坦牛青年公牛后裔测定工作。2021年，北方联盟参加后裔测定公牛共96头，其中新参加后裔测定公牛48头，发放冻精31 573支，收集配种记录21 390条，妊检记录10 725条，产犊记录7 748条，女儿牛记录4 646条。2021年，香山联盟参加后裔测定公牛共97头，发放冻精87 256支，收集配种记录63 524条，妊检记录32 609条，产犊记录19 945条，女儿牛记录10 469条。

2021年开展2次开展全国奶牛遗传评估，全国畜牧总站和中国奶业协会网站发布《2021年中国乳用种公牛遗传评估概要》，共有861头种公牛获得经后裔验证的遗传评估成绩，包括中国奶牛性能指数（CPI）以及5个产奶性状、3个体型性状和1个健康性状的估计育种值。验证种公牛国内女儿（雌性后代）的遗传评估数据，来自2 814个奶牛场189.85万头母牛的2 238.67万条奶牛产奶性能测定数据和1 327个奶牛场29.23万头一胎母牛的体型鉴定数据。遗传评估结果为全国奶牛场开展选种选配提供了客观依据。

3. 基因组选择参考群与遗传评估

农业农村部种业管理司和全国畜牧总站组织奶牛基因组参考群扩建项目，持续扩大我国奶牛基因组选择参考群体规模。2021年度全国新增3 715头参考群体牛只，由北京首农畜牧奶牛中心、上海奶牛育种中心、河南省鼎元种牛育种有限公司、内蒙古赛克星繁育生物技术股份有限公司、山东奥克斯畜牧种业有限公司等5家单位承担样本采集和基因组检测。河南省奶牛生产性能测定中心和北

---

① 雌性后代。

京奶牛中心承担参考群所在牛场的育种和繁育数据现场核查任务。随着2021年度项目任务达成，参考群体规模达到17 000头，完善了奶牛遗传评估技术平台。新增参考群体覆盖区域扩展至北京、天津、宁夏、吉林、河北、黑龙江、河南、山东、上海、江苏等地，显著丰富了国家参考群体的环境代表性。

利用中国农业大学奶牛基因组选择遗传评估技术平台，2021年开展了2次全国青年公牛基因组遗传评估，共有3 708头公牛获得基因组遗传评估成绩，评估结果在全国畜牧总站和中国奶业协会网站发布，包括中国奶牛基因组性能指数（Genomic China Performance Index，GCPI）以及5个产奶性状、3个体型性状和体细胞评分的GEBV及其可靠性。

（二）取得的主要成效

1. 奶牛群体生产水平进展

2021年作为《全国奶牛遗传改良计划（2021—2035年）》的开局之年，中国奶业转型升级步伐进一步加快，全国奶牛生产性能测定（DHI）补贴项目扩大，奶牛联合育种工作持续推进，标准化、规模化牧场已经成为发展主流，存栏100头以上规模化养殖比例达到70.0%，同比提高4.2个百分点，比2016年提高33.8个百分点。奶牛生产水平进一步提高，单产达到8.7吨，同比增长0.4吨，比2016年增长2.3吨。

（1）中国奶牛登记牛群体不断增加，夯实育种基础

中国荷斯坦牛。目前，我国饲养近1 043.3万头奶牛中，80%以上属于该荷斯坦牛。在全国各地基本上都有分布，其中存栏较多的是新疆、内蒙古、河北、黑龙江、山东、河南、陕西和宁夏等省（区）。截至2021年底，中国荷斯坦牛品种登记总量达到203.2万头，登记范围覆盖26个省（区、市）。中国荷斯坦牛品种登记数量年度分布见图4-1。

图4-1　1992—2021年中国荷斯坦牛品种登记数量年度分布

娟姗牛。我国娟姗牛以引入为主，主要分布在辽宁、北京、广东、山东、陕西、黑龙江、湖

南、四川、河北等地区。截至2021年底，中国奶牛品种登记数据库中娟姗牛品种登记总量达到了4.4万余头，其中辽宁地区登记数达到10 492头，北京、山东和广州地区登记数均超过了5 000头。

（2）育种数据不断扩充

截至2021年底，奶牛生产性能测定项目补贴奶牛数量首次达到100万头。全国累计参测3 600个牛场489万头奶牛，收集测定记录6 553万条，其中，可用于中国种公牛遗传评估的DHI测定奶牛数量达到100.8万头，来自4 178个公牛家系，测定记录达1 138万条，分布在2 777个奶牛场；体型鉴定奶牛数量达到19.8万头，来自2 997个公牛家系，分布在1 325个奶牛场（表4-2）。

表4-2　2008—2021年全国奶牛育种基础数据量

年度	生产性能测定				体型测定		
	性能公牛数（头）	女儿分布场数（个）	女儿数（万头）	测定记录数（万条）	体型公牛数（头）	女儿分布场数（个）	女儿数（万头）
2008	813	518	8.3	91.6	373	136	2.5
2009	1 171	773	12.6	125.3	502	159	2.9
2010	1 411	972	17.7	174.2	748	279	3.6
2011	1 628	1 134	23.2	237.1	962	478	4.9
2012	1 859	1 252	27.6	296.2	1 143	538	5.9
2013	2 162	1 358	31.0	341.1	1 372	566	6.8
2014	2 491	1 583	41.4	428.7	1 565	615	8.1
2015	2 762	1 839	50.0	542.4	1 775	848	9.9
2016	3 114	2 203	61.8	671.4	2 042	936	11.5
2017	3 437	2 382	73.6	812.8	2 315	998	12.9
2018	3 628	2 527	81.9	922.8	2 512	1 082	14.4
2019	3 921	2 652	92.9	1 045.2	2 791	1 243	16.6
2020	4 019	2 725	98.0	1 120.0	2 867	1 285	18.0
2021	4 178	2 777	100.8	1 138.2	2 997	1 325	19.8

（3）生产性能水平不断提高

随着奶牛养殖规模化的发展，奶牛饲养水平逐步提高，单产稳步增加。通过对参加全国奶牛生产性能测定数据进行统计分析，2008—2021年，奶牛的平均305天产奶量由7.3吨增加到10.2吨，提高了2.9吨，胎次乳脂量和乳蛋白量也均有不同程度提高，体细胞数下降将近49%（图4-2至图4-4）。

2021年参测奶牛测定日平均产奶量达到33.2千克，同比增加2.5%，较2008年增加50.2%；测定日平均体细胞数为23.6万个/毫升，同比减少0.3万个/毫升，较2008年减少37.4万个/毫升。2021年参测奶牛测定日平均乳脂率为3.93%，同比上升0.3%；平均乳蛋白率为3.34%，同比下降0.6%。较2008年相比，平均每100千克生鲜乳的乳脂肪含量增加0.29千克，乳蛋白含量增加0.06千克。

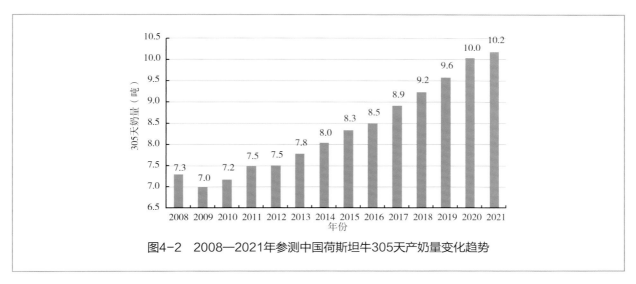

图4-2　2008—2021年参测中国荷斯坦牛305天产奶量变化趋势

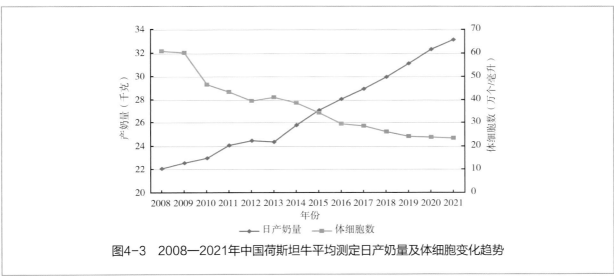

图4-3　2008—2021年中国荷斯坦牛平均测定日产奶量及体细胞变化趋势

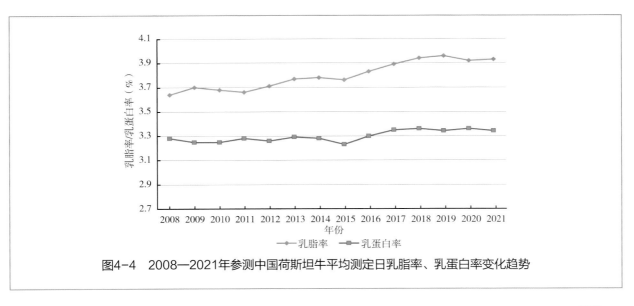

图4-4　2008—2021年参测中国荷斯坦牛平均测定日乳脂率、乳蛋白率变化趋势

（4）体型鉴定不断规范

奶牛体型鉴定工作主要是由中国奶业协会认证的中国奶牛体型鉴定员依据《中国荷斯坦牛体型鉴定技术规程》（GB/T 35568—2017）国家标准开展。截至2021年底，全国共有70名持证上岗的中国奶牛体型鉴定员，累计鉴定1 535个奶牛场的52.6万头奶牛，其中北京、河北、内蒙古、上海和山东地区的累计鉴定奶牛数均超过了5万头。2021年参加体型鉴定的牛场240个，鉴定奶牛6万头（图4-5），来自28个省（区、市）。

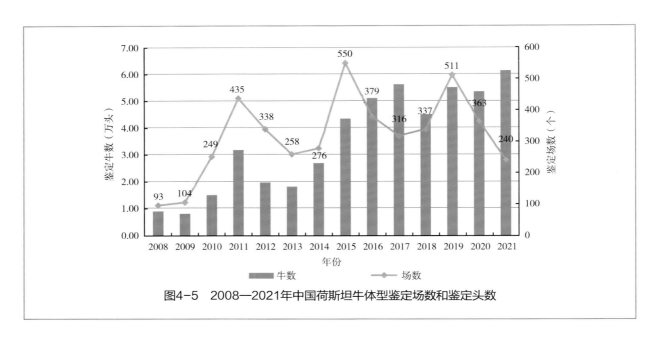

图4-5　2008—2021年中国荷斯坦牛体型鉴定场数和鉴定头数

通过对近10年出生的奶牛体型鉴定记录进行分析，得出奶牛体躯容量、尻部、肢蹄、泌乳系统、乳用特征和体型总分分别是88.4分、80.8分、84.1分、81.5分、83.5分和83.4分。

2. 奶牛群体遗传进展

（1）常规遗传评估

常态化开展常规遗传评估工作，分别利用多性状随机回归测定日模型（Test-day Model）、多性状动物模型（Animal Model）计算产奶、体细胞评分和体型性状的个体育种值。全国共有19个种公牛站的1 949头荷斯坦种公牛参与了乳用种公牛遗传评估，其中荷斯坦牛1 670头、娟姗牛45头。表型数据来自全国2 807个奶牛场185.94万头母牛的2 093.48万条产奶性能数据和1 319个奶牛场27.63万头一胎母牛的体型鉴定数据。农业农村部种业管理司、全国畜牧总站发布了《中国乳用种公牛遗传评估概要2021》。

2021年，中国荷斯坦牛的遗传评估继续使用新版性能指数（CPI），参与综合性能指数合成的育种值性状有乳蛋白量、乳脂量、体细胞分、体型总分、肢蹄和泌乳系统共6个。各类性状加权值分别为：生产性状60%、体型性状30%、体细胞评分性状10%。CPI计算公式如下。

$$CPI_{2020} = 4 \times \begin{bmatrix} 35 \times \dfrac{Prot}{20.7} + 25 \times \dfrac{Fat}{24.6} - 10 \times \dfrac{SCS - 3}{0.16} \\ + 8 \times \dfrac{Type}{5} + 14 \times \dfrac{MS}{5} + 8 \times \dfrac{FL}{5} \end{bmatrix} + 1\,800$$

式中，Prot为乳蛋白量EBV；Fat为乳脂量EBV；Type为体型总分EBV；MS为泌乳系统EBV；FL为肢蹄EBV；SCS为体细胞评分EBV。

①公牛常规遗传评估遗传进展。

根据2021年12月常规遗传评估育种值结果统计，可以看出中国荷斯坦牛群体在产奶量、乳脂量、乳蛋白量等关键性状上均取得显著遗传进展，体细胞评分进展不明显，总体来说公牛的进展速度略快于母牛，生产性状比体型性状遗传进展更明显。2001—2016年公牛群体的产奶量每年平均进展50.56千克、乳脂量1.75千克、乳蛋白量1.01千克。2001—2007年公牛群体产奶量每年均进展48.57千克，2008—2016年中国荷斯坦牛公牛群体产奶量年均进展52.11千克，明显快于2008年之前（表4-3）。

表4-3 2001—2016年出生的中国荷斯坦种公牛不同性状年均遗传进展情况

出生年份	产奶量（千克）	乳脂量（千克）	乳蛋白量（千克）
2001—2016	50.56	1.75	1.01
2001—2007	48.57	2.47	1.61
2008—2016	52.11	1.18	0.55

②母牛群体常规遗传评估遗传进展。

2001—2016年出生的中国荷斯坦牛母牛群体在产奶量、乳脂量和乳蛋白量上的遗传进展变化明显，产奶量每年平均进展29.94千克，乳脂量0.53千克，乳蛋白量0.94千克；2001—2007年母牛群体产奶量年均进展24.71千克，2008—2016年母牛群体产奶量年均进展34.00千克，明显快于2008年之前（表4-4）。

表4-4 2001—2016年出生的中国荷斯坦牛母牛不同性状年均遗传进展情况

出生年份	产奶量（千克）	乳脂量（千克）	乳蛋白量（千克）
2001—2016	29.94	0.53	0.94
2001—2008	24.71	-0.08	0.84
2008—2016	34.00	1.01	1.02

2001—2016年度出生的中国荷斯坦牛产奶量、乳脂量、乳蛋白量、体型总分、泌乳系统、肢蹄和体细胞评分性状的遗传进展趋势见图4-6至图4-12。

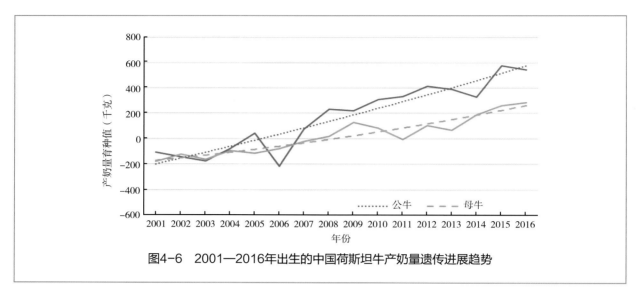

图4-6　2001—2016年出生的中国荷斯坦牛产奶量遗传进展趋势

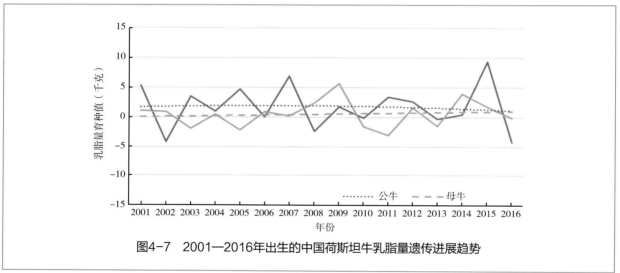

图4-7　2001—2016年出生的中国荷斯坦牛乳脂量遗传进展趋势

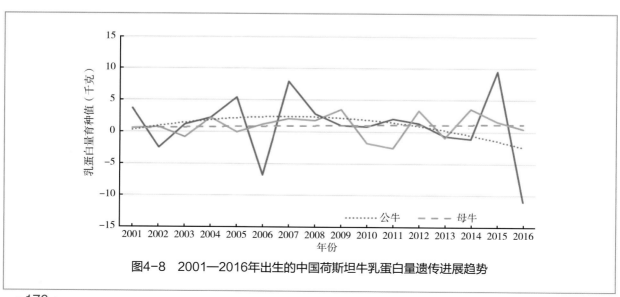

图4-8　2001—2016年出生的中国荷斯坦牛乳蛋白量遗传进展趋势

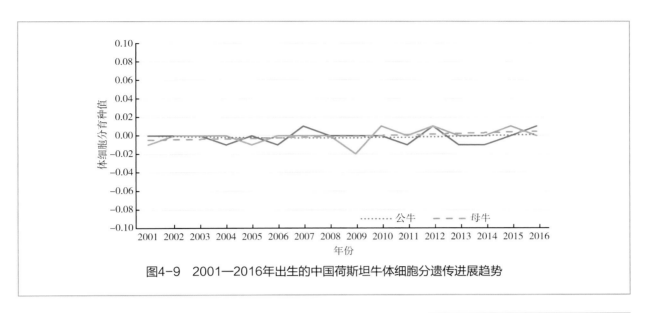

图4-9　2001—2016年出生的中国荷斯坦牛体细胞分遗传进展趋势

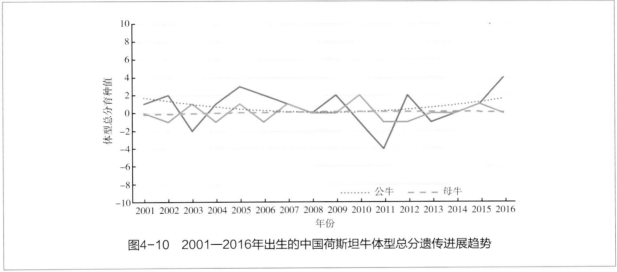

图4-10　2001—2016年出生的中国荷斯坦牛体型总分遗传进展趋势

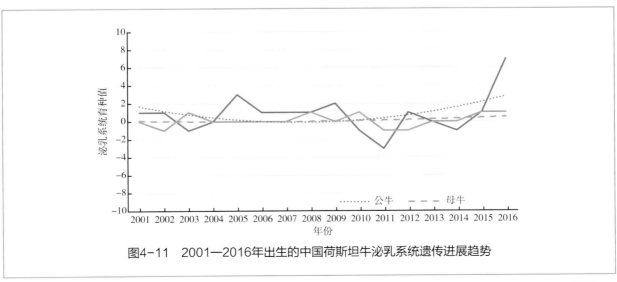

图4-11　2001—2016年出生的中国荷斯坦牛泌乳系统遗传进展趋势

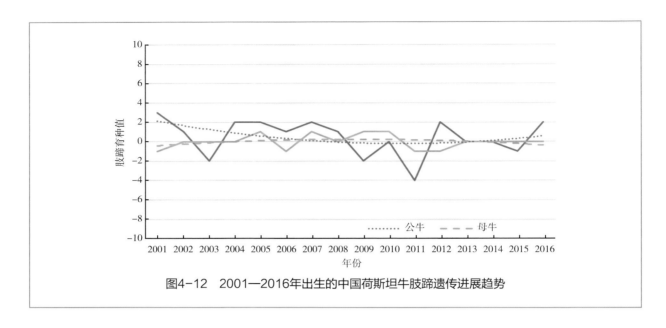

图4-12　2001—2016年出生的中国荷斯坦牛肢蹄遗传进展趋势

（2）公牛基因组评估遗传进展

截至2021年底，已累计对来自全国31个种公牛站的3 708头荷斯坦青年公牛进行了基因组遗传评估（图4-13）。基于2021年12月的基因组评估成绩统计了遗传进展（表4-5、图4-14至图4-23），参测荷斯坦公牛的基因组性能指数（GCPI）及产奶性状（产奶量、乳蛋白率、乳蛋白量、乳脂率和乳脂量）均获得了较显著的遗传进展；体型总分和泌乳系统性状的遗传进展较小，尤其肢蹄和体细胞评分性状的遗传进展不明显，可能因为体型性状易受鉴定员等环境因素影响，而体细胞评分性状可能因为遗传力低且育种值分布等因素的影响。

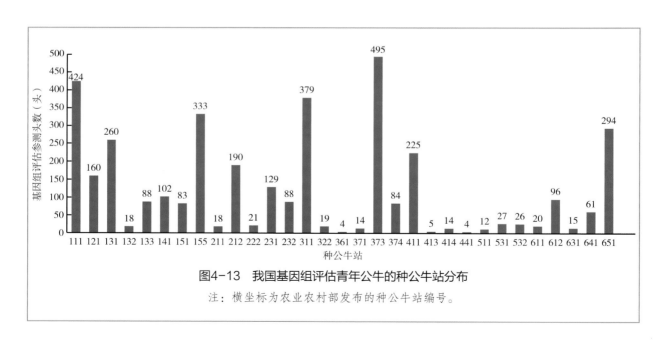

图4-13　我国基因组评估青年公牛的种公牛站分布

注：横坐标为农业农村部发布的种公牛站编号。

表4-5 我国基因组评估青年公牛的各性状基因组育种值

出生年度	GCPI	产奶量	乳蛋白率（%）	乳蛋白量（千克）	乳脂率（%）	乳脂量（千克）	体型总分	泌乳系统	肢蹄评分	SCS
2000	1 534.6	−549.9	−0.075	−21.7	−0.116	−21.9	−3.5	−5.4	3.8	2.178
2002	1 813.2	−38.2	−0.006	1.1	−0.233	−15.1	−2.2	−1.7	0.6	1.821
2004	1 678.5	−222.9	−0.003	−2.6	−0.055	−7.0	−7.0	−6.1	−2.2	2.315
2005	1 657.6	−312.0	−0.033	−8.1	−0.195	−18.3	−4.5	−3.3	−3.6	1.880
2006	1 824.3	−95.2	−0.018	−1.3	−0.055	−3.2	−1.9	−2.3	−0.04	1.990
2007	1 838.7	−7.0	−0.031	−0.7	−0.072	−3.0	−1.8	−1.4	−0.3	1.981
2008	1 853.6	−14.1	−0.024	0.3	−0.064	−1.8	−1.3	−1.7	0.7	2.052
2009	1 947.0	199.7	−0.022	5.9	−0.072	3.0	−0.5	−0.6	0.2	1.932
2010	1 999.8	250.3	−0.008	8.3	−0.020	8.6	−0.4	−0.2	0.2	1.907
2011	2 020.8	436.0	−0.022	11.8	−0.104	7.0	0.2	0.2	−0.001	1.993
2012	2 066.6	505.9	−0.028	13.5	−0.088	11.0	1.0	0.9	0.08	1.994
2013	2 059.1	351.6	−0.012	11.1	−0.024	11.2	1.3	1.0	1.2	1.977
2014	2 117.9	511.3	−0.021	14.6	−0.049	14.0	1.9	1.8	0.9	1.925
2015	2 176.2	562.3	0.004	18.1	0.011	19.7	2.3	2.2	1.5	1.987
2016	2 235.4	817.7	−0.007	23.6	−0.001	26.0	2.2	2.3	0.3	2.080
2017	2 253.8	657.9	0.035	24.0	0.106	30.8	2.1	2.0	0.3	2.106
2018	2 238.4	629.3	0.041	24.1	0.093	29.1	1.3	1.6	−0.4	2.035
2019	2 272.9	633.8	0.068	26.3	0.156	33.8	0.9	1.4	−0.6	2.019
2020	2 268.4	511.1	0.086	25.1	0.203	35.2	1.0	1.4	−0.3	2.069
2021	2 429.2	749.0	0.110	33.4	0.316	50.5	2.3	2.6	0.3	2.105

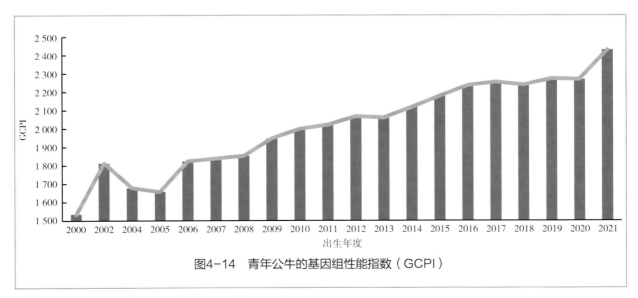

图4-14 青年公牛的基因组性能指数（GCPI）

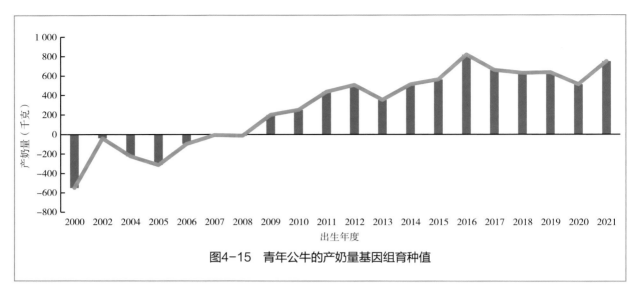

图4-15　青年公牛的产奶量基因组育种值

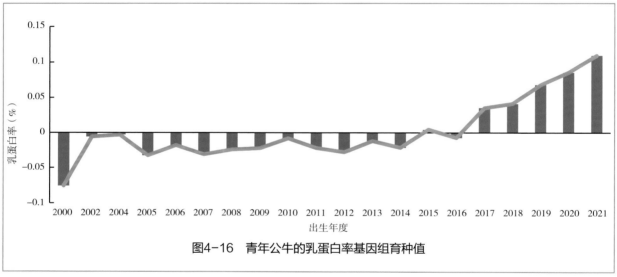

图4-16　青年公牛的乳蛋白率基因组育种值

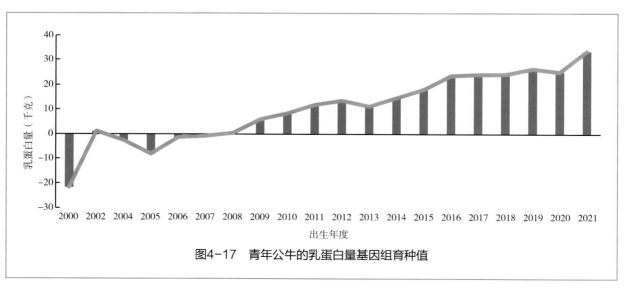

图4-17　青年公牛的乳蛋白量基因组育种值

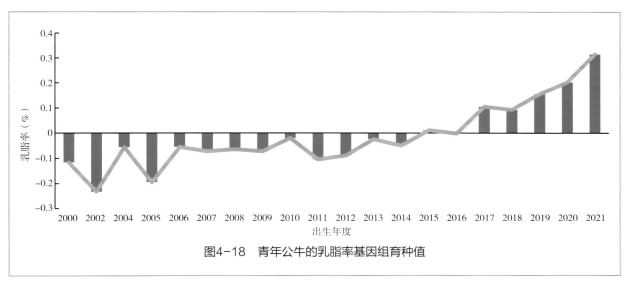

图4-18　青年公牛的乳脂率基因组育种值

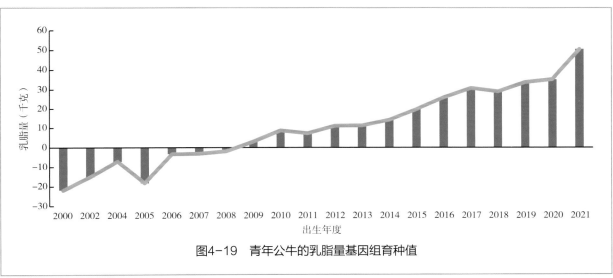

图4-19　青年公牛的乳脂量基因组育种值

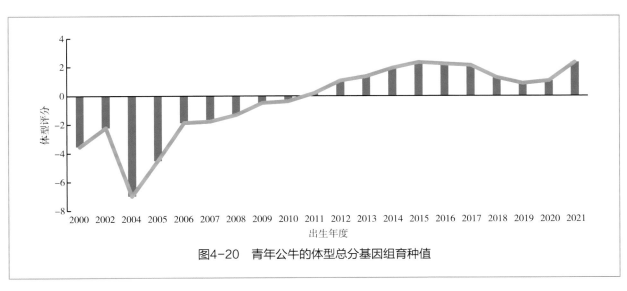

图4-20　青年公牛的体型总分基因组育种值

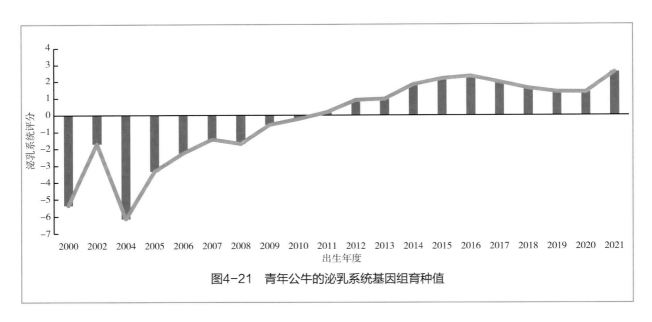

图4-21　青年公牛的泌乳系统基因组育种值

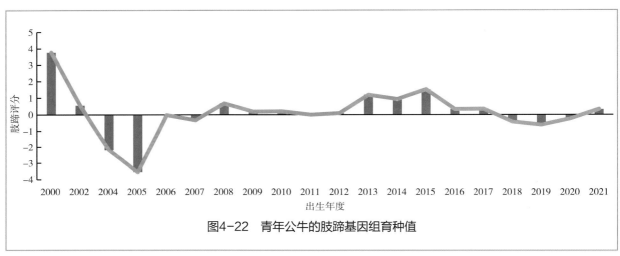

图4-22　青年公牛的肢蹄基因组育种值

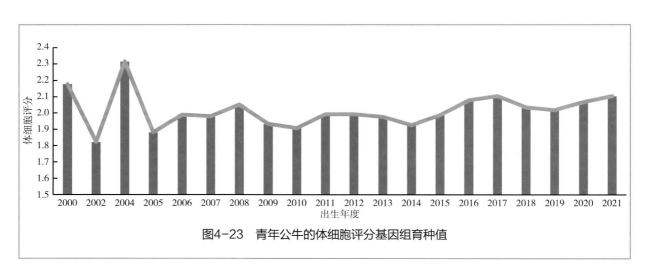

图4-23　青年公牛的体细胞评分基因组育种值

3. 育种体系进展

2021年是"十四五"的开局之年，农业农村部种业管理司和全国畜牧总站组织制订新一轮《全国奶牛群体遗传改良计划（2021—2035年）》并于2021年4月正式发布。到2035年，建成一批世界一流的国家奶牛核心育种场，培育具备国际竞争力的奶牛种业企业，建立全国奶牛育种大数据和遗传评估平台，育种芯片、性别控制等关键核心技术实现自主突破，群体遗传改良技术体系达到国际先进水平，核心种源自给率达到70%以上，良种高效扩繁效率得到全面提升，全国奶牛平均年单产达9 500千克以上。

2021年7月，全国畜禽遗传改良计划领导小组办公室发布《全国畜禽遗传改良计划实施管理办法》及其配套办法，其中《奶牛国家核心育种场管理办法》规定了国家奶牛核心育种场的遴选、核验、职责与权利和监督管理方式。

三、奶牛种业发展存在的主要问题

（一）与发达国家的差距及问题

虽然我国奶牛育种工作取得了很大进展，但不可否认，国内奶牛种业发展整体水平与奶业发达国家相比，还有很大差距，主要体现在以下方面。

1. 育种基础性工作相对薄弱

一些已被发达国家证明行之有效的育种技术措施在我国还没有得到科学、规范的应用，奶牛品种登记的规模小，生产性能测定总体参测比例低，测定数据质量不高，繁殖、健康等功能性状数据收集缺乏有效的体系，导致遗传评估的准确性有待提高，奶牛群整体的遗传改良进展迟缓。

2. 奶牛核心种源自主培育能力不强

我国自主培育优秀奶牛种公牛的占比仅为30%，大部分优质种牛精液和胚胎从国外引进；国外冻精产品已占国内冻精市场的50%以上。地方奶畜资源的保护和创新利用不够，核心种源自主培育和奶牛良种快速扩繁技术依然是短板。

3. 基因组选择遗传评估的准确性亟待提高

虽然我国自2012年建立了自主荷斯坦牛基因组选择技术平台，但与国外相比，参考群体规模小，评估准确性不高，综合选择指数缺乏繁殖、健康等功能性状，迫切需要开展实施《国家奶牛基因组育种计划》。

4. 奶牛良种快速扩繁技术效率低

我国奶牛胚胎移植技术、活体采卵体外受精胚胎（OPU-IVF）生产技术研发力度不够，总体应用效率低，推广使用规模和范围小，难以满足奶业发展对良种牛的实际需求；冷冻精液生产工艺和人工授精技术近20年无实质性突破，性控冻精X/Y精子分离技术受国外公司垄断，奶牛总繁殖效率有待提高。

5. 奶牛冷冻精液产品的质量监管不完善

虽然近年来我国制定了一系列保障冷冻精液产品质量的技术规程和管理措施，使国内种公牛站的冻精质量和合格率不断提升。但目前的质量监管主要集中于国内生产企业，对国外进口冷冻精液的质量监管力度不够，没有树立行业对于高水平遗传物质的正确评价，不利于鼓励国内奶牛育种企业的技术创新和发展。

（二）发展建议

1. 构建奶牛群体大型表型鉴定平台，完善育种大数据库建设

通过信息化、标准化、高通量奶牛大数据采集技术研发与推广，建立奶牛重要性状表型大数据库。研究奶牛养殖重要性状数据及环境数据智能化采集系统，通过集成图像识别、视频跟踪、物联网等技术，研制非接触式个体特征准确识别及繁殖、产量、饲养等性状及环境数据的智能化检测与采集系统，规范采集奶牛养殖及环境的相关数据，建立奶牛养殖大数据库。基于上述采集的大量奶牛养殖数据，利用相关统计和遗传评估方法，建立奶牛遗传评估系统，为奶牛养殖精准管理及改良提供准确可靠的数据分析与支撑。

2. 加强种源基地建设，提升自主培育能力

优先扶持种公牛站自建奶牛核心育种场，鼓励奶牛养殖企业积极申报国家核心育种场，增强种质源头造血能力。核心育种场应明确自身育种、供种定位，进一步规范奶牛生产性能测定、育种数据管理等工作，优化利用计划选配、MOET（超数排卵胚胎移植技术）、OPU-IVF（活体采卵－体外受精）等技术进行扩繁，研用基因组选择技术进行优选，逐步提高核心群遗传水平达到或接近国际先进水平。强化对核心育种场的政策扶持，在核心场引进优质种源、开展母牛基因组遗传评估等方面，予以资金扶持，降低核心场自身经营压力。

3. 搭建奶牛高效快速扩繁产业化技术平台

依托示范企业，集成示范种子母牛胚胎移植、性控胚胎生产和种子母牛OPU-IVP等技术，加快种子母牛快速扩繁。攻关奶牛体外胚胎冷冻、保存等关键技术，便于胚胎运输，突破体外胚胎规模化推广技术瓶颈，健全OPU-IVP技术体系。以核心育种场为重点，在全国范围内建立体外胚胎生产基地，对标国际先进水平，向全社会供应优质胚胎，促进优秀种质流通，形成成熟的产业化模式，打造与国际同步的优秀种质高效快繁产业化平台。

4. 创新奶牛联合育种机制

支持种公牛站、国家和省级奶牛核心育种场、生产性能测定机构、科研院所和高等学校等单位创新联合育种机制，开展联合育种。利用常规育种和分子育种技术，开展高产、特色奶、抗热应激、抗乳房炎等特色优质奶牛新品系（新类群）自主培育，满足差异化的消费市场需求。支持优势育种企业有效整合资源、人才、技术等要素，创新发展，打造具有国际竞争力的奶牛种业企业。

5. 推进奶牛良种登记、提升性能测定水平

持续开展奶牛品种登记，规范体型鉴定工作，建立、健全奶牛良种登记制度，在国家和省级奶牛核心育种场、种公牛站推动品种登记向良种登记提升。建立现代化奶牛性能测定体系，创新数据采集范围和应用能力，推进样品采集和检测信息化，健全实验室质量体系，建设具有国际竞争力的现代化生产性能测定机构。

第二章　奶牛种业生产与推广

一、种质产品产销状况

（一）种牛生产销售情况（公牛、母牛）

2021年全国拥有10家国家级奶牛核心育种场，16家乳用种公牛站，存栏采精荷斯坦种公牛452头；根据农业农村部生鲜乳监测数据，我国奶牛存栏561.2万头，中国荷斯坦牛平均单产8 700千克，牛奶总产3 683万吨。母犊牛主要作为本场牛群的后备牛更新，较少销售给其他奶牛场。我国奶牛实际存栏数不断下降，规模化奶牛养殖场比重不断增加。

（二）冷冻精液、胚胎生产与销售情况

我国规模化奶牛养殖企业约6 000个，奶牛冷冻精液年总需求量约1 200万剂。2021年全国存栏采精荷斯坦种公牛452头，累计生产冷冻精液350万剂，市场推广数量300万剂。

全国年生产胚胎约10 000枚，主要由北京、山东、内蒙古、河北的奶牛育种企业与科研院所合作生产。

（三）种牛、冷冻精液、胚胎进出口情况

目前我国奶牛核心种源对国外依赖度较高，优秀种公牛约70%来源于国外进口胚胎。每年进口母牛约10万头，主要来自澳大利亚、新西兰、乌拉圭等国家。国外冻精产品不断冲击国内市场，已占国内奶牛冻精市场的70%左右，2021年进口冻精约700万剂，进口优质胚胎5 000～10 000枚，主要来自美国、加拿大等国家。

（四）奶牛种业市场行情和供需情况

根据目前全国奶牛实际存栏数量推测，奶牛冷冻精液市场需求数量每年约1 200万剂。2019年实际进口冻精约671.7万剂，其中荷斯坦牛冻精数量约500万剂，进口奶牛冷冻精液的渠道主要是从海关按普通商品直接进口，脱离了农业农村部相关部门的监管审批。2020年、2021年进口奶牛冷冻精液数量逐年略增，约700万剂。

二、品种推广情况

（一）荷斯坦牛品种

我国广泛分布的奶牛品种主要是荷斯坦牛，占目前我国奶牛存栏的85%以上。2021年规模养殖进程进一步加快，100头以上规模化养殖比例为70.0%，中国荷斯坦牛平均产奶量8.7吨，同比增长0.4吨。对1 309个存栏100头以上的规模牧场奶牛生产性能测定显示，测定日平均产奶量33.2千克，平均305天产奶量达到10.18吨。截至2021年底，中国荷斯坦牛品种登记总量达到203.2万头，登记范围覆盖26个省（区、市）。

（二）娟姗牛品种

娟姗牛是小型乳用型专用品种，我国存栏群体以引入为主，主要分布在辽宁、北京、广东、山东、陕西、黑龙江、湖南、四川、河北等地区。截至2021年底，娟姗牛品种登记总量达到了4.4万余头，其中，辽宁地区登记数达到10 492头，北京、山东和广州地区登记数均超过5 000头。测定日平均产奶量达到28千克，乳脂率和乳蛋白率分别达到4.5%和3.6%。

（三）其他奶畜品种推广情况

乳肉兼用型品种包括我国自主培育的三河牛、新疆褐牛、中国西门塔尔牛、蜀宣花牛及草原红牛等品种，以及引进品种乳肉兼用型德系西门塔尔牛、蒙贝利亚牛和瑞士褐牛。三河牛主要分布在额尔古纳市的三河地区及呼伦贝尔市、兴安盟、通辽、锡林郭勒盟等地区。蜀宣花牛主要分布在四川省全境范围内。新疆褐牛主要分布在天山北坡西部的伊犁河谷、塔尔盆地、阿勒泰、乌昌、吐哈盆地等地区。乳肉兼用牛引进品种除用于上述相关品种分布区域外，在黑龙江、内蒙古、新疆、天津等地用于与荷斯坦牛杂交，目前杂种后代存栏约5万头。2021年，三河牛测定日平均产奶量达到23.5千克，乳脂率和乳蛋白率分别达到4.0%和3.45%；新疆褐牛测定日平均产奶量达到25.4千克，乳脂率和乳蛋白率分别达到3.4%和3.32%。

摩拉水牛、尼里拉菲水牛及地中海水牛等奶水牛及其杂交后主要分布于湖北、广西、云南、福建和广东。

第三章 奶牛种业企业发展

一、总体状况

（一）国内奶牛种业企业概况

目前我国具备生产经营许可从事奶牛冷冻精液生产的企业（机构）为37家，在群饲养荷斯坦牛种公牛452头，可用生产线40~45条，年冷冻精液产能超过1 500万剂量，但其中市场活跃企业仅5家（表4-6）。从冻精生产能力，可以满足全国荷斯坦牛冷冻精液全部需求，且在硬件基础方面存在产能过剩问题。从制种能力分析，我国具备种畜禽生产经营许可的种奶牛场约为250家，存栏规模近80万头，但具备健康安全、高品质制种能力的奶牛育种场规模极其有限，现存的10家国家核心育种场存栏规模不足7万头，无法满足我国奶业市场对自主种源的需求。

表4-6 我国主要奶牛种业企业产能明细

企业名称	荷斯坦公牛存栏（头）	年设计产能（万剂）	种牛培育模式
北京奶牛中心	95	200	自有种源+联合培育
山东奥克斯畜牧种业有限公司	200	200	联合培育
上海奶牛育种中心有限公司	80	100	自有种源
内蒙古赛科星繁育生物技术（集团）股份有限公司	37	80	自有种源
河南省鼎元种牛育种有限公司	34	70	联合培育

（二）种业企业科研投入和技术研发状况

我国奶牛种业企业由于发展历程、性质等差异，在研发力量、研发方向与投入方面具备明显差异，其中，北京奶牛中心、上海奶牛育种中心主要发挥数据与种源基础优势，拥有较为完备的测定体系与技术人员基础，主要开展奶牛自主种源培育与种质自主评估体系的发展；内蒙古赛科星在以性控冻精技术为核心的现代生物技术领域开展重点攻关；山东奥克斯近年在胚胎工程技术应用领域开展重点攻关。具体科研投入、研发人员和测定能力等情况如表4-7所示。

表4-7　我国主要奶牛种业企业近3年研发投入情况

企业名称	科研年均投入（万元）	研发人员数量（人）/占比（%）	生产性能年测定能力（万头）	体型鉴定年测定能力（万头）
北京奶牛中心	947.6	76/33.6	10	2
山东奥克斯畜牧种业有限公司	500	42/30	15	10
内蒙古赛科星繁育生物技术（集团）股份有限公司	509.7	24/12	4	2
上海奶牛育种中心有限公司	529.1	19/51	60	2
河南省鼎元种牛育种有限公司	280	25/15	11	1

二、种公牛站概况

（一）存栏种公牛情况

2021年末我国具备种畜禽生产资质的注册种公牛站37家（其中从事奶牛种公牛培育与冷冻精液推广的主体机构6家），合计存栏荷斯坦牛种公牛452头，褐牛种公牛31头、娟姗牛种公牛24头，其中自主培育公牛分别为96头、15头、14头，种源自给率不足25%。

（二）育种和良种推广情况

2021年全国种公牛站累计生产荷斯坦牛冷冻精液350.03万剂、褐牛22.67万剂、娟姗牛22.86万剂，市场推广数量分别为302.08万剂、17.78万剂、11.62万剂；我国自产荷斯坦牛冷冻精液市场占有率约为35%，远低于国家种源安全红线。

（三）总体经营情况

我国奶牛种业企业主要从事冻精销售、奶牛养殖与社会化商业服务等，荷斯坦牛培育成本高，冷冻精液生产成本高。培育一头荷斯坦种公牛成本在15万～20万元，加之冷冻精液生产成本，每剂冻精生产成本在15元以上。近3年年均营收与盈利情况如表4-8所示。

表4-8　我国主要奶牛种业企业近3年营收与盈利情况　　　　　　　　　单位：万元

企业名称	年均营业收入	年均利润
北京奶牛中心	13 600	650
内蒙古赛科星繁育生物技术（集团）股份有限公司	7 700	-4 100
山东奥克斯畜牧种业有限公司	4 500	400
上海奶牛育种中心有限公司*	2 313	-592
河南省鼎元种牛育种有限公司**	4 700	340

　　注：*企业2019年发生架构调整。

　　　　**企业经营奶牛及肉牛产品，此处数据无法区分。

三、核心育种场概况

（一）存栏规模及核心群情况

　　截至2021年底，10家奶牛场通过遴选获批成为国家奶牛核心育种场。10家国家奶牛核心育种场共存栏奶牛7.49万头（其中塔城地区种牛场仅饲养新疆褐牛），其中荷斯坦牛核心群存栏6 890头、褐牛554头。

（二）自主培育种牛及供种情况

　　根据获批的10家国家奶牛核心育种场数据统计，2021年核心场累计输出各类种牛3 893头，主要包括育种群母牛及种子母牛。目前我国种公牛自主培育体系仍较薄弱，核心育种场与种公牛站开展联合育种，培育种公牛150头，为我国奶牛种源供给提供重要保证。

（三）遗传改良技术研发与实施情况

　　10家国家奶牛核心育种场都有长期实施群体遗传改良技术措施的基础，包括出生及时登记、长期参加国家奶牛生产性能测定、泌乳母牛实施体型鉴定，繁殖产犊记录翔实，部分具有详尽的健康状况记录，并且数据及时录入牧场数据管理系统。2021年参加DHI测定的母牛3.3万余头、体型鉴定的母牛1.1万余头。核心场的生产性能追踪信息显示，2021年荷斯坦牛核心群胎次单产达到13.77吨、乳脂率4.08%、乳蛋白率3.32%。此外，核心场积极参与全基因组检测，通过优秀种公牛冻精、胚胎，开展精准选配，推动核心群的选育和遗传改良。

第四章　科技进展及成果

一、科研平台建设

（一）国家级及省部级重点实验室建设及工作情况

1. 畜禽育种国家工程实验室

畜禽育种国家工程实验室依托中国农业大学动物科技学院建设，开展优异基因资源大规模发掘和有效利用技术，经济性状新型分子标记开发和辅助育种技术，胚胎规模化生产技术，体细胞克隆技术，优质、抗病、特色转基因畜禽育种技术等研发。实验室将以动物遗传资源发掘与利用、动物分子标记辅助育种、动物胚胎工程与体细胞克隆、动物转基因工程育种为重点研究方向。2021年中国农业大学奶牛育种团队依托重点实验室，开展了奶牛重要性状遗传机制解析及育种技术研究与应用工作。

2. 农业农村部动物遗传育种与繁殖（家禽）重点实验室

农业农村部动物遗传育种与繁殖（家畜）重点实验室依托中国农业科学院北京畜牧兽医研究所建设，主要研究方向以应用基础研究和重大技术攻关为主，重点在动物重要经济性状遗传解析、动物育种理论方法与应用、动物遗传资源保护与利用、动物配子与胚胎发育调控机制、动物繁殖生物技术及应用，以及动物遗传修饰技术等方向开展协同攻关。2021年，中国农业大学奶牛育种团队依托重点实验室，开展了奶牛重要性状遗传机制解析及育种技术研究与应用工作，参与完成了《全国奶牛遗传改良计划（2021—2035年）》的起草与撰写、全国畜牧总站的奶牛基因组选择参考群体项目及奶牛遗传资源调查与精准鉴定工作。

3. 农业农村部奶牛遗传育种与繁殖重点实验室

农业农村部奶牛遗传育种与繁殖重点实验室依托北京奶牛中心建设，针对我国奶牛种业面临的产业重大技术需求，以种公牛自主培育为主线，以提高良种奶牛扩繁效率为目标，以产品质量安全的检测体系为保证，持续夯实育种基础，不断扩大奶牛育种核心群规模，优化育种评估模型及算法，完善种牛自主培育体系，提高种公牛选择的准确性。主要研究方向以应用基础研究和重大技术攻关为主，重点在奶牛育种大数据平台建设、奶牛种子母牛遴选、育种核心群构建、种牛自主培育体系建设、配子工程、性控技术及良种高效扩繁技术体系建设等方面取得重大突破并集成应用。同时，强化平台与机制建设，加大科技投入，吸引与培养科技人才，提升企业自主创新能力。

4. 农业农村部畜禽生物组学重点实验室

农业农村部畜禽生物组学重点实验室依托于山东省农业科学院畜牧兽医研究所、中国农业科学院农业基因组研究所和四川农业大学建设，围绕国家当前和未来畜牧业发展的重大战略需求，发挥生物组学在畜牧领域的核心引领作用，结合承担单位的学科优势和资源优势，推进畜禽重要经济性状分子调控网络的挖掘、畜禽生物组学新技术和新方法的研发、畜禽生物组学数据库的构建与应用，创制畜禽优异新种质和新产品，为实现服务乡村振兴和促进畜牧业高质量发展提供技术、平台以及人才支撑。

（二）育种工程技术研发中心建设及工作情况

1. 国家奶牛胚胎工程技术研究中心

国家奶牛胚胎工程技术研究中心成立于2005年，依托单位为北京首农食品集团有限责任公司，实施单位为北京奶牛中心，是我国奶牛繁育技术领域唯一的国家级工程技术研究中心。2021年中心结合"十四五"规划和发展方向，在种公牛自主培育、奶牛胚胎工程技术研发与集成、长效冻精产品开发、社会化服务体系建设等方面取得了很大突破。同时进行了升级改造和科研仪器设备的更新升级（图4-24）。

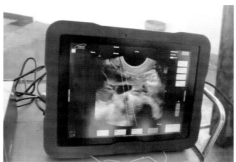

牛活体采卵操作现场　　　　　　　　　　活体采卵探头显示器

图4-24　国家奶牛胚胎工程技术研究中心技术平台

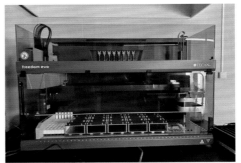

| iScan芯片扫描仪 | 芯片处理自动化工作站 |

图4-24 （续）

积极开展种牛自主培育，基于奶牛基因组选择技术，建立与国际全面接轨的种牛遗传评估体系，2021年选择238头优秀种子母牛，平均305天产奶量达到13.4吨，自主培育种公牛53头，正式公开发布两项标准。依托北京、宁夏奶牛良种资源，开展种牛联合培育，定向选配的11119516号种公牛2020年度GCPI育种值高达3977，产奶量育种值高达2748，达到了国内一流种公牛遗传水平，正式命名为'宁京1号'。中心种用胚胎生产移植技术团队遴选优秀供体母牛，精准选配，直击自主培育，体内生产荷斯坦牛及西门塔尔牛胚胎，涵盖供体母牛298头，单次获得胚胎数9.4枚/头，平均获得胚胎数6.3枚/头，胚胎移植受胎率达63.4%，创历史新高。通过技术攻关和集成创新，构建了奶牛高效OPU-IVF胚胎自主生产技术体系，平均每头次活体采卵回收可用卵母细胞12.6枚，IVF（体外受精）囊胚率达36.3%，创新体外胚胎冷冻–解冻工艺，解冻后胚胎复苏率达100%，解冻后24小时胚胎继续发育率92.3%。在我国首先研发了提高母牛受胎率的超能冻精产品，达到国内领先水平，对102批次精液存活时间数据进行统计分析，较常规冷冻精液解冻后精子体外存活时间延长6~8小时。积极开展社会化服务，累计服务场次1800多次，鉴定牛40000多头次，服务牧场牛群存栏100余万头，育种托管牧场规模达到15万头以上，服务全国奶农，提升奶业国际竞争力。

2. 国家乳业技术创新中心

国家乳业技术创新中心奶牛繁育与养殖技术研究中心的奶牛繁育方向由内蒙古赛科星繁育生物技术（集团）股份有限公司牵头，在种牛培育、性别控制、胚胎工程等奶牛育种与繁殖技术、干细胞、克隆、基因编辑生物育种技术研究领域开展奶牛产业种源与繁殖关键技术"卡脖子"问题攻关。

赛科星集团在清水河投建世界级奶牛核心育种场暨国家乳业创新中心胚胎工程中心，项目建成后养殖核心种母牛3500头，年培育顶级乳用种公牛200头。通过胚胎移植累计繁育后备奶牛种公牛300头，筛选出68头具有国际一流遗传品质的奶牛种公牛投入冷冻精液生产，同时利用全基因组遗传性能检测技术，目前已经成为我国三大奶牛育种平台之一。2021年4月美国奶牛育种委员会（CDCB）发布公牛遗传评估成绩，集团自主培育公牛在国际（NAAB）注册134头牛，其中TPI（总性能指数）大于2900的有1头（国内唯一）；TPI在2800以上的有13头；TPI在2700以上的有28

头，均处于国内顶级育种水平。据统计（全国约650头牛在NAAB注册），赛科星在国内注册公牛TPI成绩前10名中占到6头，占比60%；前20的排名中占到13头，占比65%。其中291HO19023再次以TPI=2 933的成绩排名全国第一，291HO20020以TPI=2 879的成绩排名全国第二。

2021年度完成13座奶牛场共计4.81万头泌乳牛的检测，测定样品量共计30.5万个，其中连续6次测定样品数量为2.92万，为牧场提供报告153份。赛科星DHI测定中心及时将数据上传至中国奶牛数据平台，不断提升数据质量。在奶牛性控胚胎生产工作中，2021年全基因组检测采样送检约18 000头，年度生产高产奶牛体内外性控胚胎达到10 000枚，移植胚胎约3 500枚，妊娠率达40%以上，目前头均生产可用胚胎4.5枚/次（MOET技术）、OPU（活体采卵）每头次采卵平均14枚，达到了国内顶尖水平。

3. 山东省奶牛繁育工程技术研究中心

山东省奶牛繁育工程技术研究中心依托山东省农业科学院畜牧兽医研究所和山东奥克斯畜牧种业有限公司建设，主要开展以下方面工作。

（1）优化升级奶牛性能测定技术体系

通过健全完善DHI实验室质量管理体系、优化相关技术规程、升级奶牛表型数据信息化采集系统等，规范收集并增加奶牛性能、体型、繁殖等重要性状表型数据，完成山东及周边地区100个奶牛场143 848头泌乳牛进行DHI测定。

（2）增加基因组选择参考群体

在东营澳亚、德州维多利亚、烟台朝日绿源、聊城乳泰4个奶牛场选择拥有完整的DHI产奶性能测定记录和体型评分的基因组选择参考群，获得基因型数据，对接全国奶牛遗传评估平台，部分个体纳入全国奶牛基因组参考群体。

（3）优化奶牛繁育技术应用，提高扩繁种子母牛群

稳数量，提质量，持续选育种子母牛。通过引进顶级胚胎和Interbull（国际公牛组织）排名前20的公牛冻精，对在群种子母牛持续应用计划选配、MOET和OPU-IVF技术进行改良、扩繁。存栏种子母牛500头以上，最高个体TPI值达到2 956头，与美国等奶业发达国家遗传水平前10%个体相当。

（4）稳步推进优秀种公牛培育工作

2021年新入场并留用后备公牛92头，其中通过OPU或计划选配方式自主培育的有52头。年度获得验证公牛161头，其中公牛37 313 023 CPI成绩2021年4月全国排名第一。

4. 河北省奶肉牛产业技术研究院

2019年5月石家庄天泉良种奶牛有限公司作为依托单位联合14家大专院校和企事业单位共同组建了河北省牛产业技术研究院，主要开展了以下工作。

（1）种质培育新技术和新体系研究

基于前期奶牛重要性状全基因组关联分析、乳腺上皮和肝脏组织转录组测序研究鉴定的候选功能基因，进一步在大群体分析其育种价值，发现*PIN1*基因等10个基因与产奶量和乳蛋白、乳脂性状显著关联，遗传效应显著。对河北省133个牛场的中国荷斯坦牛的DHI和第一胎次体型鉴定数据进行

分析，发现大多数的体型性状与产奶性状存在遗传正相关。通过全基因组关联分析检测母牛产犊后24小时内初乳IgG浓度、血清白蛋白浓度相关的遗传标记，进一步鉴定到12个功能基因，为奶牛抗病性状的遗传改良提供了有用的分子信息。

（2）优势种群快速扩繁技术研究与应用

利用基因组选择技术对937头母牛进行基因组检测，组建含A2纯合子特色奶牛群420头，含Keppa酪蛋白特色奶牛群37头，为建立特色奶牛群打下坚实基础。通过对采卵负压、采卵频率和持续时间等进行研究，对比平均穿刺卵泡数、采集卵子数、优质卵母细胞数，探索出两种适合推广应用的OPU-IVF体外胚胎生产和移植模式。自2019年至今，分别在北京、河北、辽宁、内蒙古、新疆、海南等地27家规模化牛场超排处理供体奶牛累计1 020头次，生产胚胎6 877枚，平均可用胚数6.74枚/头，鉴定后雌性胚胎2 883枚；移植高产奶牛雌性胚胎2 903枚，妊娠检查2 767头，妊娠1 412头，妊娠率为51.03%，目前已产犊988头，奶牛体内胚胎生产和移植总数占全国的80%以上。

（三）部级畜禽质量监督检验测试中心工作情况

1. 农业农村部牛冷冻精液监督检验测试中心（北京）

农业农村部牛冷冻精液质量监督检验测试中心（北京）是经农业农村部授权，且通过国家资质认定的具有第三方公正地位的法定专职检验机构。目前授权检测内容包括牛冷冻精液、牛性控冷冻精液、种猪常温精液、山羊冷冻精液、牛/羊胚胎、牛胚胎性别鉴定、牛遗传缺陷基因、牛亲子鉴定。

根据农业农村部对种源监管需要，2021年完成性控胚胎检测、遗传缺陷基因检测。根据农业农村部办公厅关于印发《2021年全国种业监管执法年活动方案》的通知及《关于开展2021年全国种畜禽质量安全监督检验工作的函》的要求，对我国6个省/市种公牛冷冻精液、个体识别进行监督检测，监督检验结果上报全国畜牧总站。受全国各省/市部门的委托，承担对全国18个省份24家公牛站生产许可证和质量认证的种公牛冷冻精液、胚胎质量共计2 638个样品进行检测；2021年承担/参与国家/行业标准的修订工作，承担农业行业标准《牛人工授精技术规程》的试验及修订工作并上报中国畜牧业标准化委员会。参与国家强制标准《牛冷冻精液》试验及修订工作。

2. 农业农村部乳品质量监督检验测试中心（北京奶牛中心）

农业农村部乳品质量监督检验测试中心（北京）（以下简称质检中心）由北京奶牛中心筹建，于2004年通过了国家计量认证和农业农村部质检机构审查认可，并于2021年取得CNAS实验室认可证书。中心拥有液相色谱串联质谱仪、气相色谱串联质谱仪、等离子体发射光谱仪、乳成分体细胞数联机测定仪等大型检验设备，开展生鲜牛乳、乳制品、饲料等微生物、营养成分、污染物、农残兽残、违禁添加物、真菌毒素、食品添加剂等分析监督检测与市场服务。

2021年质检中心承担了农业农村部生鲜乳全国质量安全监测任务，负责北京、天津、安徽、江苏四个地区的生鲜乳抽检工作，共完成617批次，其中生鲜乳收购站191批次，生鲜乳运输车426批次。为北京及北京周边的乳品厂、牧场、贸易公司、科研院所完成13 919项生乳、乳制品、饮料、饲料等产品检测服务，出具检测报告1 068份，为守好北京的奶瓶子做出贡献。同时，质检中心委托运行北京奶牛中心奶牛生产性能测定（DHI）实验室检测部，2021年共检测DHI奶样449 073头次，为参测牧场精准养殖提供数据支持。

二、育种联合攻关进展

（一）开展的主要工作

2021年开展了奶牛表型数据信息化采集和测定技术研究、奶牛产量与体型性状遗传评估工作、通过育种繁殖新技术应用更新扩繁种子母牛群、加强种公牛自主培育及后裔测定工作、升级优化奶牛高效快速扩繁产业化技术平台。

（二）工作进展和成效

1. 育种核心群组建体系建设

以东营澳亚、新希望海源、牡丹江将军牧场和隆盛牧场为重点，优选育种核心群，参加美国基因组选择，其中TPI值达到2 800以上的有43头，最高个体TPI成绩2 956。

建立了两种A2型β-酪蛋白基因检测技术。为伊利乳业公司、德州东君、泰安金兰等3万余头成母牛进行了A2型β-酪蛋白基因型测定，确定纯正的A2奶牛9 600余头，在牛群中的阳性比例约32%。对筛选的A2奶牛进行分群管理、专门挤奶、专门储存生产和加工，建立了A2奶牛专属牧场，为市场提供了高端乳品的奶源。开发出了伊利金典A2β-酪蛋白有机奶、A2β-酪蛋白纯牛奶、伊金兰A2β-酪蛋白酸牛奶新产品并成功上市，将打造百亿级产业。对山东奥克斯畜牧种业有限公司种公牛的β-酪蛋白基因型进行了鉴定，筛选培育出A2型β-酪蛋白种公牛26头，为A2型种子母牛群的定向培育提供了种源供应。

结合国家奶牛核心育种场遴选工作，对首农畜牧金银岛牧场、云南牛牛牧业、现代牧业（通辽）有限公司，进一步规范DHI测定、育种数据收集和管理，申报并通过国家奶牛核心育种场遴选。核心育种场建设工作的实施，有效保障核心种源质量和供种能力，提升自主培育能力。

2. 种公牛自主培育体系建设

充分利用已有种子母牛群，有计划地自主培育出大量潜质的后备公牛，真正形成后备公牛自主培育能力。以中国北方荷斯坦牛育种联盟和香山联盟为基础，2021年共培育公牛349头，其中利用自有的种子母牛培育的后备公牛105头，占总量的30%。根据全国畜牧总站发布的乳用种公牛遗传评估结果，联合攻关项目组获得验证公牛700头，占全国验证公牛总数的90.3%；培育基因组青年公牛469头，占全国基因组青年公牛的76.76%。

3. 强化育种大数据收集

（1）研用基于电子耳标和条形码识别的信息化奶样采集和数据记录系统，实现采样工作的信息化

在传统DHI奶样采集方法的基础上研制一套信息化采样系统，实现牛号获取自动化、样品交接便利化、数据传输实时化、数据存储智能化、采样流程规范化等。在山东省内30家大型规模化奶牛

场的7万余头奶牛进行应用，占总测定量的80%以上。

（2）研发了具有牛号查询、实时记录、重复判断、自动计分及数据自动存储、规范导出等功能的奶牛体型性状鉴定App，方便了现场鉴定

深入探索体型鉴定数据的应用，自主研发的"奶牛体型线性鉴定数据分析系统"，能将奶牛各性状数据进行准确汇总分析，目前该系统已申请并获得计算机软件著作权。全年在58个牧场鉴定适龄母牛6 870头，全部上报中国奶业协会。

（3）探究基于SCR DataFlow Ⅱ奶牛监测综合管理系统产生的日活动量和原始活动量的群体规律及其影响因素，对其进行遗传参数估计

结果显示，胎次、测定季节、日均THI（热应激指数）、泌乳阶段、BCS（肉牛体况评分）、测定年份和项圈类型对日活动量和原始活动量均有极显著（$P<0.01$）影响。探究奶牛活动量的遗传规律，结果发现，估计原始活动量的遗传力为0.05，重复力为0.19，日活动量的遗传力为0.11，重复力为0.41。

（4）挖掘牛奶的中红外光谱（MIR）信息并进行遗传分析

对牛奶MIR光谱数据进行遗传解析发现，MIR光谱是一条潜藏许多牛奶组分信息的曲线，在2 469～2 473厘米$^{-1}$、3 573～3 622厘米$^{-1}$区域变量的变异程度很高，超过20%波数之间相关系数在0.8左右。利用因子分析对889个波数的MIR光谱进行降维，对波数进行遗传估计，结果显示MIR光谱的遗传力为0～0.12，为中等偏低。

4. 奶牛高效快速扩繁产业化

深入推进OPU-IVP产业化应用，在澳亚牧场、现代牧业、中垦华山牧场等生产体外胚胎5 000枚以上。撬动社会资金5 000万元，开展优秀种质引进及OPU+技术推广应用，除原有的澳亚集团、卫岗集团、现代牧业集团以外，将宁波牛奶集团、云南牛牛牧业、北大荒集团、中垦乳业集团、金宇浩兴牧业、新希望集团纳入种质自主培育与高效扩繁体系中，增加育种基础牛群11万头。

5. 研制专用芯片，助力奶牛分子育种

研制应用奶牛遗传缺陷、抗性、高繁殖力等育种芯片。整合已知的遗传缺陷和致死基因100余个分子标记，研发了一款奶牛遗传缺陷和致死基因的育种芯片，可一次性检测已知的93种遗传缺陷（如脊椎畸形综合征、短脊椎、瓜氨酸血症等）。该定制芯片可为优秀种质选育和遗传评估、牛群选种选配、群体遗传改良、新品种培育、遗传资源保护提供精准的指导。"牛遗传缺陷和致死基因芯片"参加山东省农业科学院第二届秋季成果拍卖会，成交价格150万元。

三、科研进展

（一）重要经济性状测定方法与数据采集技术

1. 河南省和山东省荷斯坦奶牛信息化数据收集与记录系统研发

河南省奶牛生产性能测定中心张震团队、山东省农业科学院畜牧兽医研究所李建斌团队和山东

奥克斯畜牧种业团队开展奶牛重要经济性状测定方法与数据采集技术相关研究。使用基于电子耳标和条形码识别的信息化奶样采集和数据记录系统，实现采样工作的信息化；结合国家标准和现场工作实际研发适用的奶牛体型性状鉴定App；研究基于牛奶中红外光谱的高通量乳脂肪酸测定技术，对乳脂肪酸这一精细表型进行快速精准测定，为探索奶牛特色选育策略提供数据支撑；构建山东奶牛重要经济性状大数据库，为深入系统开展奶牛遗传评估工作提供了必要的数据支撑；研究优化了不同性状的遗传评估方法，获得了山东地区奶牛重要经济性状的遗传参数。

2. 牛奶的中红外光谱信息挖掘及遗传分析

中国农业大学奶牛育种团队娄文琦、王雅春等通过对中国荷斯坦牛的牛奶MIR数据和部分繁殖性状相关指标进行表型和遗传参数、相关基因分析并尝试利用牛奶MIR光谱对繁殖性状指标进行预测。发现光谱指纹区遗传力较高，其中14个高遗传力波数关联到49个显著SNP位点和58个功能基因；利用随机回归测定日模型和重复力模型对基于牛奶MIR光谱所预测的血液β-羟丁酸进行遗传参数分析，表现为中低遗传力和中高重复力，随年龄变化与繁殖、长寿性状存在不同程度遗传相关；使用MIR结合多种预处理和回归拟合方法建立了牛奶孕酮预测模型。

（二）重要性状功能基因挖掘与遗传解析

1. 中国荷斯坦牛生长性状遗传评估及全基因组关联分析

中国农业大学奶牛育种团队常瑶、王雅春等基于北京地区中国荷斯坦牛的体高和胸围数据，利用4个非线性生长曲线函数进行个体生长曲线拟合，对所有个体的体高和胸围进行日龄校正并进行遗传评估；体高和胸围同一性状不同日龄间的遗传相关随着时间间隔的增加呈现先减小后增大的趋势；相同日龄的体高和胸围为中高遗传相关。最后，将逆回归育种值和校正表型作为反应变量，结合基因组信息挖掘影响生长性状的候选基因，最终确定了5个关键候选基因：*KRAS*、*LPAR1*、*PIK3R1*、*ARPC4*和*TNFSF11*基因。

2. 利用大鼠模型发掘奶牛热应激基因和表观遗传标记及全基因组关联分析

中国农业大学奶牛育种团队窦金焕、王雅春和俞英等基于42℃热应激处理120分钟大鼠模型研究奶牛热应激候选基因的表观遗传调控机制，利用ATAC-seq、甲基化分析结合预测分析，5个转录因子包括*Cebpa*、*Foxa2*、*Foxa4*、*Nfya*、*Sp3*及其*IL6*、*Tp53*等作为热应激的候选标记；结合多组学结果，在肝脏和肾上腺素中分别鉴定到15个、5个与编码热休克蛋白家族（HSPs）DEGs互作的候选lncRNAs；进一步整合热应激表型数据全基因组关联分析，获得17个显著SNPs作为潜在的荷斯坦奶牛耐热遗传标记。

3. 奶牛瘤胃微生物组成及对乳蛋白和乳脂性状的调控机制研究

中国农业大学奶牛育种团队武鑫、孙东晓等以具有极端高、低乳蛋白率和乳脂率的泌乳期荷斯坦奶牛为研究材料，通过宏基因组学技术，共检测到6 977种微生物，其中拟杆菌门占51.4%，厚壁菌门占8.72%和变形菌门占5.77%；共鉴定出38种高低组间丰度显著差异的微生物，高组中*Prevotella ruminicola*、*Prevotella* sp.tc2-28和*Neocallimastix californiae*与瘤胃液中挥发性脂肪酸和乙酸浓度显著正相关；高丰度的普氏菌在瘤胃中碳水化合物、氨基酸、丙酮酸、胰岛素和脂质代谢途径中发挥重要作用，对乳蛋白和乳脂形成具有调控作用。

4. 利用多组学策略鉴定奶牛乳成分性状关键基因及突变位点

中国农业大学奶牛育种团队林珊、孙东晓等针对前期转录组测序和全基因组重测序研究所鉴定到的*COL5A3*和*COL6A1*基因进行遗传效应分析，基于947头中国荷斯坦母牛，在两个基因内分别检测到30个和22个SNP多态位点利用；关联分析发现所有SNP位点及其单倍型对产奶量、乳蛋白和乳脂性状遗传效应显著；进一步发现*COL6A1*对奶牛乳腺上皮细胞增殖、脂质和甘油三酯合成均有促进作用。以588头中国荷斯坦牛群体为研究群体，基于150K芯片数据及初乳和血清IgG、IgG2和IgM浓度，利用全基因组关联分析鉴定到21个影响初乳免疫球蛋白浓度的功能基因。

5. 奶牛金葡菌隐性乳房炎抗性关键基因及通路挖掘研究

中国农业大学奶牛育种团队王迪、俞英等选取4对连续两代奶牛金葡菌隐性乳房炎宿主金葡菌乳房炎荷斯坦奶牛母/女及4对健康奶牛母/女作为试验对象，通过转录组测序分析发现，160个基因在健康对照母/女对中特异表达，一系列差异表达基因参与金葡菌感染通路、细胞因子-细胞因子受体互作、IL-17信号通路等；整合多组学数据，得到*FCGR3A*、*CXCL9*、*CXCL10*、*SOCS3*、*KRT10*、*PRLR*、*FAT3*、*IDO2*和*CXCL9*等基因可作为金葡菌隐性乳房炎抗性候选基因；鉴定到5个lncRNAs，可作为潜在的奶牛金葡菌隐性乳房炎抗性的表观遗传标记。

6. 奶牛热应激性状候选基因相关研究

张帆等从细胞水平探究了*HSPB8*基因的表达变化及其多态性与热应激反应性状的相关性，并开展奶牛热应激遗传机制研究，研究证明了奶牛*HSPB8*基因表达受热应激诱导，g.58406728G>A和g.58406042A>G位点可作为重要的遗传标记用于中国荷斯坦牛耐热性能的选育。王臻基于全转录组联合分析揭示长短期热应激影响荷斯坦奶牛产奶性能。高胜涛等研究表明热应激奶牛的乳腺组织中miRNA可能参与了能量代谢、细胞增殖和炎症反应的调控。房浩研究发现中国荷斯坦牛*HSP90AA1*基因多态性与热应激反应相关表型存在关联。

7. 调控奶牛乳腺上皮细胞的相关研究

张立研究表明miR-143通过靶向*Smad3*促进奶牛乳腺上皮细胞乳脂合成，可能在未来成为调节乳脂合成的生物标志物或潜在的治疗靶标。邹紫雯研究表明*GPR120*第一外显子处存在两个SNP位点，在一定程度上影响305天产奶量、乳脂量、乳蛋白量和体细胞评分，可促进奶牛乳腺上皮细胞增殖及乳脂合成。张岩等研究表明，DNA甲基化水平升高能够抑制奶牛乳腺上皮细胞中脂类和糖类的合成与分泌。姚大为等研究表明超长链脂肪酸延伸酶6基因（*ELOVL6*）在奶牛乳腺上皮细胞中通过影响脂质代谢相关基因的表达及甘油三酯含量。

（三）基因组选择技术

不同密度SNP芯片和方法对奶牛基因组遗传评估准确性的影响研究。中国农业大学奶牛育种团队郑伟杰、孙东晓等基于中国荷斯坦牛基因组需选择参考群体，将基因组芯片数据分别填充至50K、

80K、150K及合并数据集，使用GBLUP模型对产奶量、乳蛋白率、乳脂率、体细胞评分、体型总分、泌乳系统和肢蹄共7个性状进行基因组预测，发现基于四种不同密度芯片估计的DGV高度相关，填充至50K基因型的准确性最高（98.4%）；组间GCPI秩相关系数均大于0.97，说明整体上荷斯坦奶牛个体GCPI排名稳定；用GBLUP、RRBLUP和四种Bayes方法进行基因组预测，发现Bayes方法在产奶性状上基因组预测准确性更高。

（四）育种方法和育种技术

遗传缺陷是影响奶牛繁殖和健康的重要风险，中国农业大学、北京奶牛中心、北京市畜牧总站等单位合作，持续研究奶牛遗传缺陷新位点并开发快速检测方法，2021年利用全基因组测序技术、单分子纳米孔测序技术、转录组测序等新技术，筛选出细胞纤毛内转运蛋白80（IFT80）基因碱基缺失是HH2胚胎致死遗传缺陷的因果突变，并建立起10种常见遗传缺陷的联合检测技术。

（五）良种高效扩繁技术

近年来，奶牛良种高效扩繁技术快速发展，特别是胚胎移植技术结合基因组检测技术，大大提高了供体母牛生产性能（遗传）选择的准确性，推动了MOET和OPU-IVF技术在生产中的应用，而奶牛分离性控精液技术进展提高了人工授精效果，并在成母牛中得到应用。2020年全世界生产牛可用胚胎总数约150万枚，而OUP-IVF体外胚胎数113万枚，超过75%（其中，奶牛胚胎总数约77万枚，OUP-IVF体外胚胎数超过76%）。一些新技术如基因编辑技术和SNP芯片等在牛MOET和OPU-IVF技术中用以快速鉴别牛体内、外胚胎的遗传品质，以及转录和表观遗传差异，而遗传鉴定（操作）后的早期胚胎移植，大大增加了牛胚胎移植获得优秀后代的概率。

牛体外受精技术进一步完善，在胚胎培养液中添加川陈皮素、溶血卵磷脂等可显著改善体外囊胚的形成效率。体外胚胎发育机制研究取得进展，Janati等在胚胎体外发育培养基中添加二十二碳六烯酸（DHA）能够降低多能性SOX2阳性细胞百分率，提高胚胎质量。Saraiva等研究发现IVM（卵母细胞体成熟）期间低浓度曲古菌素A（TSA）处理能有效促进组蛋白H3k9乙酰化水平，减缓牛卵母细胞减数分裂进程（核成熟），提高囊胚率。

我国许多单位，特别是一些规模奶牛场积极开展了奶牛MOET和OPU-IVF技术的应用研究，并取得了较好的结果。例如石家庄天泉良种奶牛公司在奶牛体内胚胎生产与性别鉴别、内蒙古赛科星种业股份有限公司在体内性控胚胎生产与移植、山东奥克斯种业有限公司在OPU-IVF胚胎生产与移植等技术的研究与应用都取得了较好进展，然而目前国内还缺乏实际生产和移植的奶牛胚胎数量及效果的确切统计数据。我国牛胚胎进口呈现增长态势，2020年我国进口牛胚胎6 114枚，同比增长62.8%，其中源自美国进口5 802枚。

家畜精液冷冻方面也取得了一定进展，新型冷冻保护添加剂的研发，如环糊精载胆固醇、纳米囊泡、骨桥蛋白、抗氧化剂等，以及纳米纯化和包装技术改进等，改善了精液冷冻过程中的低温损伤。而奶牛分离性控精液生产技术改进，提高了人工授精受胎率，使其可用到泌乳母牛的配种，显著提高了奶牛繁殖雌性后代的比例。

第五章　奶牛育种体系建设情况

一、奶牛育种机制现状

（一）种业企业"育繁推"一体化经营机制

目前我国奶牛核心种源自给率不足30%。育种是奶业高质量发展的基础。种业企业需进一步加强"育繁推"一体化经营机制。一是坚持强本固基，做好基础育种工作，建设育种核心群和种子母牛筛选，自主培育优秀种公牛，快速扩繁优秀遗传物质；二是加快自主创新，包括基因组选择育种、活体采卵与体外受精、胚胎生产、性控冻精与长效冻精等技术；三要加强知识产权保护。

（二）区域性育种联合体和产业联盟

1. 中国奶牛后裔测定香山联盟

中国奶牛后裔测定香山联盟，由北京首农畜牧发展有限公司奶牛中心、上海奶牛育种中心有限公司、天津天食牛种业有限公司、内蒙古天和荷斯坦牧业有限公司、新疆天山畜牧生物工程股份有限公司联合发起，成立于2013年8月18日，简称"香山联盟"，是非营利性的区域奶牛后裔测定联盟，联合开展跨区域的奶牛后裔测定，为优势种公牛的培育提供更为广阔的数据来源。

2021年，香山联盟协同成员单位开展了五项工作：一是积极开展跨区域奶牛后裔测定，与合作奶牛场建立紧密合作联系，累计推广发放97头种公牛后裔测定冻精数87 256支，覆盖110个牧场，测定并及时反馈种公牛后裔测定数据；二是修订并统一体型鉴定标准《荷斯坦牛体型鉴定操作技术规范（试行）》，保障遗传评估基础数据准确；三是奶牛体型鉴定工作扎实开展，全年累计鉴定数量43 356头；四是北京、上海持续推进完成奶牛基因组参考群体构建任务，2021年联盟新增参考群体覆盖区域扩展至北京、天津、宁夏、吉林、河北、黑龙江、河南、山东、上海、江苏等地，显著丰富了国家参考群体的环境代表性。联盟为国家奶牛基因组参考群体数据贡献率超过70%；五是北京、上海、新疆成功申报第一批国家级动物疫病净化场。

2. 中国北方荷斯坦牛育种联盟

2021年北方联盟各理事单位互换冻精3次，共计49头优秀青年公牛参与冻精互换，其中河北13头，内蒙古11头，山东21头，河南4头。互换冻精27 550支并现场对冻精活力等方面进行严格检测，活力均在0.36以上，符合后裔测定冻精交换要求。互换公牛全基因组综合选择指数（GTPI）≥2 600，最高达2 829，平均值为2 676，整体遗传水平优良。

积极组织开展体型鉴定培训工作，特别邀请北京奶牛中心石万海主任在滨州市滨城区光景奶牛专业合作社进行现场授课，各理事单位共18名体型鉴定人员参加培训。采取理论讲解与现场实践相结合的方式，依据《中国荷斯坦牛体型鉴定技术规程》（GB/T 35568—2017）对奶牛5个部位、20个性状逐一进行讲解，并对体高、体深、尻角度、乳房深度等量化性状进行准确的测量，使大家对奶牛各性状有了直观认识，提高了北方联盟体型鉴定人员的水平和实战技能。

3. 奶牛育种自主创新联盟

奶牛育种自主创新联盟成立于2016年6月，由首农食品集团奶牛中心牵头，联合中国农业大学、全国奶牛养殖优势地区代表性奶牛养殖企业和行业智库，构建"供应链、产业链、价值链"三链融合的商业化奶牛良种自主培育体系。2021年蒙牛集团奶牛研究院、北大荒完达山乳业、国科现代农业产业科技创新研究院等6家企业正式加盟，致使奶牛联合育种群突破50万头，该联盟分子育种技术与产业研究领域的综合实力显著提升。

2021年，该联盟重点围绕种公牛自主培育、奶牛遗传改良进展分析、自主知识产权选育芯片研发应用、育种数据标准化采集等方向，联合中国农业大学、联盟各成员单位，协同开展了4项联盟重点任务，发布全国首款奶牛自主育种中高密度液相芯片，突破进口垄断；发布联盟首期《奶牛群体改良报告（红皮书）》，指导奶牛群体遗传改良；发布《荷斯坦牛体型鉴定操作技术规范》团体标准和《荷斯坦牛育种数据采集及指标计算技术规程》联盟标准，解决育种数据采集规范性与标准化问题；建成并投入运行具备国际先进水平的基因与胚胎工程实验室，基因芯片、胚胎干细胞等研发与应用水平进入新高度。国家奶牛核心育种场接连入选三家，该联盟成员总量占比达到三成，是优质奶牛自主种源培育的成果体现。

4. 中原奶牛育种自主创新联盟

为加强种公牛自主培育能力，提升奶牛场群体遗传水平，2017年河南省鼎元种牛育种有限公司联合中国农业科学院北京畜牧兽医研究所、河南省奶牛生产性能测定中心、中地乳业集团、河南省花花牛集团、河南瑞亚牧业等单位成立"中原奶牛育种自主创新联盟"，共同打造中原奶牛育种高地。

该联盟组建至今，共引进并移植美国荷斯坦牛种用胚胎1 500枚，自主生产移植胚胎538枚，组建190头高水平种子母牛群，种子母牛GTPI平均值超过2 600；培育进站采精公牛56头，采精公牛GTPI平均值达2 745，最高的GTPI超过3 000，培育部分种公牛达到国际一流水平。

2021年底该联盟项目区内累计完成奶牛品种登记41.78万头，生产性能测定11.73万头，体型鉴定10.79万头，采集各类照片71.78万张，连续发布区域奶牛遗传评估结果4次。

5. 奥克斯-澳亚奶牛育种合作联盟

该联盟全面开展品种登记及奶牛生产性能测定工作，同时应用信息化技术，不断优化DHI工作流程。东营神州澳亚现代牧场累计参测泌乳牛8 094头，平均每月测定牛只5 125头，累计采集DHI样品61 500份；泌乳牛305天奶量基本稳定在11.5吨以上，测定日奶量由38.8千克升高至40.4千克，全年平均在39.8千克左右；牛群繁育工作持续改善，平均泌乳天数175天左右，胎间距377天，平均体细胞数在15万/个毫升左右，牛群健康水平保持良好。

通过体型鉴定、选种选配、胚胎移植等方式，推进联合育种工作。对适龄牛只全部开展了体型线性鉴定，鉴定牛只2 335头；根据血缘、产量、乳品质、生产寿命、女儿妊娠率、产犊难易度、线性外貌特征等综合情况制订选配方案并严格执行；对2020年新生牛只在美国进行基因组检测，其中656头母牛已获得基因组检测值，平均TPI值2 606，最高TPI值2 911；联合培育后备公牛80头，其中进口胚胎移植获得29头，自主培育51头，公牛平均TPI值2 741，最高TPI值2 941；合作参加农业农村部"奶牛参考群数据采集及基因组检测"项目。

组建专业育种团队，专人专职负责合作联盟的育种工作，整体规划，主次分明。双方共同培养了8位育种及胚胎移植技术人员，培养4位数据处理及体外胚培养技术人员，通过近几年的培养，技术人员各项技术技能达到预期，育种团队工作有条不紊地推进。

6. 河北省荷斯坦奶牛种质创新联盟

2021年10月10日，由河北省农业农村厅倡议，河北省畜牧良种工作总站、河北品元生物科技有限公司和河北省内9家规模牧场共同成立河北省荷斯坦奶牛种质创新联盟。2021年联盟开展了以下工作。

一是组建育种核心群，采用奶牛生产性能测定数据，对每个联盟成员中系谱完善，且单产超出10吨的个体奶牛开展全基因组检测，依据检测数据建立育种核心群，目前存栏数量达9 342头。二是精准开展个体选配，根据各牧场牛群生产情况，合理规划育种方案，切实开展个体选配工作，其中两个成员制定了自己的选择指数并应用到牛群改良。三是联盟成员故城康宏牧业成为国家级核心育种场，联盟成员威县君邦牧业和乐源牧业通过省级原种场验收。四是积极开展后备种公牛的培育和育种科研，联盟成员之间签订了联合培育后备种公牛育种协议；品元公司成功加入美国荷斯坦协会和NAAB协会，建立了胚胎实验室，联合申报石家庄市奶业研究院获批；乐源牧业与河北省农业科学院联合申报科技厅核心育种场建设项目获批。五是加快高产奶牛的繁育速度，联盟成员石家庄天泉和康宏牧业利用自身技术优势，利用活体采卵体外受精技术，加快高产奶牛的繁殖速度，目前已经进行体外采卵母牛415头，同时对出生的犊牛开展全基因组检测。

（三）市场导向的育种机制创新

创新种质培育机制。结合中国市场需求，以DHI测定、后备公牛自主培育、基因组选择等育种关键技术为手段，自主培育出优秀核心种质，在全国奶牛主产区推广应用。

创新技术服务机制。开展奶牛育种数据质量培训，规范奶牛育种数据的采集，实现了育种数据的科学管理，有利于奶牛育种体系的建立和群体遗传改良工作的开展；通过对表型性状、基因型、环境参数等育种大数据的整理、存储、分析与共享，可为牧场提供信息关联查询、专题统计分析和数据挖掘等定制化服务。

创新体系内合作机制。与体系内岗位科学家联合协作，根据综合实验站实际需求，有针对性地开展样品检测和现场服务，共同应对突发事件、应激性事件。

二、奶牛育种行业协会工作情况

（一）中国奶业协会育种专业委员会

中国奶业协会育种专业委员会组织实施《全国奶牛群体遗传改良计划》（包括品种登记、良种登记、生产性能测定、体型鉴定、全基因组检测、后裔测定和种牛遗传评定等）；为政府部门制定奶业发展战略和相关法规提出专业性建议；开展奶牛遗传改良相关技术培训和国际合作交流等。

"十四五"期间，育种专业委员会重点完善奶牛性能测定体系，夯实奶牛育种基础；加强奶牛基因组选择分子育种关键技术创新研究；开展奶牛核心群选育和自主培育优秀种公牛；建立全国奶牛大数据育种平台和遗传评估中心；扶持和培育国内一流奶牛种业企业，提升国际竞争力；推动建立种牛和遗传物质质量安全控制体系，高质量推进我国奶牛种业焕发新魅力，夯实奶业全面振兴的根基。

2021年持续在全国范围内推广实施中国荷斯坦牛编号标准，协助各地方开展奶牛品种登记及推进DHI测定、体型鉴定和遗传评估工作。全年共计完成两次遗传评估工作，新增品种登记牛数7.8万头。

2021年5月，开展中国奶牛体型鉴定员培训及考核，新增中国奶牛体型鉴定员16名。2021年7月，举办"中国奶牛种业高质量发展推进会"，发布《荷斯坦牛体型鉴定操作技术规范》团体标准，邀请行业专家进行专场报告，共同谋划"十四五"奶牛种业发展，全面配合做好技术支撑工作，全力推进全国奶牛遗传改良计划的实施。

（二）全国奶牛遗传评估中心

在农业农村部种业管理司和全国畜牧总站的监督和组织下，2021年中国农业大学联合中国奶业协会完成了2次全国奶牛遗传评估。

2021年4月发布第1次遗传评估结果，全国共有3 297头种公牛参与乳用种公牛遗传评估，其中产奶性状和体型性状估计育种值完整的有1 877头种公牛；仅有生产性状估计育种值，缺少体型性状估计育种值的有1 420头种公牛。此次发布结果中，中国荷斯坦牛1 575头，娟姗牛47头，分布在19个种公牛站。验证种公牛国内女儿的遗传评估数据，来自2 814个奶牛场189.85万头母牛的2 238.67万条奶牛产奶性能测定数据和1 327个奶牛场29.23万头一胎母牛的体型鉴定数据。基因组检测青年种公牛的遗传评估参考群包括8 613头成母牛和273头验证公牛。系谱育种值采用2020年8月国际公牛组织（Interbull）育种值估计结果。

2021年12月发布第2次遗传评估结果，公布了全国18个种公牛站的1 838头种公牛遗传评估结果，其中，1 795头中国荷斯坦牛、43头娟姗牛，主要包括验证种公牛遗传评估和青年种公牛基因组检测遗传评估结果。验证种公牛国内女儿的遗传评估数据来自3 071个奶牛场228.7万头母牛的2 426.8万条奶牛产奶性能测定数据和1 359个奶牛场33.0万头一胎母牛的体型鉴定数据。基因组检测青年种公牛的遗传评估参考群包括10 784头成母牛和264头验证公牛。系谱育种值采用2021年8月Interbull育种值估计结果。

附录　大事记

1. 2021年5月25日，中国奶业协会组织的2021年中国奶牛体型鉴定员培训班在山东泰安召开，来自全国的150余名学员参加了此次培训，有16名备案体型鉴定员顺利通过了考核。至此，我国国家体型鉴定员累计达到70人。

2. 2021年6月24日，全国畜牧总站组织指导的全国奶牛遗传改良计划（2021—2035年）培训班在山东济南召开，国家奶牛核心育种场、DHI测定中心、种公牛站及部分规模化奶牛养殖场的单位负责人、技术人员及国家奶牛遗传改良计划专家委员会专家达150余人参加了此次培训会，有力宣贯了我国新发布的奶牛遗传改良计划内容。

3. 2021年4月15日农业农村部发布《中国乳用种公牛遗传评估概要2021》（第一次），包括验证种公牛常规遗传评估和青年种公牛基因组遗传评估结果，共计19个种公牛站的1 622头种公牛，其中1 575头中国荷斯坦牛、47头娟姗牛。

4. 2021年4月28日《农业农村部关于印发新一轮全国畜禽遗传改良计划的通知》——《全国奶牛遗传改良计划（2021—2035年）》发布。

5. 2021年7月9日，中央全面深化改革委员会第二十次会议通过《种业振兴行动方案》，会议强调农业现代化，种子是基础，必须把民族种业搞上去，把种源安全提升到关系国家安全的战略高度，集中力量破难题、补短板、强优势、控风险，实现种业科技自立自强、种源自主可控。

6. 2021年7月17日，第十二届中国奶业大会暨2021中国奶业展览会的"中国奶牛种业高质量发展推进会"召开，并现场正式颁布《荷斯坦牛体型鉴定操作技术规范》，这标志着中国荷斯坦牛体型鉴定工作迈向历史性的新阶段。

7. 2021年7月29日，全国畜禽遗传改良计划领导小组办公室印发《全国畜禽遗传改良计划实施管理办法》及配套办法。为贯彻落实《农业农村部关于印发新一轮全国畜禽遗传改良计划的通知》精神，保障《全国畜禽遗传改良计划（2021—2035年）》高质量实施，规范各项工作行为，确保改良计划实现预期目标任务，经农业农村部同意，全国畜禽遗传改良计划领导小组办公室组织制定了《全国畜禽遗传改良计划实施管理办法》与生猪、奶牛、肉牛、羊、蛋鸡、肉鸡和水禽国家核心育种场管理办法及专家委员会管理办法等9个配套办法。

8. 2021年12月21日，全国畜牧总站组织召开全国奶牛基因组参考群第三方核查总结会，连续实施2年的奶牛基因组参考群第三方核查工作组织有序，创新了现场DHI取样核查、奶量核查校准装置和体型数据核查方法，探索建立并完善了DHI第三方核查技术体系，取得了良好的效果。下一步，要加强技术创新，扩大奶牛基因组参考群群体数量，为奶牛种业发展提供基础数据保障。

9. 2021年12月29日，农业农村部发布《2021年中国乳用种公牛遗传评估概要》（第二次），包括验证种公牛常规遗传评估和青年种公牛基因组遗传评估结果，共计18个种公牛站的1 838头种公牛，其中1 795头中国荷斯坦牛、43头娟姗牛。

肉牛篇

第一章　主要发展概况

一、肉牛供种能力

（一）冷冻精液供种能力

2021年国内种公牛站共生产肉牛冻精4 058.20万剂，其中生产肉用西门塔尔牛冻精2 267.97万剂，占比56%。销售肉牛冻精3 874.37万剂，销量同比增加23.6%，其中销售肉用西门塔尔牛冻精1 939.62万剂，占比50%。2021年度国家肉牛核心育种场向社会供种9 336头，其中公犊牛3 734头，主要用于区域改良本交公牛，300头以上公牛进入种公牛站成为后备种公牛。

（二）胚胎供种能力

据估计，全国每年本交种公牛需求量约10万头，年产值超40亿元。2021年生产胚胎8.52万枚，其中奶牛当年生产胚胎6.58万枚，肉牛当年生产胚胎1.94万枚。

（三）种母牛供种能力

自2014年开始启动国家肉用核心育种场遴选工作以来，已开展5批国家肉牛核心育种场遴选，共有44家企业通过初审和现场专家评审，获得了国家肉牛核心育种场资格。

2020年农业农村部组织开展了国家肉牛核心育种场核验工作。经研究决定，取消2家单位资格，42家肉牛核心育种场通过核验，有效期5年（表5-1）。2021年未开展国家肉牛核心育种场遴选工作。2021年各省份核心育种场数见图5-1。

表5-1 各核心育种场牛只存栏情况 单位：头

单位	品种	成年牛	育成牛	犊牛
青海省大通种牛场	大通牦牛	893	120	30
中澳德润牧业有限责任公司	安格斯牛	736	132	3
云南谷多农牧业有限公司	文山牛	732	164	69
龙江元盛食品有限公司雪牛分公司	和牛	591	93	170
伊犁新褐种牛场	新疆褐牛	561	34	16
沙洋县汉江牛业发展有限公司	西门塔尔牛	521	146	122
云南省草地动物科学研究院	云岭牛	477	127	100
张北华田牧业科技有限公司	西门塔尔牛	462	56	45
杨凌秦宝牛业有限公司	安格斯牛	431	95	15
广西壮族自治区水牛研究所水牛种畜场	尼里-拉菲水牛，摩拉水牛	427	54	41
内蒙古奥科斯牧业有限公司	西门塔尔牛	406	331	82
太湖县久鸿农业综合开发有限责任公司	大别山牛	296	96	29
甘肃农垦饮马牧业有限责任公司	安格斯牛	292	26	18
四川省龙日种畜场	麦洼牦牛	284	73	94
腾冲市巴福乐槟榔江水牛良种繁育有限公司	槟榔江水牛	276	2	107
海拉尔农牧场管理局谢尔塔拉农牧场	三河牛	256	51	19
延边畜牧开发集团有限公司	延黄牛	253	76	27
内蒙古科尔沁肉牛种业股份有限公司	西门塔尔牛	237	42	32
湖南天华实业有限公司	安格斯牛	233	33	46
长春新牧科技有限公司（核心场）	西门塔尔牛	230	70	39
荆门华中农业开发有限公司	安格斯牛	211	48	42
泌阳县夏南牛科技开发有限公司	夏南牛	204	33	3
运城市国家级晋南牛遗传资源基因保护中心	晋南牛	199	24	32
云南省种羊繁育推广中心	短角牛	194	63	0
四川省阳平种牛场	西门塔尔牛	192	72	48
云南省种畜繁育推广中心（核心场）	西门塔尔牛	182	48	45
鄄城鸿翔牧业有限公司	鲁西牛	171	36	8
南阳市黄牛良种繁育场	南阳牛	163	28	58
临泽县富进养殖专业合作社	西门塔尔牛	157	43	16

（续表）

单位	品种	成年牛	育成牛	犊牛
新疆呼图壁种牛场有限公司	中国西门塔尔	149	36	12
高安市裕丰农牧有限公司	锦江牛	137	4	0
延边东盛黄牛资源保种有限公司	延边牛	130	40	5
河北天和肉牛养殖有限公司	西门塔尔牛	129	39	57
山东无棣华兴渤海黑牛种业股份有限公司	渤海黑牛	127	45	16
凤阳县大明农牧科技发展有限公司	皖东牛	123	26	21
通辽市高林屯种畜场	西门塔尔牛	120	28	10
平顶山市犇牛畜禽良种繁育有限公司	郏县红牛	107	25	11
甘肃共裕高新农牧科技开发有限公司	西门塔尔牛	96	26	15
吉林省德信生物工程有限公司（核心场）	西门塔尔牛	95	44	2
新疆汗庭牧元养殖科技有限责任公司	安格斯牛	84	8	5
河南省鼎元种牛育种有限公司（核心场）	西门塔尔牛	75	32	16
陕西省秦川肉牛良种繁育中心	秦川牛	51	53	0
合计		11 690	2 622	1 526

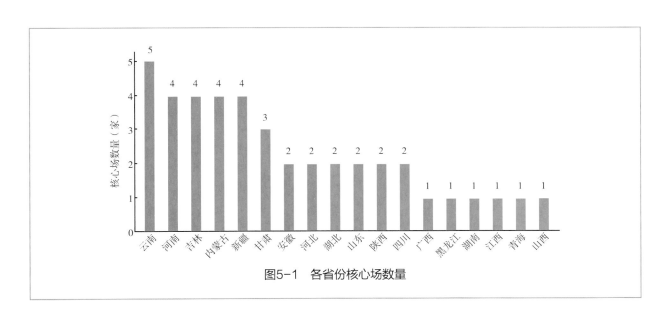

图5-1 各省份核心场数量

　　截至2021年，国家肉牛核心育种场登记品种包括西门塔尔牛、安格斯牛等25个，全群存栏1.58万余头，各核心育种场牛只存栏情况见表5-1。各省份核心场核心群数量见图5-2。在所有品种中西门塔尔牛核心群数量最大，以西门塔尔牛为例，各省份核心群数量见图5-3。

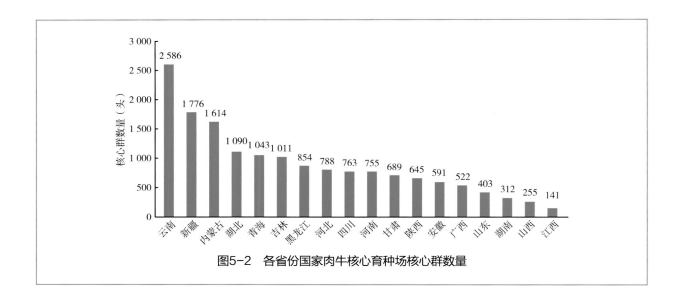

图5-2　各省份国家肉牛核心育种场核心群数量

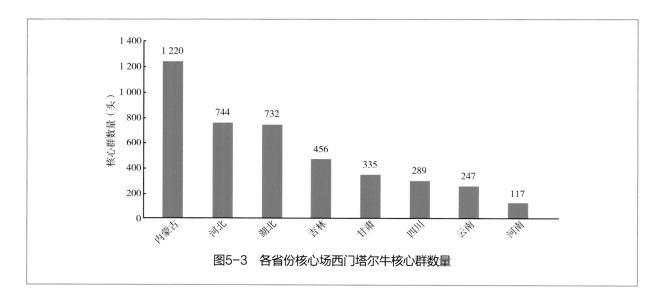

图5-3　各省份核心场西门塔尔牛核心群数量

（四）肉牛繁育技术水平

目前，我国肉牛的繁育体系主要是由种公牛站、核心育种场、商品牛繁育场组成的三级繁育体系，采用开放核心群繁育模式，种畜的评定由政府畜牧推广部门组织行业专家进行登记与鉴定，种畜的推广仍沿袭传统的指标管理，主要适用于区域性的群体改良。牦牛繁育体系从牦牛实际出发，建成了一种初级形式的开放式复壮育种体系，目前已建立了大通牦牛、阿什旦四级繁育技术体系及甘南牦牛、天祝白牦牛、青海高原牦牛、麦洼牦牛、九龙牦牛等地方品种三级繁育技术体系。结合我国肉牛育种现状，陆续成立了华西牛、安格斯牛等育种协会，制订了选育方案、体型外貌鉴定方法、良种登记和档案管理制度，正逐步推进联合育种，对国内肉牛种业的发展和繁育体系的完善有很大的促进作用。目前，肉牛繁育技术体系主要包括以下方面。

1. 肉用种牛登记技术体系

按各品种标准和《肉牛品种登记办法（试行）》的要求统一编号和记录规则，对符合品种标准的牛只进行登记，由专门的组织登记在册或录入特定计算机数据库系统中进行管理。目前由国家肉牛遗传评估中心开展全国肉用种牛的登记，登记品种包括：普通牛（地方品种、培育品种、引入品种）、水牛（地方品种、引入品种）、牦牛（地方品种、培育品种）等类型。至2021年12月，全国肉牛核心育种场和种公牛站共完成肉用种牛登记49 698头，较2020年新增14 597头。

2. 生产性能测定技术体系

2012年11月农业部发布了《全国肉牛遗传改良计划（2011—2025年）》，指导建立了肉牛生产性能测定体系，测定方法参照《肉用种公牛生产性能测定实施方案（试行）》，核心育种场和种公牛站实施全群测定，按时进行测定，并及时将测定数据上报至国家肉牛遗传评估中心。至2021年12月，参加肉牛生产性能测定的肉牛场站共有88个，累计5万头牛参与生产性能测定。

3. 后裔测定技术体系

2015年在全国畜牧总站的指导下，金博肉用牛后裔测定联合会成立，联合会紧密围绕肉用牛遗传改良的工作目标，充分整合各会员单位的优势资源，统筹安排后裔测定的具体工作。目前参测单位共有11家，截至2021年底，金博肉用牛后裔测定联合会已开展了六批后裔测定工作。累计参测公牛共有253头，累计交换冻精4.3万剂，累计使用冻精2.12万剂，累计产犊3 412头（怀孕牛未统计）。2021年底金博肉用牛后裔测定联合会开展了第六批后裔测定工作，参测种公牛151头，交换冻精2.27万剂。

4. 遗传评估技术体系

2021年在农业农村部的授权下，国家肉牛遗传评估中心在品种登记技术体系和生产性能测定技术体系的基础上，继续延用2020年的肉牛遗传评估技术体系，具体指数如下所示：

$$CBI = 100 + 10 \times \frac{Score}{S_{score}} + 10 \times \frac{BWT}{S_{BWT}} + 40 \times \frac{WT_6}{S_{WT_6}} + 40 \times \frac{WT_{18}}{S_{WT_{18}}}$$

式中，CBI：中国肉牛选择指数；$Score$：体型外貌评分的育种值；S_{score}：体型外貌评分遗传标准差；BWT：初生重的估计育种值；S_{BWT}：初生重遗传标准差；WT_6：6月龄重的估计育种值；S_{WT_6}：6月龄重遗传标准差；WT_{18}：18月龄重的估计育种值；$S_{WT_{18}}$：18月龄重遗传标准差。

2021年中国肉用及乳肉兼用种公牛遗传评估概要使用的数据主要来源于我国肉牛遗传评估数据库中近5万头牛的生长发育记录，包括后裔测定的1 081头西门塔尔牛生长记录，与我国肉牛群体有亲缘关系的5 880头澳大利亚西门塔尔牛生长记录，使肉牛遗传评估准确性大幅度提高。在《中国肉用及乳肉兼用种公牛遗传评估概要2021》中，发布了32个种公牛站的28个品种，2 735头种公牛遗传评估结果，并公布了77头西门塔尔种公牛后裔测定结果以及613头西门塔尔种公牛的基因组评估结果。

5. 肉牛分子育种技术体系

在中国农业科学院北京畜牧兽医研究所初步建立的"肉牛基因组选择分子育种技术体系"基础上，扩建了我国肉用牛基因组选择参考群，并完善了肉牛基因组选择技术体系。2019年7月25日，全国畜牧总站邀请来自全国的动物遗传育种学、畜牧技术推广与种公牛培育等领域共11名专家组成专家组，对中国肉牛基因组选择指数的科学性、指导性和可推广性进行了论证，并对制定的中国肉牛基因组选择指数（China genomic beef index，GCBI）表示肯定，建议快速推广并应用于全国肉用种公牛遗传评估中。截至2021年，西门塔尔牛参考群体规模为3 920头，测定的生长发育、育肥、屠宰、胴体、肉质、繁殖共计6类87个重要经济性状，建立了770K的基因型数据库，为我国全面实施肉牛基因组选择奠定了基础。2020年我国首次公布了肉牛的基因组遗传评估结果。根据国内肉牛育种数据的实际情况，选取产犊难易度、断奶重、育肥期日增重、胴体重、屠宰率共5个主要性状进行基因组评估，GEBV经标准化后，通过适当的加权，得到中国肉牛基因组选择指数。2021年继续使用该指数进行基因组遗传评估。

公式如下：

$$GCBI = 100 + (-5) \times \frac{Gebv_{CE}}{1.3} + 35 \times \frac{Gebv_{WWT}}{17.7} + 20 \times \frac{Gebv_{DG\_F}}{0.11} + 25 \times \frac{Gebv_{CW}}{16.4} + 15 \times \frac{Gebv_{DP}}{0.13}$$

式中，$Gebv_{CE}$是产犊难易度基因组估计育种值，$Gebv_{WWT}$是断奶重基因组估计育种值，$Gebv_{DG\_F}$是育肥期日增重基因组估计育种值，$Gebv_{CW}$是胴体重基因组估计育种值，$Gebv_{DP}$是屠宰率基因组估计育种值。

6. 人工授精技术体系

人工授精技术可以提高种公牛的配种效率，在品种改良、疾病防控和提高经济效益等多方面发挥着重要的作用。自1970开始，我国开始推广应用牛的人工授精技术，现在已经建立了完备的肉牛人工授精体系和配套设施设备，由各级畜牧推广（改良）站、人工授精站点、基层配种员组成。目前，我国年使用肉用牛冻精超过6 000万支，肉牛人工授精普及率逐年提高。

二、肉牛遗传改良计划

（一）开展的主要工作

1. 组织开展国家肉牛核心育种场遴选工作

2021年未开展肉牛核心育种场遴选工作。

2. 肉牛新品种培育

2021年最大的工作亮点是华西牛肉牛新品种横空出世，彻底打破了国外对我国肉牛种业的垄断，提升了国际竞争力，为肉牛产业和种业提供了强有力的支撑，为扶贫脱困、助推乡村振兴提供了强有力的保障。中国农业科学院北京畜牧兽医研究所牛遗传育种创新团队利用现有优良种质资源和肉牛基因组选择分子育种技术，经过4～5个世代选育工作，成功培育出"三高两广"（屠宰率高、净肉率高、生长速度高、适应性广、分布广）特性的肉牛新品种——华西牛，并于2021年10月通过了国家畜禽遗传资源委员会审定，成为我国具有完全自主知识产权，具有产业核心竞争力，具备参与国际市场竞争的专门化肉牛新品种。与国际同类型肉牛品种相比，华西牛的日增重、屠宰率、净肉率均处于国际先进水平。近年来在联合育种机制的引领推动下，建立了"繁育场+养殖场（企业）+规模养殖户"一体化、高效繁育的育种体系，并在全国累计推广种公牛599头、冻精762万剂，累计改良各地母牛305.2万头，实现新增收益52.07亿元，增产增效明显。

3. 联合育种组织积极开展生产性能测定工作

编制了"华西牛数字育种平台"，组织各攻关单位开展华西牛生产性能测定工作，并及时上报华西牛数字育种平台和国家肉牛遗传评估中心。2021年共完成5 130头次的生产性能测定工作。

为保证生产性能测定数据的准确性，2021年6月北京联育肉牛育种科技有限公司组织开展了攻关单位育种数据核查工作。核查重点包括牛群存栏量、育种设施设备和育种技术力量情况；生产性能测定完成情况、数据质量和数据报送情况；选种选配、繁殖、健康等状况。核查分为四个小组，通过抽查的联合会各育种单位间交叉调研方式进行现场核查，本次共有17个单位参与核查，生产性能抽测184头，准确率为95.57%，系谱档案抽测190头，系谱完整率为98.95%，进一步完善了抽测监督与场内测定相结合的肉牛生产性能测定技术体系。

4. 开展科技培训与扶贫工作

2021年9月中国农业科学院北京畜牧兽医研究所牛遗传育种科技创新团队赴河北围场指导'塞罕坝牛'肉牛新品种培育工作，考察了当地肉牛存栏及母牛体质体貌现状；与当地'塞罕坝牛'肉牛新品种培育工作人员就品牌构建和育种技术线路、组织构架等问题开展了广泛深入交流。

结合我国牛肉市场特性、当地母牛存栏现状和当地牧户养殖习惯，明确了'塞罕坝牛'育种目标；提出了4条杂交育种技术路线，剖析了各条路线的关键性技术节点和技术风险供当地决策参考，并针对当地育种牛群流失严重，工作延续难度较大等问题提出育种技术线路和组织构架、品牌建设等建议，得到当地有关机构人员认可。

5. 国家肉牛牦牛产业技术体系开展的工作

（1）肉牛育种技术服务工作

分别与甘肃平凉、内蒙古赤峰、河北围场、山西和顺等8个县（市）签订了肉牛育种技术服务协议并陆续开展工作。建成了中国农业科学院西部肉牛种质创新基地并投入使用，新进育种群规模达到了427头，具备了开展育种工作的必要条件。成立了平凉红牛育种组织，开展了生产性能测定等系列培训，组建了平凉红牛育种群3 000余头，起草制定《平凉红牛繁育技术规程》和《平凉红牛性能测定技术规程》2项技术规程，初步形成了平凉红牛繁育及性能测定技术体系，为育种群的建立和性能测定的标准化提供了必要保证。同时在内蒙古自治区锡林郭勒盟乌拉盖建设的"内蒙古乌拉盖蒙古牛种质资源场"已经通过初步设计评审，各项手续在积极准备中。

（2）应急与咨询服务工作

为深入贯彻党的十九届五中全会及中央经济工作会议、中央农村工作会议精神，落实中央一号文件关于打好种业翻身仗，在全国范围内组织开展农业种质资源普查的工作部署，2021年10月"全国牛遗传资源普查测定师资培训与业务对接会"在北京举行。此次会议是为落实《第三次全国畜禽遗传资源普查实施方案（2021—2023年）》，进一步加强我国牛遗传资源普查队伍建设，落实专家分片包区指导机制，加快国家和省级专家业务对接，培训调查测定技术标准，强化技术支撑与服务而举行的全国性会议。会议采取线上线下相结合的形式举办，会议现场参会130余人，线上参会人数达3 700余人，累计观看次数7 400余次。

应体系办公室要求，组织遗传改良研究室岗位专家会同有关综合试验站结合自身研究专业方向，就我国肉牛产业"十四五"期间产业需求对国内18个省（区、市），46个区县，68个村（企）进行了抽样调研，并结合调研结果对问题提出解决方案和建议。参与了《肉牛防灾减灾指南》编写工作。

（3）对接服务企业工作

与通辽市家畜繁育指导站共同参与的"科尔沁肉牛新品种选育集成技术研究与示范推广项目的肉牛传统育种与分子育种"课题，以现代育种与常规育种技术的有机结合为手段，拟开展科尔沁肉牛传统育种和基因组育种技术集成与推广；制订科尔沁肉牛育种目标及扩繁计划；建立系谱记录和性能测定规范标准；开展科学精准的生产性能测定，并设定科学合理的选择强度；建立纯种扩繁场和合作社、育种户牛群之间的遗传联系，制定统一选择指数和育种技术路线；完善相应的数据收集系统并与国家肉牛遗传评估中心的数据平台对接，实现科研单位+公司+合作社+牧户联合育种体系的建立。

（二）取得的主要成效

1. 新品种培育

针对我国肉牛业整体生产效率低、牛源紧张、育种群规模小、种群供种能力差和对外依存度高、育种技术体系落后等制约我国肉牛业持续发展的瓶颈问题，中国农业科学院北京畜牧兽医研究所牛遗传育种创新团队等单位在内蒙古乌拉盖地区选用体质结实、适应性强、耐高寒的西门塔尔牛、蒙古牛、三河牛和夏洛来牛，开展了复杂而漫长的杂交选育。经过无数次的挫折与尝试，历时40余年，终于育成了"三高两广"的专门化肉牛新品种——华西牛。

成立了'平凉红牛'新品种育种工作领导小组、育种专家委员会、办公室和育种联合会，实现了组织领导、智力支撑、育种实体三个层面的整合，组建了"平凉红牛育种联合体"，进一步明确了平凉红牛育种技术路线，制定了育种技术方案和综合选择指数。研发设计了"平凉红牛育种数据库平台"。在平凉7个区县遴选育种场27家，组建平凉红牛育种群3 361头。完善了牛只通道、保定架、地磅、电子耳标及数据传输计算机终端等设施设备，开展了相关技术人员的培训，初步形成了平凉红牛繁育及性能测定技术体系，为育种群的建立和性能测定的标准化提供了必要保证，也为下一步培育'平凉红牛'新品种，着力打造平凉乃至我国西部优质肉牛种质供应基地，推动民族种业创新，提高'平凉红牛'在国内外市场上的核心竞争力夯实了基础。

2. 种公牛及核心育种群培育体系

2021年《全国肉牛遗传改良计划（2011—2025年）》得到了进一步推进，种公牛站、核心育种场建设更加规范。当前共有种公牛站36家，种群生产性能测定工作显著提升。随着全国肉牛遗传改良计划的不断推进，参测牛群规模也逐年增加。2010—2021年累计47家公牛站共培育种公牛6 431头，截至2021年底在群种公牛3 229头。2014年开始启动国家肉用核心育种场遴选工作，截至2021年遴选国家肉牛核心育种场共42家，核心育种场核心群共计存栏约1.58万头。

3. 生产性能测定技术体系

随着全国肉牛遗传改良计划不断推进，截至2021年累计共有88个场站共计约5万头肉牛参与肉牛生产性能测定。至2021年全国种公牛站共登记普通牛有48个品种，包括地方品种14个、培育品种9个和引入品种及兼用品种17个，水牛牦牛品种共9个。所有上报品种共测定出生、断奶、6月龄、12月龄、18月龄、24月龄6个阶段生长性能数据，每个阶段包括测定体重、体高、体斜长、十字部高、胸围、腹围等生长性能信息，并在18～24月龄间测定背膘厚和眼肌面积性状及对种公牛进行体型外貌评分，当前累计测定数据60余万条，为我国肉牛育种工作进一步奠定基础。目前生产性能测定仍是我国肉牛种群选育的主要基础性工作，随着分子育种技术逐步渗透至肉牛种群选育过程当中，且与传统表观性状结合更加紧密，使得肉牛种群选育水平更高。

4. 后裔测定技术体系

金博肉用牛后裔测定联合会于2015年12月3日在通辽市正式命名成立。2021年金博肉用牛后裔测定联合会组织13家种公牛站累计151头优秀种公牛参与肉牛后裔测定，后裔测定场共有112家，包含繁育场48家、育肥场16家，共交换冻精22 650支；2021年收集了参与后裔测定的666头母牛的配种记录和370头母牛的产犊记录。

5. 遗传评估技术体系

2021年国家肉牛遗传评估中心数据库收集数据进一步增加，共收集50 429头肉牛的78万余条数据。同时，2021年将核心育种场数据应用于种公牛遗传评估，使选择准确度得到了进一步提高。在此基础上，全国畜牧总站发布了《中国肉用及乳肉兼用种公牛遗传评估概要2021》。

截至2021年，全国已经完成遗传评估的种公牛数量达6 813头。2012—2021年完成种公牛遗传评估的种公牛数量见图5-4。遗传评估牛数高于200头的省份见图5-5。由于我国西门塔尔种公牛存栏数最多，以西门塔尔牛为例，如图5-6所示，可以看出我国肉用种公牛在实施遗传改良计划后所取得的遗传进展。

肉牛基因组选择技术的建立与应用是我国肉牛育种体系的新增动力。依托于中国农业科学院北京畜牧兽医研究所平台，目前，国家肉牛遗传评估中心已建立起全国最大的华西牛和西门塔尔牛基因组选择参考群体，规模达3 920头，参考群数量还在增加。

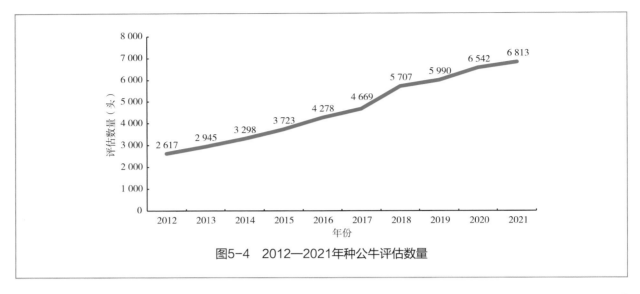

图5-4　2012—2021年种公牛评估数量

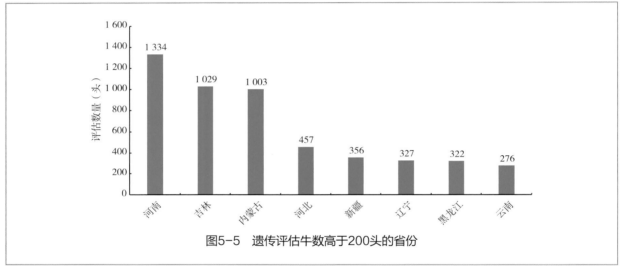

图5-5　遗传评估牛数高于200头的省份

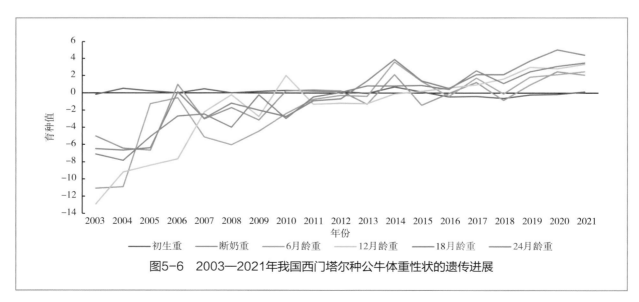

图5-6　2003—2021年我国西门塔尔种公牛体重性状的遗传进展

（三）肉牛遗传改良计划2.0版本

良种是肉牛产业健康持续发展的物质基础。在《全国肉牛遗传改良计划（2011—2025年）》的基础上，2021年我国最新发布了《全国肉牛遗传改良计划（2021—2035年）》，即肉牛遗传改良计划2.0版本。

自2011年以来，全国肉牛遗传改良工作成效显著，主要表现在良种繁育体系的完善、种牛生产性能测定体系、肉牛遗传评估平台的建立、联合育种推进以及地方遗传资源开发利用5个方面，不断地提高了现有肉牛品种的生产性能，极大推进了中国种公牛培育、肉牛群体遗传改良工作。然而，国内牛肉消费刚性需求一直呈增长态势，肉牛种业发展潜力巨大。第一期肉牛遗传改良计划实施时间有限，育种基础工作薄弱，品种登记、生产性能测定总体规模小，育种核心群小，引进品种本土化选育效率不高，联合育种机制不完善，地方品种优良特性挖掘利用不足、选育方向不明确等制约肉牛种业发展的问题还未得到根本解决。结合形势变化，发布实施更加全面系统的肉牛遗传改良计划，对于促进肉牛产业持续健康发展意义重大。

在肉牛遗传改良计划2.0版中高度强调了要坚持自主创新，以提高肉牛生产效率和牛肉品质为总目标，切实立足于我国主导品种群体优势和地方品种资源特色优势，加强选育和高效利用，继续夯实品种登记、生产性能测定和遗传评估等育种基础，加快现代育种技术研发与应用，优化联合育种组织机制，构建以市场需求为导向、企业为主体、产学研深度融合的现代肉牛种业创新体系，全面提升肉牛种业发展质量和效益，增强国际竞争力，支撑引领现代肉牛产业高质量发展。

具体从加强种公牛自主培育体系建设，建立、优化利用引进品种的杂交繁育体系，充分发挥杂种优势；继续扩大育种群数量，加大育种群体选择强度，提高供种能力，并结合育种新技术，开展适应不同生产模式的肉牛新品种选育；并积极开展本土品种的保护、选育和利用，充分挖掘地方品种肉质好、耐粗饲、抗逆性强等优良特性，构建中国特色肉用牛选育体系的角度，全面健全肉牛良种繁育体系、完善肉牛育种基础工作、加快肉牛育种技术创新、深化肉牛联合育种体系、加强遗传资源创新利用、强化生物安全防控体系，旨在于2035年建成一批高水平国家肉牛核心育种场，显著提升我国优质种源的供给能力，扩大品种登记和生产性能测定范围，将我国肉牛育种体系建成世界一流的遗传评估平台，加快遗传选择进展，将育肥牛胴体重提高15%～20%，培育肉牛新品种、新品系3～5个，打造现代肉牛育种企业2～3家，增强我国肉牛种业的国际竞争力。

三、肉牛种业发展存在的主要问题

（一）与发达国家的差距

1. 国外发展情况

目前，国际上肉牛的育种体系主要有三类。一是以德国和法国为代表的欧洲育种体系。由于人口较密集，肉牛养殖多以农户和家庭农场为主。在欧盟家畜育种法框架下，德、法肉牛育种体系包括家庭农场、人工授精协会、育种协会、联合会、政府部门。育种协会在组织育种中发挥着核心的作用。二是以澳大利亚为代表的澳洲育种体系。澳大利亚育种体系由原种场、扩繁场、育肥场、屠宰场和技术服务体系组成，技术服务体系内主要由品种协会负责开展登记测定，大学和研究所负责开展遗传评估。三是以美国和加拿大为代表的北美育种体系。包括由种牛场、带犊母牛繁育场、架子牛场、育肥场、屠宰场和技术服务体系。技术服务体系中，主要由品种协会负责遗传评估，政府技术推广部门提供配套服务和支持，大学及研究所开展育种技术提升。

在肉牛性能测定和遗传评估方面，不同地区的肉牛生产体系、性能测定体系各有差异，其常规遗传评估体系也各有不同，主要体现在综合选择指数上。欧美发达国家的常规遗传评估工作已有几十年的历史，每一个主导品种都有一个5万～60万头不等规模的育种群，收集每个品种20万～100万条的性能数据，种公牛的选择强度高达0.5%，大大加快了群体遗传进展速度。以西门塔尔牛为例，美国和加拿大评估了生长性状、胴体和肉质性状及繁殖性状共计15个性状，依据不同的育种目标制定了API（All Purpose Index）和TI（Terminal Index）两个综合选择指数；澳大利亚评估了18个性状，制定了4个综合选择指数。

在育种技术方面，1975年Henderson提出以线型混合模型为基础的BLUP，肉牛育种开始利用该方法对不同肉牛品种、不同群体进行遗传评定，利用评估结果进行种牛选择和选配，提高选择准确性。2001年Meuwissen提出了基因组选择的概念，美国安格斯协会2014年率先应用，其他欧美发达国家也开始陆续使用。目前，世界各国主要肉牛品种基本上都在利用全基因选择技术进行选种，通过早期选择大幅度缩短了世代间隔，加快了遗传进展，并大大降低育种成本，选种的准确率也大幅度提高。

2. 国内发展情况

我国肉牛种业发展至今，经历了起步、发展和转型3个阶段，在不断转型中取得很多了不起的成就。总体来看，在市场拉动、政策支持、科技带动下，中国肉牛种业可分为国外引进、被动育种、主动创新等发展阶段。

1994年之前，我国畜牧业生产所用的良种主要来源于地方品种资源，育种主要是在对地方品种资源开发利用基础上的持续选育。

1995—2007年，为尽快缩小我国农业科技与世界先进水平的差距，国家从"九五"期间开始启动"948计划"，支持引进国外优良畜禽品种。这期间，主要是推广从国外引入的高产品种来快速提高畜产品产量，满足城乡居民"菜篮子"产品的消费需求，其中，每年大约从国外引进种牛4万头，支撑了我国肉牛品种改良与培育的快速发展。

2008年后，生产从数量增长向提高质量、效益转变，畜产品消费需求呈现出多元化、差异化的趋势，我国肉牛的遗传改良计划相继发布，肉牛的种业进入引入品种国产化与自主培育品种并重的发展阶段，截至2021年底，我国共有137个牛品种，除牦牛和水牛外，包括80个普通牛（地方品种55个，培育品种12个，引入品种15个）及1个半野生濒危品种（独龙牛），其中部分品种具有适应性强、风味独特等特性，受到市场青睐。

我国肉牛遗传改良起步于20世纪60年代，2011年《全国肉牛遗传改良计划（2011—2025年）》实施后，全国肉牛遗传改良进展加快。

（1）良种繁育体系逐步完善

目前国家肉牛核心育种场数量已经达到42家，涉及25个品种，奠定了肉牛自主育种、供种基础。种公牛自主培育和供种能力不断提升，36家种公牛站存栏肉用、兼用采精种公牛2 500余头，冷冻精液年生产能力4 400万剂，基本满足国内市场需求。以核心育种场、种公牛站、技术推广站、人工授精站为主体的肉牛良种繁育体系得到进一步完善。

（2）基本建立了种牛生产性能测定体系

制定了《肉牛生产性能测定技术规范》，80个场站累计3.2万余头肉牛参与品种登记和生产性能测定。2015年启动西门塔尔牛全国联合后裔测定，累计测定种公牛103头。2018年、2019年连续两年举办种公牛拍卖会，促进了我国肉牛种源优质优价。

（3）完善了肉牛遗传评估技术体系

从2010年开始，利用BLUP方法开展肉用及乳肉兼用种公牛遗传评估。制定中国肉牛选择指数（CBI）和中国兼用牛总性能指数（TPI），指导肉用种公牛选育，累计完成种公牛遗传评估5 914头；研发了具有自主知识产权的肉牛基因组选择技术平台，制定了GCBI，组建了规模为2 300头的参考群体。我国自2017年开始使用基因组选择技术选择青年肉用种公牛，并于2020年首次发布中国肉牛基因组选择指数。

（4）初步建立了联合育种体系

成立了金博肉用牛后裔测定联合会、肉用西门塔尔牛育种联合会、乳肉兼用牛培育自主创新联盟和秦川牛育种联合会等联合育种组织，吸纳全国30多家种公牛站和核心育种场参与，实现资源、技术和育种信息互通共享。

（5）加强地方遗传资源开发利用

对秦川牛、延边牛、晋南牛等地方品种开展持续选育，以地方牛遗传资源为育种素材，培育了华西牛、蜀宣花牛、云岭牛和阿什旦牦牛并通过国家新品种审定。渤海黑牛、延边牛、夷陵牛等地方品种开展了产业化探索，初步构建了资源保护与利用相结合、开发与创新相融合的新格局，并形成了"以保为先、以用促保、保用结合"的特色肉牛产业发展模式。2020年组织开展了"首届中国牛·优质牛肉品鉴活动"，强化了公众对肉牛良种和牛肉产品的认知，提振了本土牛肉消费市场信心。

3. 问题与差距

2021年我国牛肉产量698万吨，国家肉牛牦牛产业技术体系研究表明，未来一段时期内国内牛肉市场呈刚性需求，2030年我国牛肉消费量将达到1 200万吨以上，如果没有明显技术进步，我国生产的牛肉远远不能满足需求增长。我国肉牛育种总体起步较晚，育种组织架构、技术体系虽基本建立，仍需进一步完善，自主培育的种牛生产性能与国外存在较大差距。从生产水平看，发达国家肉牛平均胴体重在300千克以上，我国中原和华北等养殖水平高的地区能达到240千克，但全国平均不超过160千克，总体上还处于初级阶段。总的来看，我国肉牛种业还存在以下问题。

（1）遗传改良的基础工作薄弱

主要品种种母牛数量不足，种牛场基础设施落后，自主培育种牛机制不健全，种公牛总体性能不高。良种肉牛品种登记、体型鉴定、生产性能测定、遗传评估、杂交配合力测定等基础工作开展不足，肉牛后裔测定数量偏少。特别是部分地区对肉牛种业的认识不足，片面追求感官性状，把重要经济性状放在产业次要位置。基层良种推广力量不强，一些地方人工授精等实用技术普及率低。

（2）联合育种进展缓慢

我国有着大规模的优良杂交群体，但后续选育工作没有跟进，导致群体生产性能徘徊不前甚至下降。联合育种的组织机制不完善，特别是地方保护主义的思想使遗传背景相似种群不能联合起来进行统一选择，致使选择强度降低，每个群体的遗传进展均不理想，培育的新品种地域性强，不利于大面积推广。一些地区在杂交改良和生产过程中不断更换父本品种，盲目杂交不仅没有起到提高生产性能的作用，反而造成种群遗传背景混乱，生产性能停滞不前。

（3）地方牛种资源保护和利用能力不强

"良种化"为"洋种化"的观念根深蒂固，导致地方牛种选育提高进展滞后，地方牛种肉质好、耐粗饲、抗逆性强等优良特性没有得到充分发挥。

（4）技术研发投入不足

由于缺乏有效的支持和投入，使一些先进技术不能快速转化为种群的遗传优势，导致产业主导品种还需要引进国外优质冻精和胚胎。

（二）种牛自主培育能力

1. 技术体系不完善，科技创新和驱动不足

我国肉牛育种技术体系虽然具备了必备的性能测定、数据库等元素，但育种数据库小，种牛选择准确度不高，导致一些先进的现代生物技术在提高群体生产性能方面未能有效利用。同时后裔测定的规模较小，不足以支撑整个种业。目前基因组选择育种技术，在国外十分普遍，我国也逐步开始广泛使用，然而我国基因组选择育种所应用的生物芯片还依赖于国外，这意味着我国未来的高密度芯片的基因组选择育种也将依赖于国外。

2. 种业基础薄弱，供种能力不能满足要求

品种登记、生产性能测定总体规模小，肉牛品种繁多，单品种种群数量少，选择强度低。目前每年更新需要600头，但主导品种公牛国内每年生产约120头，核心种群供种65%依赖进口。几个主要品种的供种核心群不足万头，难以生产高遗传水平公牛。

3. 优良资源开发不力，优秀种质扩繁不能满足需求

我国在加强品种选育、新品种培育的同时，经济杂交利用逐渐受到重视，但品种培育存在盲目性，缺乏科学的杂交优势利用规划，盲目杂交，不断更换父本品种，导致种群遗传背景混乱，在长

期供给思想的引导下，本土特色品种种群数量急剧下降，地方产业发展模式与肉牛生产发达国家在纯种选育、品种杂交生产方面存在一定差距。

（三）地方牛遗传资源开发利用

1. 对地方牛资源保护利用的重要性认识不足

近年来，一些地区在"高产"品种的吸引下，过分强调和注重"高产"品种的引进和发展，放松了对地方优良品种的保护工作。同时对地方优良品种资源保护的重要性宣传不够，远不如野生动物保护，优良品种资源保护工作尚未得到足够重视，保护工作等于纸上谈兵。国外良种肉牛专业化生产起步较早，水平较高，并且各国一般都有自己的主打品种。如法国的利木赞、夏洛来，瑞士的西门塔尔，日本和牛，丹麦红牛等。国外优良品种往往是通过几十年甚至上百年的严格育种工作而形成的，每个品种都有其突出的特点和最适宜的生存环境。在我国肉牛专业化生产的前期，适当引进良种，吸收国外先进科技成果来发展中国的畜牧业是可取的，但如果不注意育种规划，各地自行其是，再加上缺乏科学引导，往往会走入误区。

2. 专门化肉牛品种匮乏

我国地方黄牛品种资源丰富，但至今尚没有当家的肉牛品种。肉牛个体产量不高，优质高档牛肉产量更低，致使全国每年都要拿出大量外汇进口大批高档牛肉。中国黄牛虽然有如秦川牛、鲁西牛、南阳牛、晋南牛等诸多品种，抗逆耐粗饲且肉质好，但普遍存在体型小、生长速度慢、出肉率低、脂肪沉积不理想等缺陷，用这样的品种来生产高档牛肉有很大难度。夏南牛、延黄牛和辽育白牛作为我国培育的肉牛品种先后于2007年、2008年和2010年得到了国家畜禽品种审定委员会认定，近年来，这三个培育品种的群体数量逐年减少，虽然2021年具有"三高二广"特性的华西牛通过了国家畜禽遗传资源委员会审定，但华西牛的核心育种群的数量仍然不能满足国内需求，难以满足肉牛生产对品种数量和质量的要求。

3. 发达国家对我国地方牛资源的掠夺和输入

我国是世界上牛种遗传资源最丰富的国家之一，其中许多是世界上独一无二的珍贵资源。20世纪80年代以来，发达国家一边试图通过各种手段（如精液、胚胎、血样、DNA样）获取我国珍稀的资源。同时，不断向国内输入其培育品种，对我国地方黄牛进行杂交改良。这也是导致我国肉用种公牛培育一直走不出引种—退化—再引种—再退化怪圈的原因。

4. 地方品种开发利用体系不健全

"良种化"为"洋种化"的趋势明显，导致地方牛种选育提高进展滞后，地方牛种肉质好、耐粗饲、抗逆性强等优良特性没有得到重视和发挥。目前，国产品种的品牌相对较弱，不足以应对国外优势品牌的冲击。只有坚持自主培育，不能急功近利才能彻底扭转肉牛种质资源依赖进口的局面，要走自主培育为主、进口为辅的道路，才能加快我国肉牛良种培育进程。

第二章 肉牛种牛生产与推广

一、种牛和遗传物质产销状况

（一）种牛生产销售情况

当前，我国的肉牛遗传改良经过50多年的发展和积累，已经由农业农村部审定，先后两次公布了国家级畜禽品种资源保护名录，确立了20个国家级保种场和2个国家级保护区、种公牛站36个、国家核心育种场42家，覆盖肉牛品种48个（包括地方品种14个、培育品种9个、引入品种16个、水牛品种6个和牦牛品种3个）。

国家肉牛遗传中心数据库显示，截至2021年底，在群种公牛3 229头。育种核心群共计存栏约1.58万头。这些种质资源为开展肉牛遗传改良奠定了良好的群体基础。同时，通过用引进的西门塔尔牛、夏洛来牛等品种与地方牛品种杂交选育，为今后新品种培育的发展打下基础。2012年农业部颁布的《全国肉牛遗传改良计划（2011—2025）实施方案》为近年来的肉牛育种指明了方向。2021年末全国共有种牛场604家，年末存栏种牛165.9万头，能繁母牛存栏99.6万头。其中有种肉牛场260家，2021年末存栏28.5万头，能繁母畜存栏17.3万头。

（二）肉牛胚胎、冻精生产销售情况

2021年全国种公牛站存栏肉用采精种公牛共计2 368头，全年生产冻精4 058.204 5万剂，同比增长13.3%；推广销售冻精3 368.350 2万剂，同比增长23.6%，见表5-2。此外，据估计全国每年本交种公牛需求量约10万头，年产值超40亿元。2021年当年生产胚胎8.52万枚，其中奶牛当年生产胚胎6.58万枚，肉牛当年生产胚胎1.94万枚。

表5-2　2019—2021年全国种公牛站冻精生产销售情况　　　　单位：万剂

来源	品种	2019年		2020年		2021年	
		产量	销量	产量	销量	产量	销量
引进品种	肉用西门塔尔	1 821.56	1 490.82	2 130.38	1 679.86	2 267.97	1 939.62
	乳用西门塔尔	591.59	394.68	895.65	665.15	1 262.85	1 042.28
	夏洛来	184.18	93.39	132.95	81.44	97.28	78.70
	利木赞	122.77	59.52	116.84	65.10	110.37	78.69
	安格斯	105.26	58.28	84.86	56.55	73.83	82.18
	和牛	43.65	0	29.75	11.66	35.58	4.33
	皮埃蒙特	16.06	0	15.60	11.37	11.70	5.24
	短角牛	1.94	0	9.77	1.91	9.42	3.00
	德国黄牛	6.73	0	6.87	4.11	6.70	5.83
	金黄阿奎登/比利时蓝	11.91	2.25	12.20	2.34	20.00	6.52
	南德温牛	0	0	—	—	0	0
	海福特牛	—	—	—	—	5.68	1.89
	蒙贝利亚	0	19.14	—	—	0	0
地方品种	水牛	52.50	27	48.00	24.94	36.36	28.49
	锦江牛	5.92	0	5.53	6.58	6.03	5.55
	秦川牛	0	0	0	0	0.10	0
	牦牛	1.20	0	1.10	0.50	2.13	0
	郏县红牛	3.70	0	2.23	1.35	5.70	4.92
	徐州牛/湘西牛	0.50	0	1.00	0	0	0
	南阳牛	2.00	0	1.50	0.20	2.50	1.80
	鲁西牛	0	0	—	—	0	0
	皖东牛/皖南牛/大别山牛	7.00	0	—	—	0	0
	晋南牛	0	0	—	—	0	0
	延边牛	39.00	0	25.00	18.00	25.00	18.00
	关岭牛	—	—	—	—	6.40	2.60
	巫陵牛	—	—	—	—	6.00	2.20
	柴达木牛	2.36	0	0.82	0	0	0

（续表）

来源	品种	2019年		2020年		2021年	
		产量	销量	产量	销量	产量	销量
培育品种	辽育白牛	15.50	0	12.20	17.40	8.60	14.70
	延黄牛	40.50	0	14.00	10.00	18.00	14.00
	新疆褐牛	33.31	0	23.90	54.49	22.67	17.78
	三河牛	5.10	0	6.20	6.80	5.90	2.80
	蜀宣花牛	5.00	0	5.00	5.00	5	4.80
	夏南牛	3.60	0	1.57	1.01	4.63	2.44
	云岭牛	1.06	0	0.32	0.29	0	0
	草原红牛	—	—	—	—	1.83	0
合计		3 123.90	2 145.08	3 583.24	2 726.03	4 058.21	3 368.35

二、品种推广情况

（一）引入品种

2021年，16个引入品种共推广冷冻精液3 248.27万剂，占全年冻精销量的96.43%。其中肉用西门塔尔牛和乳用西门塔尔牛是主要的推广品种，2021年的冻精推广数量分别为1 939.63万剂和1 042.28万剂。2021年西门塔尔牛、安格斯牛、利木赞牛等主要的引入品种存栏量接近60万头，年推广胚胎1.9万余枚，生产优良种畜1万余头。

（二）培育品种

2021年9个培育品种共推广冻精56.52万剂，其中辽育白牛、新疆褐牛、延黄牛等主要的推广品种，2021年存栏量接近16万余头，年推广冻精46万余剂。

（三）地方品种

2021年14个地方品种共推广冻精63.56万剂，其中水牛品种推广冻精28万余剂，本地黄牛推广冻精35万余剂，其中秦川牛、南阳牛、鲁西牛、晋南牛、延黄牛、锦江牛等我国主要的黄牛品种存栏量超48万头，年推广冻精25万余剂。

第三章　肉牛种业企业发展

一、总体概况

　　肉牛产业是畜牧业的重要产业，对保障畜产品供给、缓解粮食供求矛盾、丰富居民膳食结构和乡村振兴发展具有非常重要的作用。肉牛产业发展形势稳中向好，多年来消费需求和消费量稳定增长。肉牛种业是肉牛产业发展的基础和关键。在《全国肉牛遗传改良计划（2011—2025年）》的统筹推动下，肉牛良种化水平快速提高，肉牛种业也取得了较大进展。

　　繁育体系进一步完善，以核心育种场、种公牛站、技术推广站、人工授精站为主体的繁育体系得到进一步完善。制定了国家肉牛核心育种场遴选标准，采用企业自愿、省级畜牧兽医行政主管部门审核推荐方式，自2014年开始启动国家肉用核心育种场遴选工作以来，已开展5批国家肉牛核心育种场遴选，共有42家企业通过初审和现场专家评审。2020年、2021年均无新增核心场。

二、种公牛站

（一）种公牛站存栏种公牛情况

　　截至2021年，全国共有36个种公牛站生产销售肉牛冷冻精液。共存栏肉用种公牛（包括乳肉兼用牛）3 229头，其中采精公牛2 368头（表5-3）。各省份种公牛存栏量如图5-7所示，内蒙古存栏量最多，其次是吉林。各省份西门塔尔牛种公牛存栏量如图5-8所示，内蒙古存栏量最多，其次是吉林。

表5-3 各种公牛站种公牛存栏情况 单位：头

单位名称	采精公牛	后备公牛	单位名称	采精公牛	后备公牛
北京首农畜牧发展有限公司奶牛中心	84	18	江西省天添畜禽育种有限公司	54	12
天津天食牛种业有限公司	6	3	山东省种公牛站有限责任公司	33	20
河北品元生物科技有限公司	21	0	山东奥克斯畜牧种业有限公司	17	5
秦皇岛农瑞秦牛畜牧有限公司	91	1	河南省鼎元种牛育种有限公司	194	49
亚达艾格威（唐山）畜牧有限公司	23	0	许昌市夏昌种畜禽有限公司	97	7
山西省畜牧遗传育种中心	72	10	南阳昌盛牛业有限公司	52	5
通辽京缘种牛繁育有限责任公司	170	34	洛阳市洛瑞牧业有限公司	64	48
海拉尔农牧场管理局家畜繁育指导站	60	233	武汉兴牧生物科技有限公司	39	0
赤峰赛奥牧业技术服务有限公司	58	30	湖南光大牧业科技有限公司	44	9
内蒙古赛科星繁育生物技术（集团）股份有限公司	29	4	广西壮族自治区畜禽品种改良站	45	17
内蒙古中农兴安种牛科技有限公司	151	17	成都汇丰动物育种有限公司	51	0
辽宁省牧经种牛繁育中心有限公司	53	12	贵州惠众畜牧科技发展有限公司	55	26
大连金弘基种畜有限公司	53	31	云南省种畜繁育推广中心	37	16
长春新牧科技有限公司	81	34	大理白族自治州家畜繁育指导站	36	10
吉林省德信生物工程有限公司	160	56	当雄县牦牛冻精站	55	10
延边东兴种牛科技有限公司	71	59	西安市奶牛育种中心	7	0
四平市兴牛牧业服务有限公司	87	6	甘肃佳源畜牧生物科技有限责任公司	70	10
龙江和牛生物科技有限公司	59	60	新疆天山畜牧生物育种有限公司	89	9
合计				2 368	861

注：数据来自全国畜牧总站。

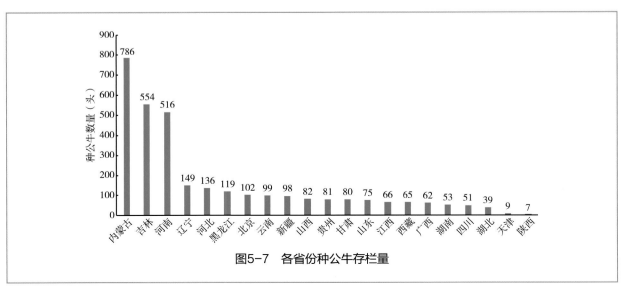

图5-7 各省份种公牛存栏量

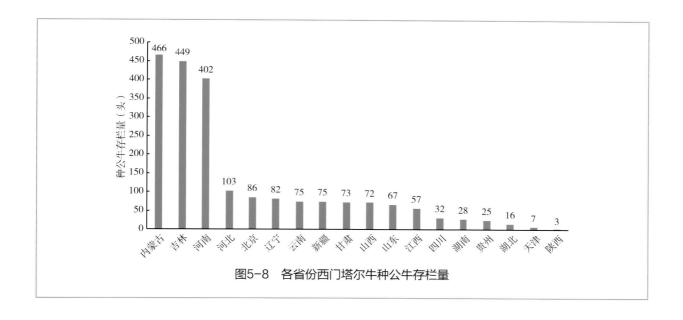

图5-8　各省份西门塔尔牛种公牛存栏量

（二）种公牛站良种推广情况

2021年国内种公牛站共生产肉牛冻精4 058.20万剂，其中生产肉用西门塔尔牛冻精2 267.97万剂，占比达56%。销售肉牛冻精3 874.37万剂，销量同比增加23.6%；其中销售肉用西门塔尔牛冻精1 939.62万剂，占比50%。国家肉牛核心育种场2021年度向社会供种9 336头，其中公犊牛3 734头，主要用于区域改良本交公牛，300头以上公牛进入种公牛站成为后备种公牛。截至2021年，全国已经完成遗传评估的种公牛数量达6 813头。

（三）种公牛站总体经营情况

基于30余家种公牛站基本经营情况的统计数据，2021年由于全球范围内的疫情影响，总体营收情况相较于2019年有明显下滑，2021年30余家种公牛站的平均盈利额为125.78万元，而2019年的平均盈利额为195.35万元。但即便面对疫情影响，各家种公牛站仍极其重视我国肉牛的育种工作，2020年和2021各家种公牛站的平均科研投入相较于未受疫情影响的2019年仍保持稳步增长，2019年各种公牛站的平均科研投入为133.83万元，2020年和2021年的平均科研投入分别为136.63万元和192.61万元。持续增长的科研投入充分说明我国各种公牛站对我国肉牛新品种培育的热情和信心的不断增长，对我国"打赢种业翻身仗"具有非常积极的促进作用。

三、核心育种场

国家级育种企业规模状况：截至2021年，共有42家肉牛育种场通过遴选成为国家肉牛核心育种场。依据各核心场申报材料，选取24家数据较完整的育种企业规模状况如表5-4所示。

表5-4　　24家主要肉牛核心育种场规模状况

序号	企业名称	建场时间（年份）	总投资（万元）	占地面积（亩）	建筑面积（米²）	员工人数（人）	年总产值（万元）
1	张北华田牧业科技有限公司	2004	5 000	360	11 022	28	1 200
2	河北天和肉牛养殖有限公司	2009	1 556	30	16 849	15	526.29
3	长春新牧科技有限公司核心育种场	2001	405	85 000	3 369	60	465
4	沙洋县汉江牛业发展有限公司	2013	4 600	630	33 900	26	1 600
5	内蒙古奥克斯牧业有限公司	2015	3 000	30 000	8 000	10	800
6	山东无棣华兴渤海黑牛种业股份有限公司	2010	9 500	203	15 000	40	650
7	运城市国家级晋南牛遗传资源基因保护中心	1976	325	71	6 000	18	—
8	龙江元盛食品有限公司雪牛分公司	2012	42 000	909	94 515	70	9 000
9	甘肃农垦饮马牧业有限责任公司	2014	15 000	1 200	264 853	47	3 800
10	湖南天华实业有限公司安格斯纯种繁育场	2004	4 600	820	13 500	32	640.6
11	荆门华中农业开发有限公司	2011	6 000	1 300	5 000	35	2 000
12	内蒙古科尔沁肉牛种业股份有限公司	2014	16 900	1 550	34 813	31	600
13	新疆呼图壁种牛场有限公司	1964	6 972	512	152 500	70	3 637
14	新疆汗庭牧元养殖科技有限责任公司	2016	1 000	650	270 000	93	8 600
15	云南草地动物科学研究院	1984	2 450	5 800	16 000	55	—
16	云南省种畜繁育推广中心	1996	39 000	3 259	50 108	123	1 755
17	腾冲市巴福乐槟榔江水牛良种繁育有限公司	2006	7 100	200	15 000	39	2 400
18	云南谷多农牧业有限公司	2011	14 000	10 000	20 100	15	6 871
19	云南省种羊繁育推广中心	1942	6 273	24 000	51 541	100	983
20	泌阳县夏南牛科技开发有限公司	2008	5 600	210	45 000	36	3 200
21	平顶山市犇牛畜禽良种繁育有限公司	2006	2 211	30	4 000	15	50
22	吉林省德信生物工程有限公司	2012	9 000	450	23 000	65	2 800
23	青海省大通种牛场	1952	752	840 000	—	486	—
24	杨凌秦宝牛业有限公司	2010	18 600	1 200	80 000	—	—

注：1亩=1/15公顷。

四、肉牛保种场和保种区情况概况

根据《中华人民共和国畜牧法》《国务院办公厅关于加强农业种质资源保护与利用的意见》《畜禽遗传资源保种场保护区和基因库管理办法》《国家级畜禽遗传资源保护名录》等有关规定，

经对原有国家级畜禽遗传资源基因库、保护区、保种场审核确认，对新申请单位审核评估，现确定国家肉牛保护场20个（表5-5）、保种区2个（表5-6）。

表5-5　国家畜禽遗传资源保种场名单（第一批）

序号	编号	名称	建设单位
1	C1410201	国家晋南牛保种场	运城市国家级晋南牛遗传资源基因保护中心
2	C1510201	国家蒙古牛保种场	阿拉善左旗绿森种牛场
3	C2110201	国家复州牛保种场	瓦房店市种牛场
4	C2210201	国家延边牛保种场	延边东盛黄牛资源保种有限公司
5	C3210401	国家海子水牛保种场	射阳县种牛场
6	C3210402	国家海子水牛保种场	东台市种畜场
7	C3310401	国家温州水牛保种场	平阳县挺志温州水牛乳业有限公司
8	C3710201	国家渤海黑牛保种场	山东无棣华兴渤海黑牛种业股份有限公司
9	C3710202	国家鲁西牛保种场	鄄城鸿翔牧业有限公司
10	C3710203	国家鲁西牛保种场	山东科龙畜牧产业有限公司
11	C4110201	国家南阳牛保种场	南阳市黄牛良种繁育场
12	C4110202	国家郏县红牛保种场	平顶山市犇牛畜禽良种繁育有限公司
13	C4310201	国家巫陵牛（湘西牛）保种场	湖南德农牧业集团有限公司
14	C4410201	国家雷琼牛保种场	湛江市麻章区畜牧技术推广站
15	C5110501	国家九龙牦牛保种场	四川省甘孜州九龙牦牛良种繁育场
16	C5310601	国家独龙牛保种场	贡山县独龙牛种牛场
17	C5310401	国家槟榔江水牛保种场	腾冲市巴福乐槟榔江水牛良种繁育有限公司
18	C6110201	国家秦川牛保种场	陕西省农牧良种场
19	C6210501	国家甘南牦牛保种场	玛曲县阿孜畜牧科技示范园区
20	C6310501	国家青海高原牦牛保种场	青海省大通种牛场

表5-6　国家畜禽遗传资源保种区名单

序号	编号	名称	建设单位
1	B5410501	帕里牦牛国家保护区	亚东帕里牦牛原种场
2	B6210501	天祝白牦牛国家保护区	甘肃省天祝白牦牛育种实验场

第四章　肉牛育种平台及体系建设情况

一、科研平台建设

（一）国家级重点实验室建设及工作情况

1. 品种选育

联合吉林省长春皓月清真肉业股份有限公司继续开展沃金黑牛的培育工作。沃金黑牛是以引进黑毛和牛冻精为父本，以延边牛、复州牛（包括两个种群中含有利木赞基因的后代）为母本经杂交改良与横交固定（和牛基因占75%）、自群繁育提高而形成的具备生产高档雪花牛肉能力的新群体。2021年开展了系谱梳理和规范核心群工作。

以吉林省草原红牛群体为基础，将常规育种技术与分子育种相结合，利用导入杂交育种方法，将红安格斯牛和草原红牛杂交，生产含1/4红安格斯牛血统的肉用草原红牛品系。2021年接续前期工作，以"保质增肉"为目标，增选草原红牛56头牛基因群体。以眼肌面积为早选典型指标，利用早选指数，不同群体进行验证和校正，在公主岭和通榆早选后备牛54头。

2. 性能测定、数据库完善和牛肉品质鉴定工作

测定草原红牛、沃金黑牛、延黄牛的生长、屠宰、肉质等表型性状数据，包括压榨水分、熟肉率、嫩度、失水率、肉色、pH值、滴水损失、肌内脂肪含量、大理石花纹、氨基酸、脂肪酸等指标，累计搜集表型数据7 000余条。

建立了一套牛肉品质鉴评质量管理体系文件，即质量手册、程序文件、作业指导书和记录，保

证牛肉品质鉴评期间在"人""机""料""法""环""测"等方面可全程追溯,实现有效溯源和数智化。开发影响牛肉质构特性和呈味物质参数的定性定量检测技术。采用质构仪,开发了凝聚性、弹性、黏结性、黏性、咀嚼度、硬度的定量检测技术。采用高效液相色谱仪,开发了肌苷酸外标法定性定量检测技术。

3. 基于眼肌面积和基因效应的早期选种技术研究与应用

以吉林主要肉牛品种为研究对象,确定了肉牛眼肌面积超声波诊断方法及回归系数。基于高通量测序方法,筛选肉质性状相关基因237个,验证功能基因5个,获得肉用性状相关标记位点12个,利用GWAS分析,获得生长性状相关SNP标记位点18个;在肉用种牛的早期选择技术上实现创新,以眼肌面积和基因标记为主导,综合代表性指标,建立早选指数模型1个,选择优秀后备种公牛125头,早选时间提早1年。

结合吉林地方肉牛资源群体表型信息建立评估模型,进行遗传评价并开展基因组选择。构建延黄牛参考群体3个家系共511头,优选经济性状28项,统一鉴评技术体系1套,累计搜集表型数据15 274条,初步构建GBLUP模型1个,开发遗传评估、早期选择软件2个。

4. 功能基因验证及生产性状相关标记筛选

以多组学差异分析为基础,结合关键词检索、基因通路功能选择GSTP1、EFNA5,利用前体脂肪细胞体外进行功能验证,结果发现GSTP1基因对于延黄牛脂肪代谢具有正向调控作用,EFNA5基因能参与草原红牛脂肪细胞分化早期的调控,是脂肪细胞分化的正调控因子,二者均可作为改良牛肉品质的新靶点。

以延黄牛、中国草原红牛为基础群体,利用Sanger测序技术,对目标基因进行外显子扫描,发现延黄牛群体中,GSTP1基因第6外显子Chr29:45444249 bp处存在G/A同义突变,GA基因型个体胸、腹围、体重围显著高于GG基因型个体;中国草原红牛群体中,FBXO32基因内含子4存在C/T(g.16336603>T)突变位点,与中国草原红牛肌肉离心失水率、肌内脂肪含量、大理石花纹、pH_{24}值存在显著相关($P<0.05$);MED4基因的第7外显子存在g.A268G错义突变、g.A420G同义突变,或者与肌内蛋白质含量、肉嫩度、pH值以及肉色L值显著相关;OLR1基因第4外显子Chr5:99 812 807 bp处存在A>G突变,与失水率、眼肌面积显著相关;PDK4基因第8和第11外显子上发现3个突变位点,g.G57C位点与肌内脂肪含量显著相关,g.G330T位点与滴水损失、初水分量、肉嫩度、肌内脂肪含量显著相关,g.C398T位点与失水率显著相关。

(二)基因组选择平台建设

肉牛基因组选择技术平台是国内第一个也是目前唯一的分子育种平台,从2008年开始,中国农业科学院北京畜牧兽医研究所牛遗传育种创新团队在内蒙古锡林郭勒盟乌拉盖管理区建立西门塔尔牛参考群体,经过逐年扩群,到2021年基础母牛数已超过5 500头。每年7—8月测量犊牛的生长发育性状,包括体重和体尺性状。每年10月将乌拉盖地区5～9月龄的西门塔尔牛运送到北京金维福仁清真食品有限公司集中育肥。在集中育肥期间,每隔3个月测量一次体尺体重数据;当西门塔尔牛集中育肥6个月时，静脉采血20毫升并保存，并用2毫升血液提取DNA，所有个体均用Illumina BovineHD（770K）高密度SNP芯片获取SNP数据。当集中育肥8～12个月，进行分批屠宰，获取屠宰和胴体数据。在屠宰过程中，同时采集肉样标本（12～13肋眼肌，一块约1千克），用于肉质性状的表型数据测量。测定了生长发育、育肥、屠宰、胴体、肉质、繁殖6类共计87个重要经济性状，建立770K的基因型数据库。2017年开始进行扩群，分别对3家西门塔尔牛核心育种场（内蒙古奥科斯牧业有限公司、沙洋县汉江牛业发展有限公司和内蒙古科尔沁肉牛种业股份有限公司）的母牛繁殖数据和断奶数据进行收集，并用Illumina BovineHD（770K）高密度SNP芯片进行基因分型，完善了肉牛基因组选择技术平台，2021年底该平台的西门塔尔牛参考群体的牛只数为3 920头。2019年7月制定了GCBI，经专家论证将该技术作为全国肉牛遗传评估的首推技术，该指数完善了肉牛基因组选择技术平台。该平台在两届种公牛拍卖会上选育了高效高产的肉用西门塔尔牛品种，提高了我国肉牛的生产和育种群供种能力，打破了主要品种种牛依靠进口的局面，是振兴民族种业的有力保障，并为我国肉牛业持续稳定健康发展奠定基础。

在中国农业科学院北京畜牧兽医研究所初步建立的"肉牛基因组选择分子育种技术体系"基础上，扩建了我国肉用牛基因组选择参考群，并完善了肉牛基因组选择技术体系。2019年7月25日，全国畜牧总站邀请来自全国的动物遗传育种学、畜牧技术推广与种公牛培育等领域共11名专家组成专家组，对中国肉牛基因组选择指数的科学性、指导性和可推广性进行了论证，并对制定的GCBI表示肯定，建议快速推广并应用于全国肉用种公牛遗传评估中。截至2021年，西门塔尔牛参考群体规模为3 920头，测定的生长发育、育肥、屠宰、胴体、肉质、繁殖共计6类87个重要经济性状，建立了770K的基因型数据库，为我国全面实施肉牛基因组选择奠定了基础。

二、联合攻关进展

（一）肉牛育种联合攻关概况

在农业农村部种业管理司和全国畜牧总站的领导下，在首席科学家的指导下，各攻关单位紧紧围绕'华西牛'新品种培育工作，齐心协力，开展联合攻关，各项工作取得了较大的进展。

（二）肉牛育种联合攻关开展的主要工作与成效

1. 开展华西牛新品种审定有关工作

组织攻关组技术团队编制华西牛新品种审定申报材料，并于6月18日上报至北京市农业农村局，9月23—25日，华西牛新品种现场审定在内蒙古乌拉盖顺利通过。12月1日，华西牛正式通过国家畜禽遗传资源委员会审定。

2. 组织各区域开展生产性能测定，并开展联合督查

编制了"华西牛数字育种平台"，组织各攻关单位开展华西牛生产性能测定工作，并及时上报

华西牛数字育种平台和国家肉牛遗传评估中心。2021年共完成5 130头次生产性能测定工作。

为保证生产性能测定数据的准确性，2021年6月华西牛育种联合会组织开展了攻关单位育种数据核查工作。核查重点包括牛群存栏、育种设施设备和育种技术力量情况；生产性能测定完成情况、数据质量和数据报送情况；选种选配、繁殖、健康等状况。核查分为四个小组，通过抽查的联合会各育种单位间交叉调研方式进行现场核查，本次共有17个单位参与核查，生产性能抽测184头，准确率为95.57%，系谱档案抽测190头，系谱完整率为98.95%，进一步完善了抽测监督与场内测定相结合的肉牛生产性能测定体系。

3. 组织开展联合后裔测定工作

2021年，农业农村部对后裔测定安排了专项资金，华西牛育种联合会积极组织开展联合后裔测定工作，制订了2021年肉用公牛联合后裔测定实施方案。分别于2021年6月和11月在线上召开了两次肉牛后裔测定技术培训和工作研讨会议。对参加2021年后裔测定种公牛和后裔测定场进行了筛选。共收到13家种公牛站260头参测公牛信息，组织专家结合后裔测定公牛系谱档案、基因组检测和生产性能测定数据对后裔测定公牛进行筛选；组织各种公牛站积极联系后裔测定场，共开发后裔测定场51个，其中繁育场和育肥场48家，屠宰场3家。

4. 进一步完善华西牛相关标准，指导华西牛选育

为统一联合攻关相关技术标准，组织有关专家对《华西牛品种标准》《肉牛品种登记技术规程》《华西牛体型线性鉴定技术规范》和《肉用牛后裔测定技术规范》等标准进行修订和完善。2021年完成地方标准《肉牛品种登记技术规程》1项。

5. 扩大基因组选择参考群体，优化确定基因组选择指数

为扩大肉牛基因组选择参考群体，进一步提高选择准确性，2021年共完成肉牛基因组检测493头，在湖北、郑州和内蒙古开展屠宰测定147头。

6. 加强宣传，提高华西牛影响力

为加大优良种质推广力度，让优秀种公牛的市场价值得到充分发挥，筹办了第三届全国种公牛拍卖会，来自14个单位的79头种牛参与评选和拍卖。由于新冠肺炎疫情原因，拍卖会未能如期举办，公司积极组织相关单位对参拍种公牛采取买卖双方议价方式进行交易，共成交63头。

三、科研进展

（一）肉牛新品种培育

培育出"三高两广"（屠宰率高、净肉率高、生长速度高、适应性广、分布广）特性的肉牛新品种——华西牛，并通过了国家畜禽遗传资源委员会审定，成为我国具有完全自主知识产权，具有产业核心竞争力，具备参与国际市场竞争的专门化肉牛新品种。

（二）育种方法和技术研究进展及成效

针对我国肉牛业整体生产效率低、牛源紧张、育种群规模小、育种技术体系落后等制约我国肉牛业持续发展的瓶颈问题，开展基于多组学技术的经济性状功能变异挖掘，升级了肉牛数据收集和传输系统，新增育种数据库记录6万余条；完善了华西牛新品种培育和肉牛基因组选择技术，完成了25头公牛后裔测定工作；开发了一款中高密度（110K）基因分型芯片，大幅度降低了检测成本，预计2022年可投入商业化应用。在河北围场开展了华西牛与利木赞牛杂交实验，已产犊牛70头，长势良好。采集了云岭牛、晋南牛、平凉红牛、安格斯牛、黑毛和牛、锦江黄牛、新疆褐牛等样本800余份开展多群体生产性能测定。在河北围场、山西和顺等8个县市开展了技术服务工作。2021年发表文章11篇；4项发明专利获得授权；累计开展调研指导、技术培训、技术咨询等4次，培训科技人员300余人次。

（三）肉牛遗传评估

2021年全国共有33个种公牛站的30个品种，2 569头种公牛遗传评估结果，并公布了77头后裔测定西门塔尔种公牛结果以及613头西门塔尔牛的基因组评估结果。评估工作的数据主要来源于我国肉牛遗传评估数据库中近5万头牛的生长发育记录，包括后裔测定的1 081头西门塔尔牛生长记录，与我国肉牛群体有亲缘关系的5 880头澳大利亚西门塔尔牛生长记录，使肉牛遗传评估准确性大幅度提高。发布的结果中同时保留了日增重性状估计育种值，可作为肉牛或乳肉兼用牛养殖场（户）科学合理开展选种选配的重要选择依据，也可作为相关科研或育种单位选育或评价种公牛的主要技术参考。

（四）整合选择信号和多性状关联分析探索肉牛胴体性状的遗传基础

整合选择信号和多性状关联分析探索肉牛胴体性状的遗传基础。首先，采用全基因组的复合似然比的方法（CLR）对44头重测序肉用西门塔尔牛开展了选择信号分析，共发现11 600个选择信号，捕获潜在受选择基因2 214个，富集到18个分子功能、69个生物过程以及23个细胞组分，涉及蛋白结合、血液循环等重要生物过程。其次，利用填充的全基因组重测序数据，对1 233头肉用西门塔尔牛的胴体重、净肉重和屠宰率等性状进行单性状关联分析，共挖掘66个候选位点，注释到*NCAPG*、*DCAF16*、*LCORL*等与胴体性状显著关联的候选基因。随后，对该四个性状进行多性状关联分析，分别在显著阈值和揭示阈值水平分别发现109个和1 242个候选位点，并分别注释到7个和34个候选基因，其中*NCAPG*、*LCORL*等基因再次捕获，同时还分别在基因*NCAPG*和*TEX2*中发现了保守性较高的错义突变。最后，将胴体性状关联分析与选择信号的结果整合后，共发现了88个重叠区间，涵盖了27个候选基因，这些基因在受选择的同时还与胴体和生长性状显著相关。探索了选择信号和候选变异之间的关系，从群体遗传学以及单性状和多性状关联分析的角度，印证了肉牛胴体性状的多基因遗传结构，为理解肉牛胴体性状的遗传结构提供了全面的见解，也为肉牛复杂性状的遗传基础研究提供了新的分析思路。

（五）系列机器学习算法进行基因组预测

受Cosine kernel（余弦内核）在人脸识别领域优秀的预测精度和计算效率的启发，开发基于Cosine kernel的KRR（KCRR）并应用于基因组预测，定义基因组Cosine相似矩阵（CS-matrix），并与传统的G-matrix比较预测性能。KCRR在多个物种的预测性能表现稳定，具有广泛的遗传结构适应性，预测准确性与GBLUP相比平均提高4.82%，特别是在肉牛数据中提高了13.09%；运算效率方面KCRR比GBLUP和BayesB快20～4 000倍，尤其是在样本量少和SNP密度低的火炬松数据中提升最为明显；CS-matrix与G-matrix结构相似，在多个物种的预测性能基本一致，但CS-matrix的构建速度比G-matrix平均快20倍，在肉牛高密度基因分型芯片数据中表现最为突出。该研究拓展了肉牛基因组选择技术体系发展的新维度，开发了系列有较高预测准确性的基因组选择方案，也为机器学习算法在畜禽基因组预测方面的应用提出了新的思路。

（六）水牛遗传进化及多样性和选择信号研究

利用全基因组重测序的水牛演化历史、不同驯化特征和基因组选择区研究。对来自亚欧大陆14个国家的39个水牛地方种群共230头个体进行全基因组重测序和群体遗传学分析，并对水牛的演化迁徙历史和基因组上受驯化选择影响的区域进行了系统分析。利用基于Illumina PE150平台的二代测序技术，共获得了6.3TB的有效测序数据，平均测序深度为10.5倍，绝大多数个体与水牛参考基因组的比对率和覆盖率均在98%以上。对水牛群体的SNP检测中共获得了沼泽型水牛18 732 366个、河流型水牛23 722 820个和合并群体33 516 506个SNP位点，以及水牛SNP位点所在的基因组区域的分布情况，极大地丰富了水牛群体SNP数据信息。基因流分析显示分布于我国云南、中南半岛和印度北部区域内的水牛存在长期的基因渗入和杂交，这可能与当地存在千余年的茶马古道贸易有关。

第五章 肉牛育种体系建设情况

一、肉牛育种机制现状

（一）生产性能测定体系

2012年11月农业部发布了《全国肉牛遗传改良计划（2011—2025年）》，指导建立了肉牛生产性能测定体系，测定方法参照《肉用种公牛生产性能测定实施方案（试行）》，核心育种场和种公牛站实施全群测定，按时进行测定，并及时将测定数据上报至国家肉牛遗传评估中心。截至2021年，88个场站累计5万头牛参与生产性能测定，共收集生长发育记录78万余条、体型外貌评分记录9 000余条、超声波测定记录1.6万余条、采精记录2.5万余条和配种产犊记录6.7万余条，其中云南和内蒙古的生产性能测定数据条数超10万条。每年参加生产性能测定的牛只数超过8 000头，通过性能测定和个体选择，每年可选出优秀种公牛200头以上，为我国肉牛育种工作奠定了基础。目前，常规性能测定仍是我国肉牛种群选育的主要技术手段，分子育种技术逐步渗透至肉牛种群选育过程中，与传统表观性状结合更加紧密，进一步提升了肉牛种群选育准确性。

（二）遗传评估体系

2021年中国肉用及乳肉兼用种公牛遗传评估概要使用的数据主要来源于我国肉牛遗传评估数据库中近5万头牛的生长发育记录，包括后裔测定的1 081头西门塔尔牛生长记录，与我国肉牛群体有亲缘关系的5 880头澳大利亚西门塔尔牛生长记录，使肉牛遗传评估准确性大幅度提高。在《中国肉用及乳肉兼用种公牛遗传评估概要2021》中，发布了32个种公牛站的28个肉用及乳肉兼用品种、

2 735头种公牛遗传评估结果。同时，概要首次公布了77头后裔测定西门塔尔种公牛结果以及613头西门塔尔牛的基因组评估结果。

（三）后裔测定体系

2015年在全国畜牧总站的指导下，金博肉用牛后裔测定联合会成立，联合会紧密围绕肉用牛遗传改良的工作目标，充分整合各会员单位的优势资源，统筹安排后裔测定的具体工作。2021年金博肉用牛后裔测定联合会组织13家种公牛站参与肉牛后裔测定，后裔测定场共有112家，包含繁育场48家、育肥场16家，共交换冻精22 650支；2021年收集配种记录666头，产犊370头。

（四）育种联合体和产业联盟

2015—2018年金博肉用牛后裔测定联合会、肉用西门塔尔牛育种联合会、安格斯肉牛协会以及北京联育肉牛育种科技有限公司的相继挂牌成立，使我国肉牛育种体系更加完善。推行全国肉牛一盘棋，实现育种信息互通共享。这将有效推动肉牛的联合育种工作，对我国肉用牛育种工作的组织实施、育种大数据共享、遗传评估、全国肉牛的遗传改良规划等工作起到重要的推动和支撑作用。

2019年成立了"乳肉兼用牛培育自主创新联盟"，旨在推进乳肉兼用牛群体遗传改良及新品种培育，提高乳肉兼用牛生产性能水平和经济效益，为乳肉兼用牛养殖、育种单位和科研教学单位提供技术和信息交流平台。保障肉牛联合育种，使我国肉牛育种体系更加完善。

2021年华西牛新品种育成，肉用西门塔尔牛育种联合会变更为华西牛育种联合会，开展华西牛的持续选育，持续推进肉牛育种联合攻关。全国共有40多家种公牛站及核心育种场加入肉牛育种联合会中，实现育种信息互通共享，有效推动了肉牛的联合育种工作。

二、肉牛育种行业协会

（一）国家肉牛牦牛产业技术体系遗传育种与繁殖功能研究室

一年来，遗传改良研究室克服疫情防控常态化、工作经费到账延迟等困难的影响，积极推进对接试验站，紧紧围绕体系任务——我国肉牛种质资源保护与母牛群体高效利用研究与示范，严格按照任务书要求和体系办安排开展工作，圆满地完成了2021年度目标任务。

在肉牛种质资源普查、新品种培育、肉牛数据开发与利用、种群资源特性挖掘、超声波检测鉴定技术、功能基因筛选和肉牛遗传评估等方面开展了大量工作。完成了一个肉牛新品种和一个遗传资源审定工作并获得了证书；获得省级科学技术进步奖二、三等奖各一个；选择延边牛、延黄牛、鲁西牛等20余个优秀地方黄牛种群开展了种群分布调研和性能测评；采集分析了云岭牛、草原红牛、新疆褐牛等13个品种样本2 000余份；组装集成了牦牛综合配套技术，构建了牦牛良种繁育生产体系及产业提质增效新模式。

2021年该研究室共发表文章117篇；74项专利获得授权。累计开展培训咨询等服务309次，累计培训各类人员11 551人次，发放培训资料2 406册。

（二）中国畜牧协会牛业分会

2021年中国畜牧协会牛业分会推进了4项牛业标准制修订工作，开展了6次行业调研活动，完成了3份行业发展形势分析报告，参与开发了1项肉牛产业数智化融合发展项目，参与开发了1项肉牛产业数智化融合发展项目。

由牛业分会结合会员企业需求而发起申报的，由国家标准化管理委员会批准立项并由农业农村部屠宰技术中心委派牛业分会具体实施的《鲜、冻分割牛肉》（GB 17238—2008）修订工作，历时1年半时间完成全部修订工作，并于2021年6月17日顺利通过终审。起草完成《草膘牦牛肉类型》团体标准初稿，组织专家召开了标准修改会。申报《和牛荷斯坦牛F_1雪花牛肉生产技术规程》通过审核，批准立项。申报《北方农牧优质牛肉生产技术标准》通过审核，批准立项。

持续跟踪调研牛结节性皮肤病在我国流行情况，并完成专题调研报告。近两年，国内发现牛结节性皮肤病疫情，并有不断扩大蔓延的趋势。分会立刻针对此事进行了专项调研，向核心会员企业和权威专家及时了解疫情发展情况和防控建议，并形成调研报告传递到各会员企业，引起行业内广泛关注。对全国主要肉牛产业化龙头企业2020年肉牛养殖存出栏及屠宰数量进行了摸底调研。为各地区推进肉牛产业化发展招商引资提供参考。赴甘肃、吉林、河南、内蒙古等地区基层走访、调研会员企业发展情况。

编写了《2020年全国肉牛产业发展年度报告》，着重分析了2020年在非洲猪瘟与新冠肺炎疫情"双疫情"因素影响下国内肉牛产业格局变化、养殖经济效益情况、主流商品价格行情走势及国内外市场供求关系等热点问题，并对2021年我国肉牛行业发展形势进行预测分析。编写《2022年中国肉牛行情走势分析》报告，编写《中国牛源价格下跌对育肥牛生产成本产生的影响》报告。

在第十九届中国畜牧业博览会期间，与智能畜牧分会、信息分会及北京大鹰美尔农牧科技有限公司共同举办英美尔家庭智能肉牛养殖系统"牛小智"1.0上线发布会。该系统支持通过手机、计算机等信息终端，实时掌握肉牛生产及市场信息，如视频监控、交易指导、疾病预防诊断、钱肉比、长势监测、拍照识牛、精准配方、健康管理、成本核算等信息，根据监测结果，远程控制相应设备，达到肉牛健康养殖、节能降耗的目的。

三、肉牛种业发展建议

（一）肉牛种业发展趋势分析

2021年在国家层面上启动了《种业振兴行动方案》，将对我国肉牛种业的资源利用、核心技术研发等方面有重大推动作用。2021年农业农村部正式启动第三次全国畜禽遗传资源普查，并制定了《第三次全国畜禽遗传资源普查实施方案（2021—2023年）》，进一步加强我国牛遗传资源普查队伍建设，落实了专家分片包区指导机制，建立了合作协调推进机制，强化技术支持与服务。2021年是实施《全国肉牛遗传改良计划（2021—2035年）》的开局之年，肉牛种业技术支撑体系、表型数据自动化收集系统进一步完善，"牛场智能体重采集系统"以及"牛的图像识别与图像分割技术验证软件"的表型记录准确性进一步提高。遗传评估技术体系建设稳步推进，公布了32个种公牛站的28个品种、2 735头种公牛的遗传评估结果。利用基因组选择指数对613头西门塔尔种公牛进行了基因组评估。研制了大幅度降低成本的中高密度肉牛基因组芯片（110K）以及牦牛肌肉组织高通量抗体组芯片各一款。建立了牦牛种质资源评价分析、犏牛特性评定和生殖细胞体外培养方法。肉牛新品种培育和新资源挖掘工作取得了明显进展，成功培育出具有"三高两广"特性的'华西牛'肉牛新品种，并获得新品种证书；江城黄牛、帕米尔牦牛和查吾拉牦牛等3个遗传资源通过了鉴定。利鲁牛、无角夏南牛、延和牛、平凉红牛、肉用褐牛等新品种的系统选育工作有序推进。在繁殖生物技术方面，活体采卵体外受精（OPU+IVF）技术产业化应用探索取得良好成绩，OPU+IVF技术体系得到进一步优化，为产业化奠定基础，有效缓解了主导品种肉牛种质资源长期依赖进口的局面。

（二）肉牛种业重点发展建议

1. 加快推进肉牛遗传改良计划

继续实施全国肉牛遗传改良计划，进一步健全肉牛良种繁育体系，完善肉牛品种登记技术规程、肉牛良种登记技术规程，扩大肉牛高质量育种核心群规模，增强种公牛自主培育能力，提高肉牛核心种源自给率。完善相关核心场的管理办法和监管机制，进一步明确各省区及主要产区的遗传改良计划及实施方案，从而形成全国一盘棋的系统选育和科学改良，使国家层面的改良计划落地生根。

2. 深入实施肉牛育种联合攻关

继续实施'华西牛'新品种培育联合攻关，对有条件的分散种群开展联合育种；对地方品种可以开展品种间的联合育种，以便发掘特定经济性状，培育特色肉牛产业。对于条件较为成熟的安格斯牛联合选育，对于具有民族特色的五大地方黄牛及相关培育品种可优先启动。建立夏洛来牛和利木赞牛等引进品种的育种群和核心群，为其改良群和杂交生产提供优质种源。

3. 推进肉牛遗传评估技术升级换代

加强性能测定，进一步扩大国家肉牛育种数据库，完善数据收集传输系统。开展多品种基因组选择平台建设，建立西门塔尔牛、安格斯、云岭牛、新疆褐牛、和牛及秦川牛等地方品种的混合参考群体，研究多品种基因组评估技术，自主开发评估系统，力争在"十四五"末能够应用该平台对我国大部分肉牛品种的核心群实施较高准确度的基因组育种值评估。

4. 制定品种资源保护技术方案和重点品种选育提高方案

完善保护品种的保护方案以及与其相结合的选育提高方案，在保种的同时逐步提高其特色性状的遗传水平和整体生产水平。根据市场需求研究培育品种和正在培育品种的育种规划，制定选择指数，加快遗传进展。发掘地方品种的优良基因，探索其特性遗传机制，为保护优良地方品种提供保护方法和目标。

5. 加强育种基础设施建设

建立品种性能测定站和世界肉牛种质资源库，完善育种场的性能测定设施，加快性能测定的信息化进程，大幅提高育种数据质量。建立围绕我国肉牛主要品种及品种间杂交性能的测定中心，开展肉牛性能测定站的建设，优先布局东北肉牛生产性能测定站，探索运营机制，在获得成功经验的基础上，开展中原、北方、南方、西部测定站的建设，全面客观评价品种的性能和遗传水平，科学指导全国肉牛生产。

附录　大事记

2021年6月将华西牛新品种审定申报材料上报至北京市农业农村局，9月，华西牛新品种现场审定在内蒙古乌拉盖顺利通过。12月，华西牛正式通过国家畜禽遗传资源委员会审定。

羊 篇

第一章　主要发展概况

我国养羊大国地位稳固，羊存栏量和羊肉产量分别连续49年和32年位居世界第一。2021年我国羊出栏量、存栏量、羊肉产量和羊毛产量同比增长率均为近5年最高。种业是现代羊产业发展的基石。2021年我国羊种业发展迅速，种质资源不断丰富，良种繁育体系逐步优化，生产水平显著提高，基因组育种新技术研发与应用加快，促进了羊产业的持续稳定发展。

一、羊种业发展建设情况

（一）羊育种场建设情况

截至2021年末，全国共有种羊场1 162个，同比下降4.2%。其中种绵羊场761个，同比下降3.8%，其中种肉绵羊场639个，同比下降5.6%，种细毛羊场122个，同比增加7.0%；种山羊场401个，同比下降5.0%，其中种肉山羊场278个，同比下降2.8%，种绒山羊场123个，同比下降9.6%（表6-1）。但种羊存栏量377.49万只，同比上升17.8%，其中种绵羊年末存栏为311.94万只，同比上升23.9%，种山羊年末存栏为65.55万只，同比下降4.7%，表明种羊生产规模化程度不断提升。在全国各省份中，内蒙古种羊场最多（326个），占比28.1%；其次为甘肃（122个，10.5%）、新疆（114个，9.8%）、陕西（85个，7.3%）、山西（36个，3.1%）。种羊场数量增加最多的是西藏，由2020年的4个增加至2021年的37个，同比增加825%。全国种羊场数量少于10个的有湖南（9个，0.8%）、贵州（7个，0.6%）、宁夏（6个，0.5%）、福建（5个，0.4%）、黑龙江（8个，0.7%）、广东（2

个，0.2%）、上海（3个，0.3%）、天津（2个，0.2%）和北京（1个，0.1%）。总体上看，种羊场区域布局切合我国羊业生产实际。

表6-1 2020—2021年全国种羊场分布情况

序号	地区	2020年			2021年			同比（%）
		种绵羊场（个）	种山羊场（个）	合计（个）	种绵羊场（个）	种山羊场（个）	合计（个）	
1	内蒙古	311	48	359	276	50	326	−9.2
2	甘肃	117	1	118	119	3	122	3.4
3	新疆	104	2	106	111	3	114	7.5
4	陕西	29	68	97	17	68	85	−12.4
5	四川	8	45	53	7	42	49	−7.5
6	山西	30	14	44	25	11	36	−18.2
7	云南	9	28	37	9	28	37	0.0
8	辽宁	7	28	35	6	24	30	−14.3
9	安徽	11	24	35	11	28	39	11.4
10	西藏	31	4	35	32	5	37	5.7
11	重庆	0	32	32	0	27	27	−15.6
12	海南	0	30	30	0	20	20	−33.3
13	浙江	28	0	28	29	0	29	3.6
14	山东	13	14	27	16	15	31	14.8
15	河北	14	7	21	14	8	22	4.8
16	河南	15	5	20	19	6	25	25.0
17	青海	18	1	19	22	3	25	31.6
18	江西	3	11	14	6	5	11	−21.4
19	湖北	2	12	14	4	12	16	14.3
20	广西	0	14	14	0	14	14	0.0
21	吉林	11	1	12	11	1	12	0.0
22	湖南	0	12	12	0	9	9	−25.0
23	江苏	8	1	9	9	3	12	33.3
24	贵州	3	6	9	1	6	7	−22.2
25	福建	0	8	8	0	5	5	−37.5
26	宁夏	7	1	8	5	1	6	−25.0
27	黑龙江	6	0	6	8	0	8	33.3

（续表）

序号	地区	2020年			2021年			同比（%）
		种绵羊场（个）	种山羊场（个）	合计（个）	种绵羊场（个）	种山羊场（个）	合计（个）	
28	天津	3	0	3	2	0	2	-33.3
29	上海	1	2	3	1	2	3	0.0
30	广东	0	3	3	0	2	2	-33.3
31	北京	2	0	2	1	0	1	-50.0
	合计	791	422	1 213	761	401	1 162	-4.2

（二）羊养殖标准化示范场建设情况

2021年农业农村部组织开展2021年畜禽养殖标准化示范创建活动，经养殖场自愿申请、省级遴选推荐、部级专家评审，遴选出25家羊养殖标准化示范场，并对2018年正式公布、2021年底到期的3家示范场进行了现场复验，均复验通过（表6-2）。截至2021年末，共有羊养殖标准化示范场59家，这些示范场对提升羊产业标准化水平、发挥示范效应，加快构建现代羊养殖体系起到了积极的推动作用。

表6-2　2021年农业农村部羊养殖标准化示范场名单

序号	地区	单位名称	备注
1	内蒙古	内蒙古富川养殖科技股份有限公司	2021年复验通过
2	山东	临清润林牧业有限公司	2021年复验通过
3	新疆	阿克苏地区天山肉用种羊有限责任公司	2021年复验通过
4	天津	天津奥群牧业有限公司	2021年
5	河北	河北宝森畜牧有限公司	2021年
6	辽宁	辽阳旭锦星农牧业科技有限公司	2021年
7	黑龙江	甘南县牧阳肉羊养殖场	2021年
8	黑龙江	甘南县鑫河肉羊养殖场	2021年
9	上海	上海永辉羊业有限公司	2021年
10	江苏	江苏乾宝牧业有限公司	2021年
11	江苏	启东瑞鹏牧业有限公司	2021年
12	浙江	天下牧业（长兴）有限公司	2021年
13	江西	高安市欣鑫种羊繁养有限公司	2021年
14	山东	山东赢泰农牧科技有限公司	2021年
15	山东	山东黄河三角洲畜产品购销有限公司（利津县盐窝镇肉羊标准化健康养殖示范基地）	2021年

序号	地区	单位名称	备注
16	河南	河南中羊牧业有限公司	2021年
17	湖北	湖北致清和农牧有限公司	2021年
18	湖北	钟祥市正禾农牧有限公司	2021年
19	湖南	湖南鸿运农业科技发展有限公司	2021年
20	广西	广西安欣牧业有限公司（头水养殖场）	2021年
21	四川	四川天地羊生物工程有限责任公司（施家镇信义羊场）	2021年
22	西藏	日喀则市百亚成农牧产品加工有限公司	2021年
23	陕西	神木市长青健康农产业发展有限公司	2021年
24	甘肃	甘肃庆环肉羊制种有限公司	2021年
25	甘肃	兰州鑫源现代农业科技开发有限公司	2021年
26	青海	青海沃谷庄园农牧科技有限公司	2021年
27	宁夏	红寺堡区天源良种羊繁育养殖有限公司	2021年
28	新疆	新疆领头羊种畜繁育工程有限公司	2021年

（三）羊繁育体系建设

截至2021年末，我国建有国家肉羊种业科技创新联盟1个，遴选国家肉羊核心育种场28家，羊标准化示范场59家，种羊场1 162家。存栏种羊377万只、生产胚胎33万枚、冻精6.1万份，较往年均大幅提升，基本形成了与羊产业区域布局相适应的以核心育种场、繁育场和生产场为主体，以质量监督检验测试中心和性能测定中心为支撑的良种繁育体系。

二、羊遗传改良计划

（一）开展的主要工作

1. 制定并发布《全国羊遗传改良计划（2021—2035年）》

为有序推进羊种业高质量发展，农业农村部在前期遗传改良工作的基础上，制定修改新一轮《全国羊遗传改良计划（2021—2035年）》，于2021年4月26日正式发布。为了适应羊产业发展新形势和多元化发展的新趋势，在原有《全国肉羊遗传改良计划（2015—2025年）》的基础上，制定更加全面、系统的羊遗传改良计划，按生产方向明确了肉羊、毛（绒）用羊和乳用羊的遗传改良技术路线，并提出了相应的核心指标：一是主导肉羊品种肉用性能和繁殖性能分别提高20%及15%以上；二是重点选育的细毛羊、半细毛羊产毛量提高10%；绒山羊产绒量提高10%，羊绒细度16微米以下；三是重点选育的乳用羊产奶量提高20%以上。

2. 组织开展国家羊核心育种场遴选工作

截至2021年底，共遴选国家羊核心育种场28家，初步形成了覆盖全国主要产区国家羊核心育种场布局。

（二）取得的成效

1. 种质资源进一步丰富

2021年鉴定了燕山绒山羊、南充黑山羊、玛格绵羊、阿旺绵羊、泽库羊、凉山黑绵羊、勒通绵羊、色瓦绵羊、霍尔巴绵羊、多玛绵羊、苏格绵羊、岗巴绵羊12个新遗传资源，育成了贵乾半细毛羊和藏西北白绒山羊2个新品种，进一步丰富了我国羊遗传资源（表6-3）。截至2021年12月，我国绵羊和山羊品种共有181个，其中绵羊100个，山羊81个。在绵羊中，地方品种54个，培育品种33个，引进品种13个；在山羊中，地方品种62个，培育品种13个，引进品种6个。

表6-3　2021年鉴定的羊新遗传资源和育成的羊新品种

序号	类别	名称	申请单位/培育单位
1	新遗传资源	燕山绒山羊	河北省农业农村厅
2		南充黑山羊	四川省农业农村厅
3		玛格绵羊	
4		凉山黑绵羊	
5		勒通绵羊	
6		色瓦绵羊	西藏自治区农业农村厅
7		霍尔巴绵羊	
8		多玛绵羊	
9		苏格绵羊	
10		岗巴绵羊	
11		阿旺绵羊	
12		泽库羊	青海省农业农村厅
13	新品种	贵乾半细毛羊	毕节市畜牧兽医科学研究所、贵州省畜牧兽医研究所、威宁县种羊场、毕节市牧垦场、贵州省威宁高原草地试验站、毕节市畜禽遗传资源管理站、贵州新乌蒙生态牧业发展有限公司
14		藏西北白绒山羊	西藏自治区农牧科学院畜牧兽医研究所、日土县原种场、西藏尼玛县白绒山羊原种场、中国农业科学院北京畜牧兽医研究所

2. 生产水平和综合生产效率显著提升

2021年我国羊出栏量、存栏量、羊肉产量和羊毛产量同比增长率均为近5年最高。2021年我国羊出栏33 045万只，创历史新高，比上年增加1 104万只，增幅达3.5%；存栏31 969万只，比上年增加

1 314万只，增幅达4.3%；羊肉产量达514万吨，比上年增加21.7万吨，增幅达4.4%；羊毛产量36万吨，比上年增加2.3万吨，增幅达6.8%；羊只平均胴体重由2020年的15.4千克提高到2021年的15.6千克，增长1.3%。从出栏率来看，近5年羊只出栏率均突破了100%，2021年达到历史最高的107.8%，进一步表明我国羊个体生产水平和产业综合生产效率显著提升。

3. 种羊登记与性能测定数量大幅增加

2021年38家国家羊核心育种场登记品种共有25个，比2020年多4个，其中绵羊品种19个，分别为湖羊、中国美利奴羊、高山美利奴羊、杜泊羊、昭乌达肉羊、滩羊、小尾寒羊、澳洲白羊、乾华肉用美利奴羊、呼伦贝尔羊、萨福克羊、德国肉用美利奴羊、苏博美利奴羊、苏尼特羊、巴美肉羊、川中黑山羊、新疆细毛羊、特克塞尔羊和白萨福克羊；山羊品种6个，分别为云上黑山羊、南江黄羊、萨能奶山羊、龙陵黄山羊、黄淮山羊和辽宁绒山羊。2021年国家肉羊核心育种场登记的核心群羊只共28.16万只，比2020年的14.9万只增加了88.99%，其中绵羊26.64万只，山羊1.52万只。与2020年一致，地方品种、培育品种和引进品种核心群数量最多的品种分别是湖羊（156 007只）、中国美利奴羊（31 722只）、杜泊羊（11 900只）（图6-1）。

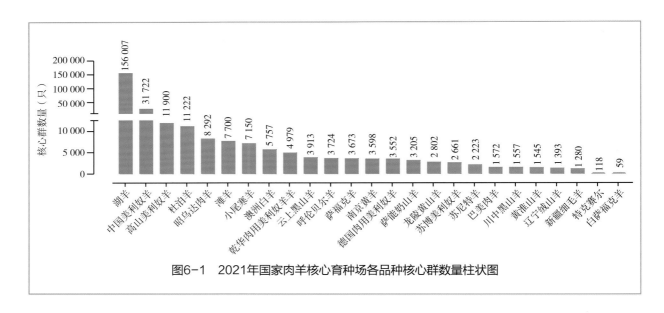

图6-1　2021年国家肉羊核心育种场各品种核心群数量柱状图

2021年国家羊核心育种场性能测定的数据量大幅提升，性能方式仍以场内测定为主。截至2021年底，2021年以前遴选的28家国家羊核心育种场累计有79 915只种羊参与生产性能测定，比2020年增加了4 975只，增长6.6%；2021年共收集52.8万条表型记录，比2020年增加了34.76万条，增长192.7%，其中，生长发育记录43.91万条，繁殖记录5.81万条，胴体性状记录3.08万条。在所有品种中湖羊性能测定的数据量最大，达到了25.3万条；引进品种杜泊羊的性能测定数据量最大，达到了4.29万条。性能测定的主要指标包括初生重、断奶重和6月龄、周岁、成年体重和体尺等生长发育性状，背膘厚和眼肌面积等产肉性状，产羔数、产活羔数和断奶成活率等繁殖性状。

三、联合攻关和科研进展

（一）湖羊选育及其新种质创制联合攻关进展

1. 构建出"千级"规模的湖羊基因组选择参考群

2021年由兰州大学牵头的"湖羊选育及其新种质创制"联合攻关组克服新冠肺炎疫情的影响，持续开展性能测定与基因组重测序，完成了415只湖羊的生长性状、饲料效率、机体组成、胴体性状和肌肉品质等225个性状指标的测定和基因组重测序。截至2021年12月，湖羊基因组选择参考群规模达2 221只，累计获得37.04万条表型数据和40.13 Tb的基因组数据，绘制出湖羊超高分辨率的基因组遗传变异图谱，构建出国内性状记录最全、遗传变异最丰富的绵羊基因组选择参考群体，估计出湖羊重要经济性状遗传参数，鉴定出一系列与湖羊体重、体尺、尾脂重、脊椎数、饲料转化率等重要经济性状关键基因。采用"各生物学水平关联的主效基因SNP位点+MAF+LD+基因组均匀覆盖"的策略，设计出具有完全自主知识产权的中密度基因组育种芯片（LZU-45K），并制定出配套的湖羊性能指数基础版（Hu sheep Index，HSI）、升级版（Hu sheep Index plus，HIS+）和基因组性能指数（Genomic Hu sheep Index，GHSI）。利用自主研发的基因组育种芯片对杭州庞大农业开发有限公司、临清润林牧业有限公司、长兴永盛牧业有限公司和兰州天欣羊业有限公司4家公司的种羊进行了后裔测定评估和基因组遗传评估，体重、胸围、采食量等主选性状选择准确性达到了80%以上。推动我国湖羊国家核心育种场实现各场优秀种公羊的科学调配和场间遗传物质的交流，扩大育种群规模，提高选择强度，提升了我国湖羊整体生产水平。

2. 湖羊高繁、快长、节粮和小尾系列新品系选育

利用表型选择结合分子标记辅助选择技术，分别以产羔数、生长速度、饲料效率和尾脂重为主选性状，选育出湖羊高繁、快长、节粮和小尾4个新品系，其中湖羊高繁系核心群8 563只，公、母羊初生重（3.27±0.41）千克和（2.99±0.40）千克，6月龄重（37.17±1.92）千克和（32.24±2.01）千克，周岁重（58.26±3.03）千克和（50.14±2.85）千克，7世代母羊头胎产羔率274.5%，FecB基因（多胎主效基因）纯合子率100%；湖羊体大系核心群2 320只，公、母羊初生重（3.84±0.46）千克和（3.36±0.52）千克，6月龄重（39.51±1.97）千克和（34.53±2.81）千克，周岁重（61.15±3.27）千克和（53.26±2.94）千克，经产母羊产羔率201.8%，FecB基因纯合子率81.85%；湖羊节粮系核心群1 100只，育肥期公、母羊料肉比分别为5.94∶1和6.12∶1；湖羊小尾系核心群840只，FecB基因纯合子个体占84.12%。公、母羔初生重分别为（3.42±0.41）千克和（3.36±0.28）千克，2月龄断奶重分别为（15.67±3.11）千克和（15.04±3.69）千克，6月龄重分别为（39.42±5.67）千克和（34.14±4.67）千克，6月龄公羔平均尾脂重为（1.38±0.21）千克。

（二）科研进展

1. 羊重要经济性状遗传机制解析重大进展

（1）绵羊遗传多样性以及毛细度变异的遗传基础研究方面取得重要进展

中国农业大学研究团队通过来自非洲、南亚、东南亚、中亚、东亚、南美、欧洲和中东的738个家羊个体（158个种群）和所有7个野羊近缘种的72个野羊个体［包括盘羊（Argali）、亚洲摩弗伦（Asiatic mouflon）、欧洲摩弗伦（European mouflon）、乌里亚尔羊（Urial）、雪羊（Snow sheep）、大角羊（Bighorn）、扁角羊（Thinhorn）］进行研究，全面揭示全球野羊和家羊的遗传多样性和系统发育关系，并且发现种群结构分化的一些例外情况，这些例外可以反映物种/品种的混合历史。发现南亚和东南亚绵羊迁徙的历史与人类迁徙历史类似，为鲜少研究的南亚和东南亚人类历史提供佐证。收集了所有野生近缘种，并尽可能收集了全世界所有家绵羊品种，利用高深度重测序序列展开分析，检测到了被基因渗入的具体品种及其野生供体，也表明渗入区段所调节的基因功能。发现了新的选择信号，尤其是对于绵羊矮小性状筛选到的信号和基因。发现位于*IRF2BP2*基因3′-UTR中的一个新突变（chr25：T7068586C）作为羊毛纤维直径的合理因果变异，并表明oar-miR-20a-3p→IRF2BP2→VEGFA是抑制粗毛羊中*IRF2BP2*基因表达而抑制次级毛囊发育的潜在调控通路。该研究结果于2021年12月6日在国际知名学术期刊*Molecular Biology and Evolution*上在线发表。

（2）西藏绵羊和东佛里生羊高质量参考基因组组装工作取得显著进展

2021年4月6日，美国国家生物技术信息中心（NCBI）Assembly上线了首个染色体级别的西藏绵羊参考基因组，这是率先公布的青藏高原家畜高质量基因组之一，其组装由中国农业大学研究团队完成。6月9日，NCBI发布了来自西北农林科技大学研究团队组装完成的全国首个东佛里生绵羊高质量参考基因组，首次利用最新的Pacbio HiFi测序技术对东佛里生种公羊进行基因组测序组装获得的，该基因组的contig N50达到了85.1 Mb，在NCBI已公布的羊参考基因组中连续性最高。西藏绵羊和东佛里生高质量基因组的组装成功将为下一步深入开展高原家畜的基因组学研究和奶绵羊基因组学研究提供了重要的参考基因组。

2. 羊繁育新技术重大进展

（1）"湖羊选育扩繁和高效利用关键技术研究与应用"项目获甘肃省科学技术进步奖一等奖

兰州大学牵头实施的"湖羊选育扩繁和高效利用关键技术研究与应用"项目取得显著进展，获2021年甘肃省科学技术进步奖一等奖。该项目挖掘出湖羊在西北寒旱区生长、繁殖和泌乳等方面的种质特性，填补该方面资料的空白，为湖羊"北养"和育繁推提供科学依据；研发表型组测定技术与装置并进行表型高通量测定，研究湖羊重要经济性状遗传特征并挖掘其关键基因，填补羊饲料效率相关性状遗传参数的空白，筛选出26个有效分子标记并用于湖羊选育；选育出可以配套使用的高繁、快长湖羊新品系2个；率先开展湖羊与藏羊、澳洲白、特克赛尔杂交，填补相应杂交组合基础资料的空白，筛选出北方地区湖羊杂交模式并为低繁殖力群体高效生产找到新的技术路径；综合产量、品质、健康、效率及能氮转化等指标，确定北方地区规模化舍饲条件下湖羊适宜营养水平，筛选出无豆粕日粮配方，为良种配好料、豆粕玉米减量替代、减少碳排放提供营养策略；开国内肉羊联合育种之先河，建立全国湖羊联合育种大平台和协作网，建设和技术合作种羊场50家，用市场化手段建立湖羊选育扩繁利用体系，累计推广湖羊种羊65万只，扩繁湖羊180万只，将湖羊重点推广到北方8省（区）500余家企业和合作社，百万农户受益。使湖羊成为我国市场占有率最高的品种和舍饲的主导品种，有力地推动北方地区舍饲养羊母本升级换代。

（2）"多脊椎和短脂尾蒙古羊选育及关键技术集成示范"项目获内蒙古自治区科学技术进步奖一等奖

内蒙古自治区农牧业科学院承担的"多脊椎和短脂尾蒙古羊选育及关键技术集成示范"项目针对牧区蒙古羊繁育的重大关键技术问题，以基因组育种技术为核心，研发了绵羊群选群配（P2P）和母羊综合选择指数（LEY）育种新技术，解决了本交模式下系谱混乱和基础母羊选择强度低的突出问题，实现了优质种羊的精准遗传评估和选种选配；项目解析了蒙古羊多脊椎和短脂尾2个性状的遗传调控规律，开发了辅助蒙古羊选育的低密度基因芯片，培育了多脊椎和短脂尾蒙古羊新品系2个，核心群分别为5 500只和3 500只，累计推广优质种羊3 545只和2 586只，改良地方蒙古羊91.97万只；项目创新了绵羊短期催情补饲新模式，开发了精准化与轻简化设施设备6套，制定了《绵羊高频繁殖调控技术规程》地方标准，解决了牧区蒙古羊繁殖效率低的生产技术难题，实现了两年三产，构建了"产-学-研-推"一体化育种模式。项目出版了我国第一部关于蒙古羊选育的专著《蒙古羊的遗传育种》，项目成果创新性地实践了优良蒙古羊的本品种选育，打破了全靠引进国外肉羊品种改良地方品种的现状，对于创新"蒙古羊芯片"，提高我国肉羊种业核心竞争力具有重要意义。项目成果推广应用于锡林郭勒盟等6个盟市的9个旗县，核心区4年间新增产值6.71亿元，新增收益1.61亿元，取得了显著的经济、社会和生态效益。

（3）"象雄半细毛羊新品种培育与应用"项目获西藏自治区科学技术奖一等奖

西藏自治区阿里地区良种场牵头实施的"象雄半细毛羊新品种选育与应用"项目取得重大突破，获2021年西藏自治区科学技术奖一等奖。该品种以高原型藏羊为母本，新疆细毛羊和内蒙古茨盖羊为父本进行三品种杂交，培育出了体格大，肉、奶、毛产量高，综合性能好，能够适应高原气候条件的肉毛兼用型半细毛羊新品种——象雄半细毛羊，受到农牧民及消费者的青睐，价格比普通本地羊高出400元左右；通过多年不断繁育推广，目前存栏达2.8万只，象雄半细毛羊养殖业已成为当地农牧民群众主要经济收入来源之一。

3. 国审新品种和新遗传资源介绍

（1）新品种

2021年我国育成2个羊新品种，绵羊和山羊各1个，分别为贵乾半细毛羊和藏西北绒山羊。

贵乾半细毛羊是以威宁绵羊为母本，新疆细毛羊和考力代羊为父本，创制出含考力代羊血液50%、新疆细毛羊血液25%、威宁绵羊血液25%的新种质，历经杂交改良、横交固定、选育提高三个阶段培育而成。该品种具有耐粗饲、抗病力强、适应性好、生长发育快、肉用性能和毛品质优良等特性，能够适应西南地区不同海拔高度、寒冷、潮湿、干旱等不同生态类型和四季放牧饲养条件，主要在贵州、四川和云南等南方半细毛主产区推广，累计推广种公羊1.28万只，存栏近20万只，年出栏10万只，年出栏总产值近1.6亿元，经济效益显著。

藏西北绒山羊是在藏西北区域产绒型西藏山羊的基础上，以毛色和绒品质作为主选性状，兼顾体型、体重、产绒量组建育种核心群，依据种羊评定等级制定选配方案，开展品种等级和性能测定，经过4个世代持续选育，培育出纯白、绒纤维直径（14.70±0.72）微米、抗逆性强、遗传稳定、耐寒、耐粗饲等综合品质高的西藏绒肉兼用型山羊新品种。目前，主要在西藏自治区各地推广，累计推广种羊3.72万只，改良羊产绒量由272.5克/只提高至332.71克/只，绒自然长度由3.85厘米提高到4.41厘米，成年体重由25.51千克/只提高至31.13千克/只，经济效益显著，在核心养殖区组建了1 000余户的示范户，发展带动了一大批贫困牧户从事绒山羊养殖，为该区域牧民实现脱贫致富做出了重大贡献。

（2）新遗传资源

2021年鉴定了燕山绒山羊、南充黑山羊、玛格绵羊、阿旺绵羊、泽库羊、凉山黑绵羊、勒通绵羊、色瓦绵羊、霍尔巴绵羊、多玛绵羊、苏格绵羊、岗巴绵羊12个新遗传资源，其中绵羊10个，山羊2个。

燕山绒山羊是燕山山区适应当地自然条件形成的产绒量高、绒品质优良，兼具良好产肉性能的地方畜禽遗传资源，被毛基本为白色，有2%~3%的羊头部及其他刺毛区为黑色，公、母羊均有角，成年公、母羊体重分别为（60.9±8.4）千克、（45.6±5.2）千克，产绒量分别为（1 413.9±261.5）克、（738.3±131.4）克，羊绒细度分别为（15.33±3.11）微米、（15.23±3.28）微米，母羊产羔率110%。主要分布在河北省境内燕山山脉的秦皇岛、承德、张家口和唐山的部分县区，存栏量达107.32万只。

南充黑山羊是产于四川省南充市营山县和嘉陵区的繁殖力高、肉质好、板皮质优的地方山羊遗传资源，被毛黑色，大部分有角，公、母羊成年体重分别为39.32千克和34.27千克，母羊常年发情，经产产羔率232.4%，存栏2.4万只。

玛格绵羊是适应干旱河谷气候、耐粗饲、抗逆性强的地方绵羊遗传资源，头部、颈、耳毛色为黑色，其余部位为白色，公、母羊多为无角，成年公、母羊体重分别为45.48千克和38.84千克，母羊一年一胎，一胎一羔。主要分布在四川省甘孜藏族自治州得荣县玛格山一带的乡镇，存栏2.1万只。

阿旺绵羊是藏系绵羊中一个特殊生态类型。毛被以白色为主体毛被，羊只头部、颈部、腹下同为棕色或黑色，大腿内侧后部有相应棕色斑或黑色斑；四肢有相应棕色斑或黑色斑，公、母羊有角，成年公、母羊体重分别为（63.2±7.2）千克和（52.6±6.9）千克，母羊产羔率91.14%。主要分布于昌都市贡觉县、江达县、芒康县、察雅县为主的4个县13个乡镇，种群规模达到12.62万只，中心产区位于贡觉县阿旺乡存栏规模达1.80万只。

泽库羊是早期野生盘羊和当地绵羊不断杂交，在相对封闭的环境中经多年选择形成的一个独特的遗传资源。公、母羊全身被毛均为白色，头肢多为褐色，公、母羊均有角，成年公、母羊体重分别为68.84千克和47.8千克，母羊一年一胎，一胎一羔。主要分布于青海省黄南藏族自治州泽库县，核心产区为黄南藏族自治州泽库县宁秀乡、和日乡、王家乡，核心产区存栏约16.53万只。

凉山黑绵羊与凉山彝民族生活习俗和自然生态环境条件的长期作用密切相关，经过不断驯化与选育形成了适应性强、数量多的肉毛兼用的地方绵羊遗传资源。皮肤黑色，公、母羊均有角，成年公、母羊体重分别为53.81千克和40.45千克，母羊平均产羔率110.2%。中心产区在布拖县、普格县，其中，布拖县存栏19.70万只，普格县存栏3.65万只，盐源县存栏3.20万只，喜德县存栏1.55万只，州内冕宁、金阳、美姑、木里等县市有少量分布。

勒通绵羊是理塘地区的牧民经过长期自然选择和驯化而来的一个地方绵羊类群。头、颈及胸部毛色以成片棕色为主，部分头顶至鼻梁有一条白色毛带，公、母羊均有角，成年公、母羊体重分别为（55.01±6.13）千克和（49.44±7.31）千克，母羊一年一胎，一胎一羔。中心产区位于四川省甘孜藏族自治州理塘县的禾尼乡和村戈乡等乡镇，存栏6.9万只。

色瓦绵羊是藏北独有的一种生活在海拔4 800米以上的高原绵羊类群，具有生长快、体格健壮、产奶量较高、屠宰率较高、抗逆性强等特点，是在高寒、高海拔环境下长期生存适应而形成的地方独特品种。被毛以白色为主，脸部有黑色眼圈，肛门周边被毛呈黑色，公、母羊均有角，周岁公、母羊体重分别为24.50千克和21.00千克，母羊产羔率为80%～90%。主要分布于西藏自治区那曲市班戈县，存栏48.78万只。

霍尔巴绵羊是在青藏高原恶劣气候和特殊生境条件下，经过长期自然选择、闭锁繁育，特别是近10年的系统选育而形成的高原型肉毛兼用藏系绵羊地方类群。被毛以体躯白色、头肢杂色为主，体躯杂色和纯白个体较少，成年公、母羊体重分别为53.65千克和50.64千克。母羊一年一胎，一胎一羔。核心产区位于西藏自治区日喀则市仲巴县霍巴乡玉烈村、布穷村、贡桑村和扎次村，在萨嘎、昂仁、聂拉木、谢通门等县均有分布，存栏43.9万只。

多玛绵羊是生活在平均海拔5 100米以上的干旱地区，经过长期自然选择形成的高寒草地型绵羊类群，具有适应高海拔、耐粗饲、抗病力强、体格健壮等特点。多玛绵羊毛色泽美丽、毛绒厚密整齐，是藏族群众制作手工毯的优质原料。被毛为粗毛，绝大部分为白色，个别为褐色，眼圈及鼻端大部分为黑色或褐色，公、母羊有角，成年公、母羊体重分别为60.7千克和53.4千克。母羊一年一胎，一胎一羔。中心产区为安多县多玛乡和雁石坪镇，玛曲乡、岗尼乡、玛荣乡、色务乡4个乡是其主要分布区和扩繁区，存栏33.2万只。

苏格绵羊是西藏自治区山南市浪卡子县经过长期繁衍与自然封闭形成的藏羊遗传资源。基础毛色为白色，也有部分黑色和褐色，公羊有角，母羊无角，成年公、母羊体重分别为53千克和44.6千克。母羊一年一胎，一胎一羔。中心产区在山南市浪卡子县伦布雪乡苏格村，存栏2.02万只。

岗巴绵羊因生长在西藏日喀则市岗巴县故而得名，形成历史距今已有1 300多年。体躯被毛多数为白色，在头部、尾部、四肢等部位分布有不规则的褐色和黑色色斑，公羊有角，母羊基本无角，成年公、母羊体重分别为30.82千克和27.65千克。主要分布在西藏日喀则市岗巴县和周边定结县、康马县、江孜县、白朗县、拉孜县、萨迦县等地，存栏12.97万只。

第二章 种羊生产与推广

一、羊供种能力

（一）种羊产销情况

2021年全国种羊场存栏种羊377.5万只，同比上升17.78%；全年出场种羊154.6万只，同比上升5.60%。种绵羊存栏311.9万只，同比上升23.92%，出场种绵羊127.8万只，同比上升5.19%；种山羊存栏65.5万只同比下降4.80%，出场种山羊26.7万只，同比上升7.23%（表6-4）。种羊出场数量排名前5的省份分别是新疆（336 555只，占比21.8%）、甘肃（259 369只，占比16.8%）、内蒙古（217 239只，占比14.1%）、安徽（100 261只，占比6.5%）、浙江（84 438只，占比5.5%）。绵羊出场数量排名前5的省份分别是新疆、甘肃、内蒙古、浙江和江苏，与山羊出场数量排名前5的省份差异较大，分别为安徽、四川、湖北、河南和重庆。新疆、河南、西藏等省份种羊存栏量和出场数量均大幅增加，存栏量与往年相比增幅均超过30%，出场数量增幅均超过100%。总体上，我国种羊存栏和出场数量同比上升均在10%以上，自主供种能力稳步提升。

表6-4　2021年全国种羊场种羊存栏和出场情况　　　　　　　　　　单位：只

序号	地区	种羊存栏			种羊出场		
		绵羊	山羊	合计	绵羊	山羊	合计
1	北京	2 190	0	2 190	531	0	531

（续表）

序号	地区	种羊存栏			种羊出场		
		绵羊	山羊	合计	绵羊	山羊	合计
2	天津	58 376	0	58 376	22 464	0	22 464
3	河北	89 854	5 570	95 424	33 431	1 835	35 266
4	山西	71 412	13 145	84 557	24 884	3 006	27 890
5	内蒙古	525 946	63 230	589 176	201 927	15 312	217 239
6	辽宁	15 777	11 456	27 233	3 334	4 695	8 029
7	吉林	29 224	215	29 439	15 566	0	15 566
8	黑龙江	15 985	0	15 985	6 101	0	6 101
9	上海	5 918	1 248	7 166	2 358	104	2 462
10	江苏	109 242	1 966	111 208	61 277	975	62 252
11	浙江	154 332	0	154 332	84 438	0	84 438
12	安徽	55 574	187 446	243 020	39 980	60 281	100 261
13	福建	0	3 064	3 064	0	382	382
14	江西	34 470	5 835	40 305	33 320	3 526	36 846
15	山东	72 921	12 209	85 130	37 481	6 061	43 542
16	河南	93 804	22 705	116 509	54 676	17 312	71 988
17	湖北	15 110	60 416	75 526	9 000	26 830	35 830
18	湖南	0	8 288	8 288	0	4 280	4 280
19	广东	0	3 172	3 172	0	2 480	2 480
20	广西	0	17 968	17 968	0	6 559	6 559
21	海南	0	21 517	21 517	0	12 943	12 943
22	重庆	0	12 850	12 850	0	15 346	15 346
23	四川	7 051	47 004	54 055	988	32 130	33 118
24	贵州	20 948	31 287	52 235	227	11 452	11 679
25	云南	6 875	29 160	36 035	1 871	13 117	14 988
26	西藏	65 260	3 913	69 173	4 710	1 250	5 960
27	陕西	69 518	49 762	119 280	7 049	13 410	20 459
28	甘肃	468 704	23 330	492 034	254 489	4 880	259 369
29	青海	185 328	2 985	188 313	35 932	1 003	36 935
30	宁夏	34 110	2 620	36 730	13 804	0	13 804

（续表）

序号	地区	种羊存栏			种羊出场		
		绵羊	山羊	合计	绵羊	山羊	合计
31	新疆	911 496	13 090	924 586	328 594	7 961	336 555
	合计	3 119 425	655 451	3 774 876	1 278 432	267 130	1 545 562

注：数据来源《中国畜牧兽医年鉴2021》。

（二）胚胎、冻精产销情况

2021年全国种羊场全年共生产胚胎332 622枚，同比下降24.66%，其中绵羊胚胎257 611枚，同比上升37.23%；山羊胚胎75 011枚，同比下降70.47%。生产胚胎最多的省份是新疆（119 330枚），占全国的35.9%，其次为安徽（41 959枚，占比12.6%）、甘肃（35 428枚，占比10.7%）、四川（32 204枚，占比9.7%）、河南（30 798枚，占比9.3%）、内蒙古（28 551枚，占比8.6%）、河北（13 465枚，占比4.0%），均在万枚以上（表6-5）。

2021年全国种羊场全年共生产精液60 575份，同比上升32.61%，精液生产集中在内蒙古、河北、海南和辽宁4个省份，其中内蒙古生产精液5万份，占比82.5%。

表6-5　2021年全国种羊场种羊胚胎及精液生产情况

序号	地区	生产胚胎数（枚）			生产精液（份）
		绵羊胚胎	山羊胚胎	合计	
1	北京	0	0	0	0
2	天津	0	0	0	0
3	河北	13 465	0	13 465	7 500
4	山西	8 800	300	9 100	0
5	内蒙古	28 325	226	28 551	50 000
6	辽宁	2 135	0	2 135	500
7	吉林	0	0	0	0
8	黑龙江	400	0	400	0
9	上海	0	0	0	0
10	江苏	0	0	0	0
11	浙江	0	0	0	0
12	安徽	40 160	1 799	41 959	0
13	福建	0	306	306	0
14	江西	0	0	0	0
15	山东	1	0	1	0

（续表）

序号	地区	生产胚胎数（枚）			生产精液（份）
		绵羊胚胎	山羊胚胎	合计	
16	河南	6 598	24 200	30 798	0
17	湖北	0	539	539	0
18	湖南	0	4 325	4 325	0
19	广东	0	0	0	0
20	广西	0	4 012	4 012	0
21	海南	0	4 236	4 236	2 575
22	重庆	0	226	226	0
23	四川	176	32 028	32 204	0
24	贵州	0	0	0	0
25	云南	410	560	970	0
26	西藏	1 922	1 491	3 413	0
27	陕西	461	763	1 224	0
28	甘肃	35 428	0	35 428	0
29	青海	0	0	0	0
30	宁夏	0	0	0	0
31	新疆	119 330	0	119 330	0
合计		257 611	75 011	332 622	60 575

（三）种羊引进情况

2021年我国种羊引进数量、贸易金额和单价均呈现出不同程度的下降。2021年我国共引进种羊5 855只，同比下降37.8%，总金额51 520 805元，同比下降43.2%，种羊单价8 799元/只，同比下降8.2%，其中，绵羊3 186只，金额28 610 992元，8 980元/只；山羊2 669只，金额22 909 813元，8 584元/只。引种国为澳大利亚和新西兰。从新西兰共引进3 269只，其中种绵羊1 289只，金额10 864 569元，8 429元/只；引进种山羊1 980只，金额16 913 330元，8 542元/只。从澳大利亚引进种羊2 586只，其中种绵羊1 897只，金额17 746 423元，9 355元/只；引进种山羊689只，金额5 996 483元，8 703元/只。在种绵羊进口方面，澳洲白羊因在澳大利亚本地需求量增加，导致了进口价格增高，其他品种市场价格变化不大。在种山羊进口方面，国内奶山羊产业快速发展，种羊需求增加，预计未来奶山羊进口价格将有上涨可能。这些种羊主要引进至北京、内蒙古和山东，其中来自澳大利亚的1 897只种绵羊和689只种山羊引进至北京，来自新西兰的1 980只种山羊引进至山东，1 289只种绵羊引进至内蒙古。这些种羊的引进对于我国羊群体的遗传改良、丰富优异基因的来源具有重要意义。

（四）自有种羊培育情况

随着种羊培育技术水平的提升、饲养管理条件的改善，我国自有种羊的培育能力不断提高，种羊数量稳步增长。2021年全国种羊场存栏种羊377.5万只，同比上升17.78%，其中种绵羊存栏311.9万只，同比上升23.94%，种山羊存栏65.5万只，同比下降4.72%。从国家羊核心育种场的数据来看，登记的品种共有25个，比2020年多4个，其中绵羊品种19个，核心群的数量也大幅增长，达到了28.16万只，比2020年的14.9万只增加了88.99%。

二、品种推广情况

（一）地方品种推广情况

我国共有地方品种116个，其中绵羊54个，山羊62个。与猪、禽、奶牛等畜种不同，地方品种是我国羊生产的主体。在绵羊方面，蒙古系绵羊是地方品种中数量最大、分布最广的绵羊群体，蒙古羊、乌珠穆沁羊、苏尼特羊、呼伦贝尔羊等主要在内蒙古等地推广，小尾寒羊主要在山东、河北、山西等地推广。随着规模化舍饲的比例不断增加，湖羊进一步在全国大范围推广，已成为当前我国规模化舍饲市场占有率最高的品种；哈萨克羊、阿勒泰羊、和田羊等哈系绵羊主要在新疆等地推广；藏系绵羊主要在西藏、甘肃、青海、四川等藏区进行推广。在山羊方面，由于山羊比绵羊对生态环境的适应性更强，其分布和推广范围更广，主要分布在长江以北地区，集中在华东、华北和西南。我国北方主要以产绒为主，南方以产肉为主。在南方主要有陕南白山羊、马头山羊、宜昌白山羊、成都麻羊、南江黄羊、建昌黑山羊、板角山羊、贵州白山羊、福清山羊、隆林山羊、雷州山羊、长江三角洲白山羊等品种，主要产肉、优质板皮和笔料毛。在北方主要有内蒙古绒山羊、辽宁绒山羊、济宁青山羊、黄淮山羊、太行山羊、关中奶山羊和崂山奶山羊等品种，生产羊绒、羔皮、板皮、羊奶及肉等产品。

（二）培育品种推广情况

我国共有培育品种46个，其中绵羊33个，山羊13个。培育品种主要在培育地及其周边和相应产区进行推广。2021年培育出贵乾半细毛羊和藏西北绒山羊2个羊新品种。贵乾半细毛羊能够适应西南地区不同海拔高度、寒冷、潮湿、干旱等不同生态类型和四季放牧饲养条件，主要在贵州、四川和云南等南方半细毛主产区推广，累计推广种公羊1.28万只，存栏近20万只，年出栏10万只，年出栏总产值近1.6亿元，经济效益显著。藏西北绒山羊主要在西藏自治区各地推广，累计推广种羊3.72万只，改良羊产绒量由272.5克/只提高至332.71克/只，绒自然长度由3.85厘米提高到4.41厘米，成年体重由25.51千克/只提高至31.13千克/只，经济效益显著。

（三）引进品种推广情况

我国共有引进品种19个，其中绵羊13个，山羊6个。引进品种主要用于商业杂交终端父本和新品种培育。在绵羊方面，在农区和农牧交错区，以澳洲白羊、杜泊羊、萨福克羊、白萨福克羊、夏洛莱羊、特克塞尔羊、无角陶赛特羊、南非肉用美利奴羊、德国肉用美利奴羊、东佛里生羊等为父本，以适应性强、繁殖力高的地方品种为母本，开展二元或者三元杂交生产或培育肉用、肉毛兼用、乳用新品种。在细毛羊产区，以德国肉用美利奴羊和南非肉用美利奴羊等为父本，以中国美利奴羊和甘肃高山细毛羊，开展肉用细毛羊新品种培育。在山羊方面，各地也均以地方山羊品种为母本，以引进的波尔山羊、努比山羊、萨能奶山羊等为父本，开展肉羊杂交生产或者培育新品种。

第三章 种羊企业发展

一、国家羊核心育种场

（一）原有国家核心育种场情况

在国家级羊核心育种场建设方面，根据《全国肉羊遗传改良计划（2015—2025年）》，全国肉羊遗传改良计划工作领导小组办公室先后在2016年、2018年和2019年组织遴选出28家肉羊核心育种场，涉及地方品种、引进品种和自主培育等多个品种，分布于我国14个省（区、市）的肉羊核心产区，其中内蒙古5家、甘肃3家、浙江3家、河南2家、宁夏2家、四川2家、云南2家、安徽1家、黑龙江1家、江苏1家、辽宁1家、陕西1家、天津1家、新疆1家、山东2家。

这些肉羊核心育种场本身具备较好的育种基础，成为国家级肉羊核心育种场之后，在政策支持和专家指导下发挥了更大的作用，尤其在提升群体生产性能水平和自主制种能力方面，为种业振兴做出了积极的贡献。为了进一步监管和指导核心育种场的工作，切实发挥肉羊核心育种场的示范带动作用，全国羊遗传改良计划工作领导小组办公室于2021年末对国家首批入选的6家肉羊核心育种场进行了核验，从种羊育种基础工作、设施设备、生物安全等多方面进行评估，所有羊场均顺利通过核验。

（二）新增国家核心育种场情况

进入"十四五"，我国将开启全面建设社会主义现代化国家新征程，到2035年将基本实现农业农村现代化。为此，中央经济工作会议、中央农村工作会议对实施种业振兴作出了总体部署，按照党中央、国务院的相关决策部署，农业农村部于2021年4月印发了《全国羊遗传改良计划（2021—2035年）》取代了《全国肉羊遗传改良计划（2015—2025年）》，并提出了力争通过15年建成比较完善的商业化育种体系、自主培育一批具有国际竞争力的突破性品种、确保核心种源自主可控等明确要求。此外，从2021年起，凡入选国家羊核心育种场的企业可获得每年60万元的育种经费支持。

2021年新一轮羊遗传改良计划启动后，农业农村部组织开展了第四批国家羊核心育种场的遴选，经过层层筛选，最终有10家羊企业入选。按照新的改良计划，此次遴选的核心育种场涉及肉羊、毛绒用羊以及乳用羊，分布在全国8个省（区）。具体信息见表6-6。

表6-6　2021年新遴选国家羊核心育种场名单

序号	单位名称	地区
1	民勤县农业发展有限公司	甘肃
2	衡水志豪畜牧科技有限公司	河北
3	安徽安欣（涡阳）牧业发展有限公司	安徽
4	乾安志华种羊繁育有限公司	吉林
5	敖汉旗良种繁育推广中心	内蒙古
6	辽宁省辽宁绒山羊原种场有限公司	辽宁
7	新疆巩乃斯种羊场有限公司	新疆
8	甘肃省绵羊繁育技术推广站	甘肃
9	千阳县种羊场	陕西
10	陕西和氏高寒川牧业有限公司东风奶山羊场	陕西

二、其他种羊企业

截至2021年底，全国共有种羊场1 162个，其中种绵羊场761个，种山羊场401个。全国种羊存栏量为377.5万只，其中，内蒙古、新疆和甘肃三省（区）的种羊场分别为326个、114个和122个，存栏合计达200万只，占全国总数的53.1%，安徽、河南、陕西、青海、浙江、江苏等地的种羊存栏均超过10万只。我国种羊养殖品种包括引进品种如杜泊羊、萨福克羊、澳洲白羊、特克赛尔羊、无角陶赛特羊、德国肉用美利奴羊、波尔山羊、努比山羊、萨能奶山羊等；地方品种如湖羊、小尾寒羊、蒙古羊、乌珠穆沁羊、苏尼特羊、呼伦贝尔羊、哈萨克羊、阿勒泰羊、和田羊、巴什拜羊、巴音布鲁克羊、藏羊、陕南白山羊、马头山羊、宜昌白山羊、贵州白山羊、福清山羊等；培育品种如巴美肉羊、南江黄羊等。

截至2021年底，全国共有国家级羊资源保种场27个，涉及的品种有太行山羊、乌珠穆沁羊、苏尼特羊、内蒙古绒山羊、辽宁绒山羊、湖羊、长江三角洲白山羊、小尾寒羊、大尾寒羊、济宁青山羊、莱芜黑山羊、牙山黑绒山羊、大足黑山羊、成都麻羊、龙陵黄山羊、西藏山羊、汉中绵羊、同羊、贵德黑裘皮羊、滩羊、中卫山羊、多浪羊等。

三、种羊企业发展

（一）种羊企业品种研发状况

在过去10～20年的积累中，我国羊新品种选育和培育工作硕果累累，在一些科研院校的技术支撑下，一些种羊企业不断培育出符合市场需要的新品种。这些品种在生长速度、繁殖效率、抗病抗逆及肉质风味等方面各具特色，不仅丰富了种羊市场，而且为巩固脱贫成果和实施乡村振兴做出了积极的贡献。但同时，我国品种研发还存在一些不足。一是从资源利用的角度看，新品种对我国地方优势资源的利用还很不充分。二是从新品种的培育模式看，主要还是以政府和科研单位主导为主、企业为辅，与种业强国的商业化育种模式还有很大的差距。三是从新品种的利用来看，品种育种一劳永逸，缺乏动态性管理。四是从新品种的价值来看，还远未达到如杜泊羊、美利奴等世界知名品种的水平。

（二）种羊企业发展趋势

种业振兴有效地推动了种羊企业发展，无论从饲养品种、规模化程度、科技投入，还是从业人员结构和商业化模式，种羊企业都迎来了前所未有的机遇和挑战。具体表现在以下方面。一是品种更加丰富。随着羊资源保护与开发利用不断推进，国内种羊不再以引进品种为主，地方品种、培育品种以及新的资源对种羊的需求更加旺盛。二是规模化程度不断提高，2020年全国羊年出栏100只以上占到43.1%，年出栏3 000只以上占到6.1%，羊规模化程度的不断增加使得种羊饲养的规模也越来越大。三是科技投入比例增加。种羊企业对科技项目的申报更加积极，尤其愿意与科研院校合作申请种业项目，同时也愿意投入一定的经费开展院企合作研究，提升企业种业核心竞争力。四是从业人员结构更加优化。种业振兴对种羊企业从业人员提出了更高的要求，在学历、专业技术、从业经验及综合管理能力方面都设置了更高的门槛，以适应种羊企业的高质量发展。五是商业化模式推陈出新。种羊企业在追求生产质量的同时更加关注生产效益，能根据生产方向及时调整内容、路径、流量和终端人群，实现良好的资本运营。

第四章　羊育种平台及体系建设情况

一、羊育种平台

现有各类羊育种相关的国家级、省部级平台35个，其中国家级平台11个，省部级平台14个，测试中心10个。

（一）各类育种平台

1. 国家级平台

涉及羊育种相关的国家级平台共11个，其中国家重点实验室5个，国家工程实验室1个，国家种质资源库1个，省部共建国家重点实验室2个，国家地方联合工程研究中心2个。详细信息见表6-7。

表6-7　国家级羊育种平台

序号	名称	依托单位
1	农业生物技术国家重点实验室	中国农业大学
2	遗传资源与进化国家重点实验室	中国科学院昆明动物研究所
3	畜禽育种国家重点实验室	广东省农业科学院畜牧研究所
4	农业基因组国家重点实验室	深圳华大基因研究所
5	草种创新与草地农业生态系统全国重点实验室	兰州大学
6	畜禽育种国家工程实验室	中国农业大学

（续表）

序号	名称	依托单位
7	国家家养动物种质资源库	中国农业科学院北京畜牧兽医研究所
8	省部共建绵羊遗传改良与健康养殖国家重点实验室	新疆农垦科学院
9	省部共建三江源生态与高原农牧业国家重点实验室	青海大学
10	肉羊遗传资源评价与繁育技术国家地方联合工程研究中心	内蒙古自治区农牧业科学院
11	羊生物育种技术国家地方联合工程研究中心	新疆畜牧科学院

2. 省部级平台

与羊育种相关的省部级平台共14个，其中教育部重点实验室2个，农业农村部重点实验室/实验站/观测站12个。详细信息见表6-8。

表6-8　与羊育种相关的省部共建重点实验室

序号	名称	依托单位
1	农业动物遗传育种与繁殖教育部重点实验室	华中农业大学
2	青藏高原生物技术教育部重点实验室	青海大学
3	西部资源生物与现代生物技术教育部重点实验室	西北大学
4	农业农村部草食家畜繁殖生物技术与育种重点实验室	内蒙古大学
5	农业农村部动物生物技术重点实验室	西北农林科技大学
6	农业农村部羊遗传育种与繁殖科学观测实验站	新疆农垦科学院畜牧兽医研究所
7	农业农村部草食家畜遗传育种与繁殖重点实验室	新疆畜牧科学院
8	农业农村部畜禽遗传资源与种质创新重点实验室	中国农业科学院北京畜牧兽医研究所
9	农业农村部华北动物遗传资源与营养科学观测站	中国农业科学院北京畜牧兽医研究所
10	农业农村部畜禽遗传资源与利用重点开放实验室	中国农业科学院北京畜牧兽医研究所
11	农业农村部动物生物技术重点开放实验室	江西农业大学
12	农业农村部动物遗传育种与繁殖（家畜）重点实验室	中国农业大学
13	农业农村部草食家畜繁育生物技术重点开放实验室	新疆畜牧科学院
14	农业农村部草牧业创新重点实验室	兰州大学

（二）种畜禽监督检验测试中心

与羊相关的部级种畜禽监督检验测试中心有10个，详细信息见表6-9。

表6-9　部级种畜禽监督检验测试中心

序号	名称	依托单位
1	农业农村部种畜品质监督检验测试中心	全国畜牧总站
2	农业农村部畜禽产品质量监督检验测试中心（广州）	华南农业大学
3	农业农村部畜禽产品质量安全监督检验测试中心（南京）	江苏省畜产品质量检验测试中心
4	农业农村部畜禽产品质量安全监督检验测试中心（成都）	四川省饲料工作总站
5	农业农村部畜禽产品质量安全监督检验测试中心（郑州）	河南省兽药饲料监察所
6	农业农村部畜禽产品质量安全监督检验测试中心（石家庄）	河北省兽药监察所
7	农业农村部畜禽产品质量安全监督检验测试中心（呼和浩特）	内蒙古自治区兽药监察所
8	农业农村部种羊及羊毛羊绒质量监督检验测试中心（乌鲁木齐）	新疆畜牧科学院
9	农业农村部动物毛皮及制品质量监督检验测试中心（兰州）	中国农业科学院兰州畜牧与兽药研究所
10	国家羊绒产品质量监督检验中心	河北省质量技术监督局

二、羊育种体系和机制现状

（一）育种体系和机制突出问题

近年来，我国一直在加强新型种业体系建设，在观念上树立了科技兴种、种子产业、企业主体、市场竞争和依法治种等正确的方向。在思路上深刻分析了种业链条的各个环节，梳理了政府管理、公共支持和社会服务之间的关系。通过抢抓新机遇，切实提高了种业产业和企业的核心竞争力，提高了科技支撑的能力，提高了品种创新和推广的能力，初步建立了完善的种业育种体系。在育种机制方面，围绕政府、科技人员和企业，呈现出以下3种模式。一是以政府为主导的"政府+科研院校+种羊场"，此项机制中政府是育种资金的重要来源，科研院校主要负责育种方案的制定和技术方案实施，政府、科研院校和种羊场之间形成良好的利益联结形式。这种机制降低了科研院校和种羊场的研发成本，提高了科研人员的积极性，提升了种羊场的核心竞争力，在政府的资金支持下，育种进程较快。二是以企业为主导的"企业+科研院校+政府"，这种方式是以育种企业为主，政府为辅，科研院校作为技术协作单位。通常情况下，主导的企业有一定的育种和经济基础，只需要科研院校提供技术支撑就可以开展育种技术创新与推广。品种选育过程中，企业的种业核心竞争力不断提高，盈利能力不断增强，对育种工作的投入不断增加，形成产品反哺科研的良好循环。以企业为主导的商业化育种将成为我国畜禽育种的主要方式。三是以科研院校为主导的"科研院校+种羊场"，该种模式下，科研院校充分利用自身的科技优势和政府的项目资助，指导企业积极开展新品种培育。由于人力和财力的优化，新品种培育的周期将大大缩短。

近年来，尽管我国羊育种体系和机制不断完善与优化，但仍存在如下突出问题。

（1）我国专业化的育种公司仍处于起步阶段，企业研发投入动力不足，以企业为主体、"育繁推"一体化的商业化育种体系尚未建立。

（2）科技人员成果评价、绩效考核和激励与成果分享机制不完善，与企业利益联结不紧密，产学研深度融合的羊种业联合体和利益共同体还未形成。

（3）受疫病、数据的可靠性、利益分配机制等制约，联合育种工作推进较为缓慢。由于独立分散的制种模式，种羊价格无法反映种羊育种价值，重繁轻育现象较为普遍。

（4）没有稳定的经费投入和政策扶持机制，育种工作的连续性无法切实保证，核心育种群常因市场波动而流失。

（二）破题举措探索

创新育种体系和机制，激发企业自主创新和育种的驱动力是破题的关键。一是构建以"育繁推"一体化羊育种龙头企业为主体、教学科研单位为支撑、产学研深度融合的羊种业创新体系和利益共同体，形成以市场需求为导向的商业化育种模式和育种成果分享机制。二是建立稳定的经费投入和政策扶持机制，保证育种工作的连续性和稳定性。三是逐步建立政府与企业和社会资本共同投入的多元化投融资机制，不断激发企业自主创新和育种的驱动力。

附录 大事记

（1）2021年4月，农业农村部印发了《推进肉牛肉羊生产发展五年行动方案》。该方案指出产业发展的最终目标是要实现标准化生产，构建现代化的生产体系，满足日益增长的消费需求。重点任务切中产业补短板所需，从增加基础母畜产能、推进品种改良、扩大饲草料供给、发展适度规模养殖、加强重大动物疫病防控、强化质量安全。目标是到2025年，牛羊肉自给率保持在85%左右；羊肉产量稳定在500万吨左右；羊规模养殖比重达到50%。

（2）2021年4月，农业农村部发布新一轮《全国羊遗传改良计划（2021—2035年）》。新的遗传改良计划以坚持本品种持续选育和新品种培育并重，以提高生产性能和产品品质为主攻方向，构建以市场需求为导向、企业为主体、产学研深度融合的创新机制，完善以国家羊核心育种场为主体的良种繁育体系，持续加强育种基础性工作，加大科技支撑力度，不断提升羊种业质量、效益和竞争力，为羊产业高质量发展提供强有力的种源保障。计划总体目标：到2035年，建设一批高水平的国家羊核心育种场，广泛应用表型精准性能测定、基因组选择等新技术，建成一流水平的羊遗传评估技术平台；现有品种主要生产性能显著提高，培育一批新品种、新品系，主导品种综合生产性能达到国际先进水平；打造具有国际竞争力的种羊企业，建立完善的繁育体系和以企业为主体的商业化育种体系，支撑和引领羊产业高质量发展。

（3）2021年5月，第三次全国畜禽遗传资源普查专家组羊专业组第一次工作会议在兰州大学草地农业科技学院举行。

（4）2021年7月，2021中国草食动物科技大会在长春召开，大会以"环境·效率·健康"为主题，围绕羊、牛、兔、马及马属动物的遗传育种与繁殖、营养与饲料、疾病防治、养殖生产、环境控制、产品加工等科研和生产实践的新见解和新成果开展研讨交流。

（5）2021年7月，《全国羊遗传改良计划（2021—2035年）》培训班在宁夏银川举办。全国畜禽遗传改良计划领导小组办公室主任、全国畜牧总站党委书记时建忠、全国畜牧总站畜禽种业处处长刘丑生出席会议并讲话，全国羊遗传改良计划专家委员会4位专家和2位羊核心育种场技术专家就羊的种业现状、性能测定、遗传评估、联合育种、生物安全等进行技术培训。

（6）2021年8月，第十八届中国羊业发展大会在内蒙古包头召开。

（7）2021年10月，第三届国家畜禽遗传资源委员会在北京召开第五次全体会议，审定通过了18个畜禽新品种配套系，鉴定通过了新发现的18个畜禽遗传资源，其中羊新品种2个，分别为贵乾半细毛羊和藏西北白绒山羊；羊遗传资源12个，分别为燕山绒山羊、南充黑山羊、玛格绵羊、阿旺绵羊、泽库羊、凉山黑绵羊、勒通绵羊、色瓦绵羊、霍尔巴绵羊、多玛绵羊、苏格绵羊、岗巴绵羊。

（8）2021年12月，第二届湖羊选育与创新利用学术研讨会以线上的形式在兰州召开，会议主题为"解码地方绵羊遗传潜能，推动种业科技自立自强"，会议由兰州大学、中国农业科学院兰州畜牧与兽药研究所、草地农业生态系统国家重点实验室、国家肉羊产业技术体系、国家肉羊种业科技创新联盟等主办，兰州大学反刍动物研究所等单位承办。

肉鸭篇

第一章 主要发展概况

  肉鸭养殖是我国传统特色家禽产业。肉鸭具有适应性强、抗病、耐寒、发病率低、耐粗饲等生物学特性，适宜在全国范围内饲养，肉鸭与猪、牛、羊等比较，具有更高的产肉性能和繁殖性能，肉品质优良。近年来，随着品种培育不断取得新进展，肉鸭生产性能稳步提高，再加上肉鸭养殖技术进步和设备设施的升级，加速推动了肉鸭产业化进程。鸭肉美食是中华饮食文化的重要组成部分，随着社会进步和人们生活水平不断提高，鸭肉产品已经成为国民生活不可缺少的重要蛋白质来源之一，尤其是近年来鸭肉休闲食品的市场占有率明显提高，产品种类丰富多样，市场消费端的快速发展有效拓展了肉鸭产业的利润空间。在当前形势下，高效发展肉鸭养殖业适合中国国情，具有广阔的市场前景。

  国家水禽产业技术体系对全国23个水禽主产省（区、市）水禽生产情况的调查统计表明，2021年商品肉鸭出栏总量约为41.0亿只，较2020年下降12.5%；肉鸭产业总产值1 017.4亿元，较2020年下降10.2%。2021年我国白羽肉鸭出栏量为35.01亿只，番鸭和半番鸭出栏量为2.31亿只，肉用麻鸭出栏量为5.25亿只。肉鸭养殖业不仅在我国家禽产业中占据重要地位，而且已经成为一些地区农业农村经济的重要组成部分，是有效解决"三农"问题和推动乡村振兴的重要抓手。

一、肉种鸭供种能力

（一）肉鸭品种资源丰富

  我国是世界上鸭遗传资源最丰富的国家，现有地方鸭品种38个（兼用型20个，蛋用型16个，肉用型2个），建有国家级鸭品种资源基因库和保种场，引进肉鸭配套系7个，培育肉鸭配套系10个。

现在企业大量饲养的肉鸭品种包括白羽肉鸭、麻羽肉鸭、番鸭、半番鸭：白羽肉鸭以中畜草原白羽肉鸭、中新白羽肉鸭、樱桃谷鸭、强英鸭为主，南特鸭、枫叶鸭、奥白星鸭作为区域市场的重要补充；麻羽肉鸭以'花边鸭'（白羽肉鸭与蛋鸭或兼用型麻鸭的杂交后代）为主；番鸭以天露1号番鸭和巴巴里番鸭为主。

（二）肉鸭品种选育取得重要进展

2021年我国肉鸭育种取得重要进展。由安徽农业大学与安徽强英鸭业集团联合培育的'强英鸭'，以及温氏食品集团股份有限公司、华南农业大学、广东温氏南方家禽育种有限公司联合培育的天露1号白羽番鸭顺利通过国家畜禽遗传资源委员会审定，其中，温氏天露1号番鸭是国内首个通过国家审定的番鸭品种，成功突破了番鸭种业"卡脖子"问题。

此外，由北京南口鸭育种科技有限公司、中国农业大学、北京金星鸭业有限公司联合培育的'京典北京鸭'配套系，顺利通过国家畜禽遗传资源委员会审定，使得北京鸭品种资源库又添重要成员。

在肉鸭遗传资源挖掘和保护方面，奉化水鸭被国家畜禽遗传资源委员会鉴定为国家畜禽遗传资源，并被列入资源名录加以保护。从2008年开始，浙江省农业科学院畜牧兽医研究所就与当地企业开始合作收集该遗传资源，扩繁种群数量，建立保种群，并通过分子生物学方法开展鸭品种遗传多样性和遗传距离分析等一系列研究工作，经过10余年不懈努力，终于取得了重要进展，经过选育的奉化水鸭具有抗病力强、觅食力强、肉质鲜美等特点。奉化水鸭通过国家级畜禽遗传资源鉴定，对于肉鸭资源多样性的保护和利用，肉鸭特色优异性状的遗传解析，家鸭驯化与起源研究，水禽产品多样化、高值化开发格局的构建，具有重大的战略意义。

（三）祖代种鸭存栏

2021年我国祖代白羽肉种鸭存栏量继续保持增长势头，2011—2018年，祖代肉种鸭年均存栏量保持在41万～45万套，这与中国畜牧业协会白羽肉鸭工作委员会在行业内持续开展的去产能倡议活动有直接关系。2019年全国祖代肉种鸭存栏量增加明显，一举超过49万套，2020年更是达到53.05万套的高位，2021年超过55万套，比2020年增加4%，详见图7-1。

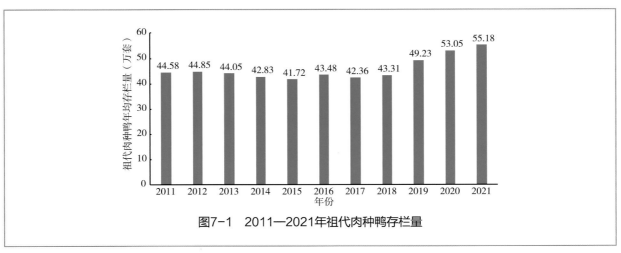

图7-1　2011—2021年祖代肉种鸭存栏量

从2018年中畜草原白羽肉鸭配套系通过国家审定后，自主培育的白羽快大型瘦肉鸭品种开始批量投放市场，2019年之后祖代肉种鸭存栏量增加明显，主要因素是我国肉鸭育种工作经过多年积淀后迎来了收获季节，自主培育品种不断推出，而同期国外引进品种并没有明显增加。曾经占据中国市场主流的樱桃谷鸭被收归国有后，樱桃谷鸭、中畜草原白羽肉鸭、中新白羽肉鸭、强英鸭、北京鸭、天府肉鸭等国内品种已经占据主要的市场份额，而国外引进品种南特鸭、枫叶鸭、奥白星鸭等起到了繁荣肉鸭品种市场的重要作用。在2021年全国祖代白羽肉鸭存栏总量中，国产品种为47.92万套，占比86.85%，引进品种为7.26万套，占比13.15%，详见图7-2。

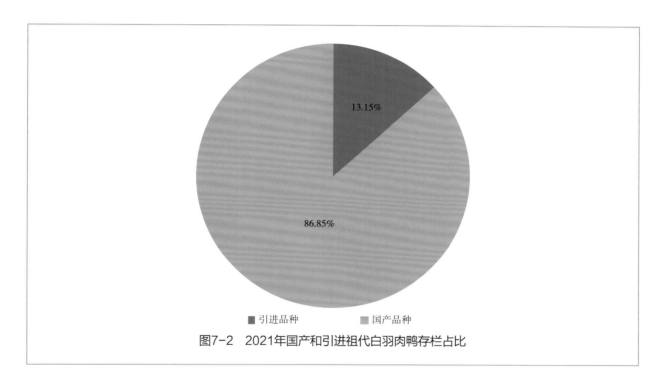

图7-2　2021年国产和引进祖代白羽肉鸭存栏占比

（四）父母代种鸭存栏

国家水禽产业技术体系对全国23个水禽主产省（区、市）的调查统计表明，2021年父母代肉种鸭存栏量为3 892.5万只，淘汰量为2 758.8万只。受新冠肺炎疫情影响，2020年以来市场消费不景气，再加上猪肉供应量大、价格偏低，影响了禽产品价格和企业的养殖效益，父母代种鸭养殖企业亏损时间长，养殖信心受挫，养殖规模持续下降，从而影响了父母代种鸭的养殖和商品代鸭苗销售。

（五）繁育技术水平

在肉鸭选种目标和生产性能指标方面，国外企业注重对生长速度、饲料转化率的选择，父母代生产性能主要追求雏鸭繁育数量，即每只母鸭平均可繁育230～240只雏鸭（产蛋期52周），商品代肉用性能追求指标为：6周体重达到3.3～3.5千克，料重比<2.0∶1，瘦肉率为32%～35%（带皮，相对活重），屠宰率为72%～75%。而国内培育的肉鸭配套系虽然在繁育技术水平方面的指标与国外品种仍有差距，但是商品代肉鸭总体养殖效益并不落后。

（六）繁育体系建设情况

目前，快大型白羽肉鸭引种企业和自主育种企业都已经建立起相对完善的品种繁育体系，使品种的生产性能得到了有效发挥。虽然我国地方鸭品种资源丰富，但是由于开发利用有限，地方品种缺少系统选育，育种与制种环节脱离，造成良种繁育体系不健全，品种自繁自养现象普遍、问题突出，很多优良品种资源得不到利用，甚至丧失。当前针对市场多元化需求的地方优良特色品种开发是肉鸭育种的新方向，这一类型品种如果被市场接受，生产性能的稳定发挥是重要指标，这是国内育种企业应该重点关注的方向。

二、遗传改良

（一）主要工作

1. 开展畜禽遗传资源普查

农业农村部决定自2021年起，在3年时间内组织开展全国农业种质资源普查，启动并完成第三次全国畜禽遗传资源普查，实现对全国所有行政村的全覆盖，通过普查摸清全国畜禽种质资源种类、数量、分布及主要性状等基本情况，掌握变化情况与趋势，发布种质资源普查报告，有效收集和保护珍稀、濒危、特有资源，实现应收尽收、应保尽保。

2. 启动种业振兴方案

2021年7月9日，中央全面深化改革委员会第二十次会议审议通过了《种业振兴行动方案》，内容中强调要以生猪、奶牛、肉牛、肉羊、蛋鸡、肉鸡、水禽为重点，遴选建设一批国家级核心育种场和扩繁基地。

3. 实施遗传改良计划

2021年4月23日，农业农村部发布新一轮畜禽遗传改良计划，实施期限为2021—2035年，内容涵盖生猪、蛋鸡、肉鸡、水禽等畜禽品种，力争用10～15年时间建成比较完善的商业化育种体系，显著提升种畜禽生产性能和品质水平，提高育种关键核心技术研发和应用能力，全面强化育种基础和育种体系，打造一批具有核心研发能力、产业带动力的领军企业，提高企业品牌影响力和市场竞争力。

（二）主要成效

在第三次全国畜禽遗传资源普查过程中，中山麻鸭作为已灭绝物种被重新发现是一大利好消息，丰富了我国肉鸭遗传资源。中山麻鸭原产于广东中山，是蛋肉兼用型品种，被列为广东优良地方禽种之一，在区域市场具有一定的消费潜力，这次被重新发现对肉鸭遗传资源保护与利用具有重要意义。在国家种业振兴行动中，4家肉鸭企业被遴选为国家级水禽核心育种场，5家肉鸭企业被遴选为国家级水禽良种扩繁基地。从2021年开始的新一轮水禽遗传改良计划正在有序推进中。

三、科研进展

随着全基因组测序、转录组测序等新的分子生物技术的快速发展并不断应用于肉鸭的品种选育、遗传资源挖掘、资源评价等各个方面，2021年国家水禽产业技术体系的岗位专家及其团队成员在肉鸭遗传资源改良、利用，肉鸭重要经济性状的选育及遗传机理等方面开展了大量研究工作，而且在瘦肉型北京鸭配套系的选育，鸭驯化过程中的遗传变异挖掘，肉鸭的抗病性能、肉质、生长等重要经济性状的基因挖掘和遗传机制等方面均取得了重要进展。

（一）优质肉鸭种质资源收集与种质创制

1. 肉鸭遗传资源收集与分析

收集了我国南方地区高邮鸭、绍兴鸭、吉安红毛鸭、山麻鸭、攸县麻鸭等优质肉鸭种质资源12个，采用基因组学技术对其遗传结构进行解析，厘清了我国地方品种鸭的遗传进化关系。

2. 引种和选育相结合持续开展育种工作

引进北京鸭4个品系，开展引种和选育相结合的育种模式，构成4系双杂交商品代北京鸭，生产性能有了很大提升。完成中畜草原白羽肉鸭、中新白羽肉鸭以及昌平基地白羽肉鸭配套系持续性选育工作，其中，中畜草原白羽肉鸭S3系和S4系2个品系10世代以及S9系3世代主要选择繁殖性能和料重比，母本品系料重比保持较低水平，特别是母本父系S3品系公母鸭群体1～35日龄料重比分别为1.695和1.775；屠宰性能测定显示母本品系的瘦肉率维持在较高水平、皮脂率保持在较低水平，特别是母本母系S4系公、母鸭42日龄瘦肉率分别为29.27%和30.02%，皮脂率分别为17.26%和17.61%。完成S1系、S2系、S3系、S4系9世代S9系2世代的繁殖性能测定工作，S3系、S4系、S9系作为母系产蛋率指标保持较高水平。完成烤鸭专用型北京鸭配套系Z1系、Z2系、Z3系、Z4系、Z7系、Z8系、Z9系、M1系、M2系、M3系、S1系、S2系、S3系、S4系14个品系共1个世代的继代选育工作。肉脂型北京鸭配套系Z1系（19世代）、Z2系（21世代）、Z3系（21世代）、Z4系（20世代）的皮脂率分别达到26%、34%、30%和29%左右。完成昌平基地小体型肉鸭配套系M1系、M2系、M3系各1个世代的继代选育工作。M1系、M2系、M3系在56日龄时群体平均体重：公鸭分别为1 990克、2 025克和1 882克，母鸭分别为1 779克、1 847克和1 696克。0～56日龄的料重比在3.3∶1左右。

3. 不同番鸭群体遗传多样性分析及黑羽番鸭配套系选育

采集了10个番鸭的样本，通过全基因组测序鉴定了41 392 203个SNP位点，构建了番鸭的品种进化树，计算了10个品种间的进化距离，为番鸭的选育和保种提供了重要信息。

为探讨不同番鸭群体遗传多样性和亲缘关系，选取了24对微卫星引物，对7个番鸭群体（福建白羽番鸭、福建花羽番鸭、余姚白羽番鸭、余姚花羽番鸭、温州麻布番鸭、法国巴巴里番鸭和海南嘉积鸭）的DNA片段进行PCR扩增及毛细血管电泳信息检测，共检测到80个有效等位基因，平均有效等位基因为3.339 6，基因流为2.418 1，多态信息含量为0.456 1。7个番鸭群体中，福建花羽番鸭遗传参数最高，海南嘉积鸭较低。7个番鸭群体的Nei'S遗传距离在0.020 9～0.164 1，温州麻布番鸭和法国巴巴里番鸭遗传距离最近（0.020 9），福建花羽番鸭和法国巴巴里番鸭遗传距离最远（0.164 1）。

开展了黑羽番鸭的新品种选育工作，羽色进一步纯化，体型整齐，产蛋和生长性能稳定增长。开展了大型白羽番鸭配套系饲养推广以及中型白羽番鸭配套系选育工作，大型父系N101第15世代公、母鸭的体重较第14世代有所提高；N101品系第15世代公鸭75日龄平均料肉比为3.48∶1。

（二）重要经济性状候选基因的筛选

1. 鸭家养驯化过程中基因组变异挖掘

组装北京鸭、绍兴鸭和绿头野鸭的染色体级别高质量基因组，利用比较基因组和群体测序数据，发现了*ELOVL3*基因的核心启动子区域，该核心启动子区域有较高的SNPs，且在野鸭、北京鸭和绍兴鸭中具有不同的分布频率。

2. 鸭胸肌肌纤维直径的主效基因*TASP1*挖掘与鉴定

基于绿头野鸭和北京鸭的分离群体，通过全基因组关联分析将决定肌纤维直径的主效基因定位到3号染色体的240kb区域内，结合北京鸭和绿头鸭的选择信号分子，显示该区间内的*TASP1*基因受到人工选择。通过北京鸭和野鸭胸肌时空转录组数据对比发现，从1日龄至胸肌发育速度最快的6周龄，*TASP1*基因表达差异逐步增大。利用群体同源重组分析，将影响肌纤维直径的致因变异精细定位到6kb区间内，最终确定了致因变异位点。该研究为肉鸭胸肌肌纤维直径的选育提供了精准的分子标记。

3. 北京鸭抗甲肝病毒基因3型的关键基因筛选

应用全基因组关联分析、转录组测序、代谢组分析等方法，以北京鸭抗DHAV-3（鸭甲肝病毒基因3型）专门化品系和对照品系为材料，筛选到北京鸭抗甲肝病毒基因3型的关键基因，并将与北京鸭抗DHAV-3感染的主效基因锁定为*NOD1*，采用siRNA和过表达等分子生物学技术，进一步证实了*NOD1*的表达与DHAV-3复制呈正相关。*NOD1*及其下游基因的表达被DHAV-3感染激活，进而导致炎症加剧和肝损伤，该研究定位到北京鸭抗甲肝病毒基因3的关键基因*NOD1*，并研究了DHAV-3感染的致病机制，为DHAV-3抗性育种提供了理论依据。利用北京鸭抗DHAV的家系遗传特性，发明了一种肉鸭抗病毒能力强且屠宰性能高的配套方法。

4. 影响黑番鸭繁殖性能的关键基因筛选

通过对黑番鸭产蛋前期、高峰期和后期进行了卵巢转录组与代谢组分析，筛选出*CTNNB1*、*IGF1*、*FOXO3*、*HSPA2*、*PTEN*和*SMC4*几个关键基因，与黑番鸭的繁殖性能相关。通过对半番鸭不同填饲期的肝脏组织代谢组学分析，发现了共有差异变化一致的代谢物26种，差异代谢物显著富集于12条代谢途径。对大型、小型公番鸭肌肉组织mRNA差异表达及*FABP2*基因多态性与体重关联分析，初步预测*GDF6*和*KSPIDP1*基因与番鸭生长速度相关。

通过基因克隆，获得番鸭*Smad4*和*Smad9*的基因全长序列，证明其在产蛋期的卵巢中表达量高于其他时期。且通过三个时期卵巢miRNA测序，发现存在miRNA靶向*Smad4*基因，介导TGF-β信号通路发挥作用，调节卵泡发育。

（三）重要经济性状的精准测定

1.鸭适应性免疫与鸭流感病毒耐受的分子机制研究

组装出目前质量最高的野鸭基因组，对其*MHC*（主要组织相容性复合体）区域所在的30号染色体进行注释。经过Apollo人工注释纠正，染色体共注释195个基因。MHC I 类蛋白在抗病毒防御中介导多种功能。在野鸭30号染色体中，研究发现了5个MHC I 基因拷贝，基因顺序依次是*TAP1*、*TAP2*、*UAA*、*UBA*、*UCA*、*UDA*和*UEA*，其中*U（N）A*是MHC I 的拷贝基因。除此之外，还新发现了DM α链和DM β链分别具有2个和13个拷贝，完善了鸭MHC区域的基因分布图谱。

利用个基因组序列信息，获得了5个MHC I α、1个MHC II α和5个MHC II β基因的序列，发现这些基因存在高度多态，构建了鸭NHC I 和MHC II 类基因的表达和遗传变异图谱，并预测其流感抗原图谱信息，能识别广谱的流感病毒抗原，启动MHC I 和MHC II 信号通路的适应性免疫反应。

利用H5N1流感病毒HA蛋白的特异性抗体，进行感染禽流感病毒鸭的DEF细胞和非组织免疫共沉淀分析，鉴定了6个与流感病毒HA蛋白互作的鸭宿主因子，分子生物学实验验证HSPA5和HSPA8蛋白与H5N1的HA蛋白互作，其过表达能有效抑制流感病毒的增殖，验证了其抗病毒活性，以上研究为水禽抗病品系的培育提供了标记。

重塑了重要抗流感免疫基因*OAS*家族的进化和功能分化模型、鉴定了影响*OAS1*基因抗流感病毒活性的关键功能位点：*OAS1*是一种干扰素诱导基因，在先天性免疫应答病毒感染过程中发挥重要作用。该蛋白结合RNA病毒后合成2'-5'-寡聚腺苷酸（2-5A）、发挥抗病毒活性。通过基因进化分析重塑了*OAS*基因家族的进化模型，结合分子生物学实验揭示OAS1蛋白2-5A活性口袋的一个正选择位点（A），两个插入位点（QA）和三个缺失位点（PEV/xLR/xGR）是抗流感等病毒活性变弱的关键位点。

2.肉鸭胸肌风味品质物种表型分析

为深入研究鸭肉品质的遗传基础，通过构建连城白鸭×樱桃谷鸭梯度血缘群体，使用固相微萃取-气相色谱-质谱联用技术，在鸭的胸肌中共检测到725中挥发性物质，7个品系中的挥发性物质含量有明显差异。通过液相色谱-质谱联用技术对挥发性物质的重要前体物脂类物质及亲水性物质进行了测定，共检测到950种脂类物质，其中种类含量最多的为甘油三酯类（283种），其次是磷脂酰胆碱类（111种），经色谱峰计算，鸭胸肌中相对含量最多的物质为磷脂酰胆碱，最少的为甘油三酯。在鸭胸肌中共检测到2 620种亲水性物质，种类数量前三的分别为：脂质、氨基酸和核苷酸。通过测定鸭胸肌冻干后的7中常量元素和27中微量元素含量，发现在各品系中Ca、Na、Zn、K等元素分布呈一定的变化趋势，这些结果构建出了鸭胸肌中与风味品质相关的物质轮廓与网络，并为解析鸭胸肌风味品质物质的遗传基础提供了重要参考。

3.肉鸭肠黏膜蛋白质组学分析

围绕鸭饲料营养价值评定及饲料的高效利用技术，初步揭示了饲料油脂和锌缺乏对肉鸭皮质沉积及皮质质量的调控作用，为免填鸭饲料配置提供理论和技术支撑。评定了鸭对10种不同来源磷酸盐的磷消化和利用率、9种玉米和5种稻谷的代谢和标准回肠氨基酸消化率，为鸭饲料精准配置提供了数据支撑。获得了液体蛋氨酸羟基类似物、淀粉酶、非淀粉多糖酶、过氧化氢酶、植物精油等5种饲料添加剂科学实用数据。针对西南地区优质鸭生产对肉品质的要求，研究发现提高低营养浓度饲粮钙水平（1.1%）可增加宰后肌原纤维蛋白的蛋白水解和凋亡来提高鸭肉嫩度。

通过北京鸭泛酸营养需要与代谢研究，获得了育雏期和育肥期北京鸭泛酸需要量，探讨了泛酸对北京鸭生长发育的营养调控机理。综合生长性能和组织泛酸水平，育雏期和育肥期北京鸭泛酸总需要量均不应低于10毫克/千克，在玉米–豆粕型饲粮中北京鸭泛酸总需要量应高于13毫克/千克。另外，研究发现，在泛酸缺乏的饲料中补充泛酸可显著提高十二指肠、空肠、回肠等肠段的绒毛高度和面积。通过肠黏膜蛋白质组学分析表明，泛酸对肠绒毛的促生长作用可能与泛酸上调肠道中糖酵解、糖异生、三羧酸循环、脂肪酸氧化等代谢相关蛋白质表达有关。该研究为肉鸭饲料配制中泛酸的合理使用提供了重要技术参数和理论依据。

4. 影响笼养种鸭繁殖性能的相关基因研究

针对种鸭笼养对人工授精技术的需求，比较了不同饲养方式、采精方法对种鸭繁殖效率的影响，集成了笼养种鸭人工授精技术，已用于农华麻鸭三个品系。应用过程中，以笼养条件下公鹅和公鸭的繁殖问题为导向开展了基础研究，发现了公鸭性欲显著相关的 *TRAM2* 基因。水禽笼养人工授精技术的应用，实现了公母鸭繁殖性能的个体测定盒系谱的准确记录，提高了公母配比和选择强度，促进了育种效率提升。

四、肉鸭种业发展存在的主要问题

（一）存在问题

1. 现有品种不能满足消费需求

作为肉鸭养殖与消费世界第一大国，近年来我国肉鸭产业规模不断扩大，产品需求增长强劲。但是，与产业快速发展不相适应的是，我国肉鸭品种相对单一，专门化品种培育相对滞后，无法完全满足不同地区不同饮食习惯消费者的特殊偏好，以及日趋多元化的市场需求，具体表现为：传统烤鸭品种沉积脂肪能力不足，需要经过填饲肥育阶段，育种应该解决填饲问题；樱桃谷鸭在瘦肉型肉鸭市场中占比较高，但是樱桃谷鸭用于加工咸水鸭、板鸭、卤鸭等皮脂率太高；我国地方麻鸭品种遗传资源丰富，是加工咸水鸭、卤鸭、板鸭的传统品种，其肉用品种发展空间巨大，亟待开发，利用地方麻鸭遗传资源培育优质肉鸭品种是产业提质增效的重要途径。

2. 育种设施设备简陋

不同于商品肉鸭养殖，肉鸭育种是一项成本投入大、技术含量高的工作，与国外商业化育种公司相比，国内育种公司虽然起步并不算晚，但是由于中间有一个断档期，只是近10年来才开始发力，因此在思想观念、产业基础、资金实力、设施设备、人才储备等方面还显不足。在育种工作中为了节约成本，有些育种场的建设标准并不高，设施设备相对简陋，环境调控能力达不到育种标准，至今没有成熟的适合我国肉鸭育种的标准化生产模式，影响了选种的准确性，不利于育种工作向纵深方向发展。国内如塞飞亚公司、新希望六和公司、安徽强英集团一样建有现代化专业育种场、配备先进育种设备的企业并不多，这也是肉鸭育种工作进展缓慢的直接原因。

3. 缺乏肉鸭育种大数据平台

近年来我国肉鸭育种工作发展迅速，前沿基础研究取得了一定进展，育种技术创新能力明显提升，品种研发能力稳步提高，育成了瘦肉型和烤鸭专用型肉鸭品种，基本可以满足现阶段肉鸭生产需求。

但我国肉鸭种业科技仍面临一些挑战，基因资料深度挖掘亟待加强，遗传多样性研究与资源有效利用率较低，新品种间遗传相似性过高，制约了品种的生产能力和市场占有率。

加强肉鸭种质资源研究，增强肉鸭品种原始创新基础，需要建立肉鸭育种大数据平台，因为育种工作是建立在大量数据基础之上，要想提高育种基础数据的准确性，必须建立专业化、功能强的大数据采集处理平台，实现平台上数据的资源共享和科学利用，这样才能全面提高肉鸭育种的整体效率。

4. 肉鸭育种技术创新水平有待提高

当前我国肉鸭育种采用常规育种与生物技术辅助育种相结合的方式，与发达国家相比，先进的育种技术在我国肉鸭育种中还没有全面普及，很多育种公司的育种工作仍以经验为主，导致遗传进展缓慢，育种效率较低，而国外肉鸭育种已经进入到探索活体胸肉厚度测量、个体笼养选择、饲料消耗自动记录、抗病育种等商业育种阶段。因此，研发适合我国特色的肉鸭育种技术，将传统的杂交优势技术、疾病净化技术、环境控制技术、个体生产性能测定技术等进一步深入研究和开发集成，实现育种核心技术和支撑技术的全面升级。

5. 持续选育确保生产性能不能稳定发挥

早在2003年，仙湖肉鸭配套系和三水白鸭配套系就通过了国家畜禽遗传资源委员会审定，由于市场推广力度有限以及其他方面原因，没有做到品种的持续选育和提高，目前这两个品种在市场上已经不多见，一定程度上造成了资源浪费。衡量一个优良肉鸭品种的重要标准是生产性能的持续稳定发挥，这要建立在对品种持续选育的基础上，国内育种企业应该把工作重心向这方面倾斜，现有品种要想经受住市场考验，育种公司的持续投入和不断选育提高是重要的保障。

（二）发展建议

1. 根据市场需求培育专门化品种

近年来，活禽销售受限、冰鲜禽肉市场扩容以及市场消费主体更替、饮食习惯的变化，产品种类不断丰富、产品加工流程和工艺的升级，为肉鸭育种提出了新的要求，要根据现阶段我国市场需求培育以下专门化品系：一是皮脂率低、适口性好、肌肉弹性较强、有嚼劲的肉鸭品种，适宜用传统工艺加工咸水鸭、酱鸭、板鸭、卤鸭等产品；二是瘦肉率高、饲料转化率高、抗病性强、适于屠宰加工的肉鸭品种，用于现代化生产线分割加工；三是优质、高效、抗应激能力强的烤鸭专用肉鸭新品种，改填饲为自由采食。因此，培育拥有自主知识产权、不同生产用途的瘦肉型肉鸭新品种或配套系，对保障我国肉鸭产业健康发展，提升产业竞争力具有特别重要的意义。

2. 动态调整育种方向和目标

商品肉鸭养殖最初采取地面平养模式，此后发展为发酵床养殖模式，随着规模化程度的提高，网床养殖渐渐普及，肉鸭进入离地养殖阶段。近年来，企业为了解决养殖用地紧张问题和降低劳动力成本，开始向立体养殖方向发展，立体养殖包括立体平养与立体笼养两种，尤其是笼养模式改变了肉鸭原有的习性，有的肉鸭品种由于不能适应笼养而容易产生应激，从而影响肉鸭的生产性能。因此，随着市场需求和肉鸭养殖模式的变化，育种工作者要不断调整育种方向、修正育种目标，根据商品鸭的养殖条件调整育种设施和各项指标，从而培育出满足不同养殖方式需要的专门化品种。

3. 在保护的基础上挖掘利用品种资源

肉鸭遗传资源是提高肉鸭生产力的主要物质基础，是生物多样性的重要组成部分。肉鸭品种资源在生产中发挥着重要作用，是培育新品种（配套系）不可或缺的原始素材。近年来，各级畜牧兽医主管部门着力强化政策支持、科技支撑和法治保障，肉鸭遗传资源保护和挖掘工作取得显著成效。但是，由于投入不足、手段落后、遗传评估与监测面窄等诸多因素的影响，导致鸭肉肉质、风味、药用、文化等优良特性评估和发掘不深入、不系统，一定程度上制约了地方遗传资源产业化开发利用的步伐。因此，要高度重视地方品种的保护，确保遗传资源的丰富性，充分利用独具特色的优良遗传资源培育符合区域消费习惯的特色品种，为生产肉鸭传统美食提供优质食材。

第二章 肉种鸭生产与推广

一、肉种鸭产销情况

（一）祖代种鸭产销情况

2021年由于新冠肺炎疫情的影响国际贸易受限，我国未从国外批量引进祖代种鸭，祖代种鸭产销集中在国内企业之间。2021年中畜草原白羽肉鸭、中新白羽肉鸭、南口1号北京鸭、Z型北京鸭、强英鸭、天府肉鸭等主要国产品种祖代更新总量为22.31万只。

（二）父母代种鸭产销情况

2021年全国父母代白羽肉鸭苗总销量为1 838.36万套，同比减少7.2%，分析其具体原因如下：受新冠肺炎疫情和经济增长放缓影响，消费市场持续低迷，下游企业对父母代鸭苗的需求乏力，很多父母代种蛋转为商品代种蛋，导致商品代鸭苗严重过剩，鸭苗价格也一路走低。作为国内较大的麻羽肉种鸭扩繁基地，临武舜华鸭业有限公司2021年末在产父母代种鸭存栏量为4万只，引进父母代种鸭4.5万只，父母代种鸭饲养量达到8.5万只。

2021年父母代鸭苗平均销售价格为16.64元/套，比2020年下降了0.96元/套，根据鸭苗的直接生产成本、运输、销售环节的费用等推算父母代鸭苗生产的盈亏平衡点为10.72元/套，由此可见，2021年父母代鸭苗的盈利水平为5.92元/套。

（三）肉种鸭存栏与供需形势分析

虽然2021年没有从国外引进祖代肉种鸭，但是由于国产品种不断培育成功并大量推广应用，因此，祖代种鸭存栏量创下了55.18万套的历史高位，表明国内祖代鸭的供种能力已经完全能够满足市场需求。其实，在商品肉鸭养殖量突破40亿只以后，总量很难再有大的增加，在经济增长放缓、消费市场景气程度没有明显改变的情况下，商品鸭养殖企业对鸭苗的需求量不会旺盛。而父母代种鸭近几年已经处于产能过剩状态，再加上2021年父母代鸭苗销售利润可观，企业对未来市场会有好的预期，父母代鸭苗的投放量也会相应增加，产能过剩的局面短期内不会好转。

二、品种推广情况

（一）快大型白羽肉鸭市场份额稳步增加

在各方支持下，经过多年努力，由我国自主研发的水禽品种得到广泛认可，基本实现了保护与开发利用的协调发展，很多养殖企业以及养殖户已经开始饲养国产品种。例如Z型北京鸭配套系是制作北京烤鸭的原料之一，年出栏量已超过5 000万只；中新白羽肉鸭父母代种鸭推广量超过300万只，仅新希望六和集团饲养的新品种的出栏量超过2.1亿只；中畜草原白羽肉鸭适宜加工板鸭、咸水鸭或酱鸭，父母代种鸭推广超过324万只，肉鸭出栏超过6亿只，打破了国外对我国肉鸭市场的长期垄断，实现了我国肉鸭品种国产化。此外，强英鸭配套系2021年示范推广祖代种鸭8万只，父母代种鸭670万中，出栏商品肉鸭8.35亿只，总产值超过3.24亿元，养殖效益颇丰，该配套系的示范推广在安徽淮北地区脱贫攻坚和乡村振兴中发挥了重要作用。

（二）肉用麻鸭新品系深受市场欢迎

除了以上专门化白羽肉鸭品种外，肉用型麻鸭在我国占有一定的市场份额，该类品种的共同特点是生长速度慢、肉质好，深受市场欢迎。比较著名的品种有花边鸭，是由北京鸭和四川麻鸭（或建昌鸭）杂交培育而成，主要分布在江西、湖南、湖北、四川、重庆、贵州等地，年出栏量超过1亿只。其次是临武鸭，湖南临武舜华鸭业公司年饲养出栏、加工临武鸭超过1 000万只，产值超过7亿元，临武县及周边地区年出栏临武鸭超过4 000万只。再次是吉安红麻鸭，江西煌上煌集团年屠宰加工吉安红麻鸭500万只左右。

虽然白羽肉鸭在市场上占比很高，但是湖北、湖南、江西、安徽、浙江、四川和重庆等地的卤鸭、酱鸭、板鸭及老鸭汤等已成为地方特色美食的名片，而这些美食产品主要以麻鸭为原料，因为这些地区的消费者还是普遍认为麻鸭肉品质优于白羽肉鸭。由四川农业大学培育的天府肉鸭配套系，目前推广的主要是浅麻羽色品系，因为该品系具有体型较小、肉质鲜美等特点。有关专家预测，如果传统鸭肉制品卤鸭、酱鸭、板鸭、盐水鸭等均以麻羽肉鸭为原料进行生产加工，则优质麻鸭的市场需求量将大大增加。

（三）高产番鸭品种在区域市场具有竞争力

番鸭具有生长速度快、料肉比低、瘦肉率高、肉质好、抗病力强、耐粗饲等特点，我国番鸭品种主要是法国巴巴里番鸭和中国番鸭，中国番鸭是福建番鸭、海南嘉积鸭、贵州天柱番鸭、湖北阳新番鸭、云南文山番鸭等的合称。近年来，以番鸭为父本、家鸭为母本杂交而成的半番鸭表现出较强的杂交优势。番鸭和半番鸭主产区在福建省，饲养量占全国总量80%以上，除广东、海南、湖北、浙江、江苏、安徽、吉林等省外，其他省份饲养量较小。2021年全国番鸭出栏量1.5亿～2亿只，主要是温氏天露1号番鸭，还有少部分法国克里莫公司的巴巴里番鸭，半番鸭出栏量0.5亿～1亿只，主要为吉林正方公司正在培育的半番鸭配套系。

第三章　肉种鸭企业发展

一、企业总体状况

国内肉种鸭养殖企业主要分为两部分：一部分是引进国内外优良品种进行扩繁生产，另一部分是具有自主育种能力，并且在育种领域取得明显成效的企业。早年进入中国市场的英国樱桃谷农场公司、法国克里莫公司、美国枫叶公司以及近年来进入中国市场的法国南特公司，通过在国内成立独资企业或合资企业，专门从事引进肉鸭品种的扩繁和市场推广，现在市场上主流引进品种分为英系樱桃谷鸭、法系南特鸭和奥白星鸭、美系枫叶鸭，就是这些企业在推广。随着市场的发展变化以及国家对自主育种工作的重视，肉鸭自主育种工作被摆上重要日程，国内具备育种技术储备和资金实力的肉种鸭纷纷进入肉鸭育种领域，如北京金星鸭业有限公司、内蒙古塞飞亚农业科技股份有限公司、新希望六和股份有限公司、安徽强英集团等。

二、核心育种场和良种扩繁推广基地概况

在2021年国家畜禽核心育种场、良种扩繁推广基地遴选中，北京南口鸭育种科技有限公司、赤峰振兴鸭业科技育种有限公司、黄山强英鸭业有限公司、利津和顺北京鸭养殖有限公司被遴选为国家水禽核心育种场，利津六和种鸭有限公司、内蒙古桂柳牧业有限公司、黄山强英鸭业有限公司、河北乐寿鸭业有限责任公司种鸭繁育分公司、江苏桂柳牧业集团有限公司被遴选为国家水禽良种扩

繁推广基地。这些育种场和推广基地资金实力较强，技术力量雄厚，养殖设备设施条件较好，有利于肉鸭育种工作的进一步深入以及良种肉鸭生产性能的更好发挥。

三、肉鸭育种企业发展情况

（一）北京金星鸭业有限公司

一直以发展民族养鸭工业为己任的北京金星鸭业有限公司，多年来在北京鸭保种、育种与规模化生产方面做了大量工作，也取得了骄人的成绩，长期占据北京烤鸭市场的头把交椅。公司自主选育的'南口1号'北京鸭配套系2006年就通过了农业农村部的畜禽新品种审定，具有生长速度快、繁殖性能好、适应性强、抗病力强、皮脂率高、肉质鲜美等特点，是烤鸭专用型品种，被列为农业农村部主推品种。

（二）内蒙古塞飞亚农业科技发展股份有限公司

内蒙古塞飞亚公司业务涵盖肉鸭育种、曾祖代种鸭繁育、祖代种鸭繁育、父母代种鸭扩繁、鸭苗销售、商品鸭养殖、商品鸭屠宰加工销售以及熟食加工销售、饲料加工等，是国内为数不多的肉鸭全产业链现代化经营企业。从2011年开始，塞飞亚公司通过与中国农业科学院北京畜牧兽医研究所全方位合作，创新培育高品质瘦肉型白羽肉鸭——中畜草原白羽肉鸭配套系（草原鸭）。经过8个世代的科学选育，目前祖代、父母代、商品代肉鸭生产性能指标优异，抗病能力强，父母代66周龄产蛋量达到235个，商品代肉鸭42日龄体重可以达到3.49千克，料重比为1.92：1，胸腿肉率为25%，皮脂率为23%，种鸭和商品鸭养殖经济效益显著。'草原鸭'配套系的培育成功和上市推广，改变了我国白羽肉鸭原种长期依赖进口的历史，填补了白羽肉鸭原种短缺的空白，提升了企业的核心竞争力，解决了引种的瓶颈问题，降低了产业成本，对于企业做大做强和肉鸭产业升级具有重大意义。

为了持续选育和不断提高'草原鸭'的生产性能，塞飞亚公司专门投资兴建了育种基地——赤峰振兴鸭业科技育种有限公司，并被遴选为2021年国家水禽核心育种场，将开展大量研究工作。

（三）新希望六和股份有限公司

新希望六和股份有限公司通过与中国农业科学院北京畜牧兽医研究所合作，培育成功的中新白羽肉鸭配套系于2019年通过国家畜禽品种审定。在育种过程中采用了模块育种技术，引用中国农业科学院北京畜牧兽医研究所的北京鸭遗传资源，应用肉鸭RFI选种技术、鸭活体不易度量形状的准确估测技术等常规育种技术以及基因组选择、蛋白组学基础等分子育种技术。该品种具有生长速度快、料重比低、胸肉率高、皮脂率低、适应性强、产蛋多、群体整齐度高等特点。在种鸭繁育方面，公司生产技术、成本管理、生产效率、产品质量方面处于国内领先水平，已形成系统化的技术和管理能力，近两年公司种鸭产健雏数一直保持在220只以上，居国内领先水平。公司的育种基地——利津和顺北京鸭养殖有限公司配套先进的育种设施与设备，2021年被遴选为国家水禽核心育种场。

（四）安徽强英集团

强英集团始终坚守初心，立足主业，以种禽孵化为发端，不断拓展产业边界，现已成为集种鸭育种、种鸭繁育、种蛋孵化、鸭苗销售、规模养殖、饲料生产、屠宰加工、羽绒及羽绒制品加工于一体的全产业链农牧企业。'强英鸭'新品种历经10年自主培育而成，实现我国肉鸭品种国产化，实现保种与开发利用的协调发展。企业采取公司+农户的形式，以合作社为载体，向农户提供父母代种鸭和商品代苗鸭，产品除供应安徽的黄山、宣城、宁国、广德、和县、合肥等地，还销往山东、江苏、浙江、江西、河南、广东等地。

（五）温氏食品集团股份有限公司

温氏食品集团股份有限公司是以畜禽养殖为主业、配套相关业务的跨地区现代农牧企业集团，其畜禽繁育业务包括鸡、猪、鸭、鹅、鸽等品种，建有完善的育种技术体系和丰富的品种素材库。2018年温氏股份对全国水禽业务进行资源整合，成立了温氏水禽公司，主营白番鸭、黑番鸭、半番鸭、白鸭、麻鸭、鹅等品种，建有全国最大的番鸭养殖基地。为了向水禽养殖业发力，温氏股份2020年专门成立了水禽事业部，成为继养禽事业部、养猪事业部、大华农事业部、投资管理事业部之后的第五大事业部。依托强大的资金实力、技术储备、产业基础、市场渠道，温氏股份在番鸭育种与生产领域一直走在国内前列，其联合培育的'天露1号'番鸭于2020年底通过国家畜禽品种审定，该品种因肉质好、脂肪少、瘦肉多、蛋白质含量高而荣获"广东名鸭"称号，市场占比高。

第四章　肉鸭育种平台及体系建设情况

一、肉鸭育种平台

（一）国家水禽产业技术研发中心

国家水禽产业技术研发中心是按照优势农产品区域布局规划，依托具有创新优势的中央和地方科研资源，专门针对水禽产品设立国家级技术研发与合作平台。国家水禽产业技术研发中心依托功能强大的遗传育种与繁殖研究室，围绕肉鸭产业实际需求，在肉鸭种质资源评价、白羽肉鸭育种、番鸭与半番鸭育种、肉鸭高效繁殖技术等开展产学研合作，培育出了自主知识产权与市场竞争力的瘦肉型北京鸭配套系、肉脂型烤鸭专用北京鸭配套系、优质小体肉鸭配套系、番鸭与半番鸭配套系，为肉鸭产业高质量发展提供了优良品种保障。

（二）农业农村部动物遗传育种与繁殖（家禽）重点实验室

2020年9月10日，河北省献县人民政府与中国农业科学院就肉鸭种质创新中心项目正式签署合作协议，肉鸭种质创新中心整合了"农业农村部动物遗传育种与繁殖（家禽）重点实验室"和"国家水禽产业技术研发中心"两个平台资源，目标是建设国际一流的肉鸭育种与种质资源创新中心。项目建成之后，将全面提升现有肉鸭专门化品系、配套系的各项性能指标，提供更加多元化的品种满足加工用途需求，增强品种的市场竞争力，进一步提高市场占有率，推动实施种业自主创新重大工程，培育航母级肉鸭种业基地，促进地方养鸭业向专业化、标准化、现代化方向发展，把献县打造为"国际肉鸭种业之都"，成为国际肉鸭产业的核心地带。

肉鸭种质创新中心主要是开展烤鸭专用型肉鸭的品种创新。经过中国农业科学院北京畜牧兽医研究所科研人员多年不懈努力，北京烤鸭专用肉鸭新品种培育取得重要进展，实现了自由采食，颠覆了制作北京烤鸭坯需要"填鸭"的生产工艺，改善了肉鸭的福利，降低了死淘率，提高了饲料利用率和劳动效率，促进了烤鸭坯的产业化生产。

（三）产学研合作平台

2019年在四川成都召开的"2019（首届）全国农业科技成果转化大会暨第七届成都国际都市现代农业博览会"上，塞飞亚公司与中国农业科学院北京畜牧兽医研究所就"抗3型鸭甲肝病毒的鸭专门化品系的选育方法"项目达成合作意向，标志着产学研合作开展肉鸭抗病育种工作正式开始。目前无论是呈世界范围分布的鸭甲肝病毒1型，还是在亚洲养鸭业主要流行的鸭甲肝病毒基因3型，其弱毒疫苗候选株均可通过雏鸭传代变成强毒株，不利于鸭病毒性肝炎的控制。通过试验发现，以死亡率、病理变化、阻止病毒在体内复制的能力为指标，用抗病育种手段对北京鸭进行选育，可筛选出对鸭病毒性肝炎具有强抗性的新品系。

培育具有较强抗鸭甲肝病毒特性的肉鸭新品系，是当前生产形势下控制鸭病毒性肝炎的新思路，在此基础上，通过构建鸭场生物安全体系，可以有效防控影响肉鸭生产的重要疫病，从而保障肉鸭行业持续健康发展。

二、肉鸭产业技术体系及行业协会

（一）国家水禽产业技术体系

国家水禽产业技术体系自2009年成立以来，开展了大量卓有成效的工作，通过体系功能的不断完善，有效提升了水禽产业创新能力和水禽科技自主创新能力，为现代农业和社会主义新农村建设提供了强大的科技支撑。在肉鸭育种方面，国家水禽产业技术体系首席科学家和岗位专家多年来倾注了大量心血，取得了喜人的成就：Z型北京鸭、南口1号北京鸭的持续选育和生产性能稳步提升，中畜草原白羽肉鸭、中新白羽肉鸭的成功培育和大量推广应用，就是水禽体系围绕产业发展需求进行共性技术和关键技术研究、集成和示范的结果，体现了水禽产业体系的资源整合能力和集成创新能力。

（二）中国畜牧业协会白羽肉鸭工作委员会

中国畜牧业协会白羽肉鸭工作委员会于2014年12月18日成立，旨在开展肉鸭产业发展战略研究，规范行业发展，加强行业自律，共同保障食品安全，共同抵御行业风险，加强沟通与科学宣传，开拓国内外市场，促进肉鸭产品消费，推动科技创新，促进白羽肉鸭产业可持续发展。

工作委员会成立以来，在行业团体标准制定、行业规范管理、养殖与加工技术普及和提高方面有效开展工作，积极组织专家学者、行业主管领导深入企业调研，对肉鸭产业长期发展战略进行研究，在此基础上制定了产业发展规划。在肉鸭工作委员会的推动下，高校和科研院所等研究机构的学术智慧与产业化、商业化运作深度结合，推动了产学研一体化发展，尤其是在肉鸭遗传资源挖掘与保护、肉鸭新品种（配套系）培育、肉鸭良种扩繁推广等方面取得了重要的成果。